Louis Allie

L'urbanisation grenobloise dans le Vercors et la Chartreuse

Louis Allie

L'urbanisation grenobloise dans le Vercors et la Chartreuse

Le projet de l'acteur-bricoleur métropolitain

Presses Académiques Francophones

Impressum / Mentions légales
Bibliografische Information der Deutschen Nationalbibliothek: Die Deutsche Nationalbibliothek verzeichnet diese Publikation in der Deutschen Nationalbibliografie; detaillierte bibliografische Daten sind im Internet über http://dnb.d-nb.de abrufbar.
Alle in diesem Buch genannten Marken und Produktnamen unterliegen warenzeichen-, marken- oder patentrechtlichem Schutz bzw. sind Warenzeichen oder eingetragene Warenzeichen der jeweiligen Inhaber. Die Wiedergabe von Marken, Produktnamen, Gebrauchsnamen, Handelsnamen, Warenbezeichnungen u.s.w. in diesem Werk berechtigt auch ohne besondere Kennzeichnung nicht zu der Annahme, dass solche Namen im Sinne der Warenzeichen- und Markenschutzgesetzgebung als frei zu betrachten wären und daher von jedermann benutzt werden dürften.

Information bibliographique publiée par la Deutsche Nationalbibliothek: La Deutsche Nationalbibliothek inscrit cette publication à la Deutsche Nationalbibliografie; des données bibliographiques détaillées sont disponibles sur internet à l'adresse http://dnb.d-nb.de.
Toutes marques et noms de produits mentionnés dans ce livre demeurent sous la protection des marques, des marques déposées et des brevets, et sont des marques ou des marques déposées de leurs détenteurs respectifs. L'utilisation des marques, noms de produits, noms communs, noms commerciaux, descriptions de produits, etc, même sans qu'ils soient mentionnés de façon particulière dans ce livre ne signifie en aucune façon que ces noms peuvent être utilisés sans restriction à l'égard de la législation pour la protection des marques et des marques déposées et pourraient donc être utilisés par quiconque.

Coverbild / Photo de couverture: www.ingimage.com

Verlag / Editeur:
Presses Académiques Francophones
ist ein Imprint der / est une marque déposée de
OmniScriptum GmbH & Co. KG
Heinrich-Böcking-Str. 6-8, 66121 Saarbrücken, Deutschland / Allemagne
Email: info@presses-academiques.com

Herstellung: siehe letzte Seite /
Impression: voir la dernière page
ISBN: 978-3-8416-3014-8

Zugl. / Agréé par: Co-tutelle Montréal et Grenoble, Université Joseph Fourier et Université de Montréal, 2005

Copyright / Droit d'auteur © 2015 OmniScriptum GmbH & Co. KG
Alle Rechte vorbehalten. / Tous droits réservés. Saarbrücken 2015

Table des matières

Table des matières..1
Liste des illustrations...4
Liste des tableaux..5
Liste des sigles...6
Introduction générale..9
   Terrain d'étude: Parcs naturels régionaux de Chartreuse et du Vercors...12
   L'hypothèse de la monturbanisation bricolé..15
   Structure de l'ouvrage..17
   La méthodologie..19

PARTIE 1 CHARTREUSE ET LE VERCORS EN VOIE DE MÉTROPOLISATION..20
1.1 Présentation de la Chartreuse et du Vercors..20
   1.1.1 Accessibilité routière...21
   1.1.2 Grande fréquentation des massifs...25
      1.1.2.1 Influence urbaine de Grenoble et Chambéry........................25
1.2 Spécificité montagnarde urbaine et touristique....................................28
   1.2.1 Domaine de la moyenne montagne..36
   1.2.2 PNR sauve la montagne..37
1.3 Urbanisme en montagne...41
   1.3.1 Agriculture et urbanisation en Chartreuse et Vercors....................45
      1.3.1.1 Harmonisation agroforestière urbaine..................................46
   1.3.2 Emprise foncière grandissante..58
1.4 Art de construire en moyenne montagne..75
   1.4.1 Consultance architecturale en Vercors..81
   1.4.2 Urbanisme décentralisé contre Parc..93
   1.4.3 Feignons d'organiser l'urbanisme cohérent...................................100

PARTIE 2 GESTION MÉTROPOLITAINE DURABLE ET SES CONTRADICTIONS..110
2.1 Espace rural entre aménagement et planification................................111
   2.1.1 PNR et gestion concertée de l'espace...117
   2.1.2 Mise en marché patrimoniale...119
2.2 Charte : boîte à outils des paysages..122
   2.2.1 PNR: outils d'aménagement fin..124

2.3 État aménageur pour PNR gestionnaires..127
    2.3.1 Avant-projet du PNRV..129
    2.3.2 Planification territoriale dans les PNR........................132
    2.3.3 PNR au sein de la planification à la française.............134
2.4 Opposition entre développement et préservation.............................139
    2.4.1 Développer contre la Nature..144
        2.4.1.1 Protection la culture et la nature contre le développement..150
    2.4.2 Nature mise en scène..153
PARTIE 3 MONTAGNE DISNEYLAND..159
3.1 Bon 30e anniversaire PNRV..159
    3.1.1 Devenir de la montagne..161
3.2 Tourisme: enjeu de développement et de préservation...................162
    3.2.1 Tourisme d'hiver menaçants...170
3.3 Outil Parc pour valoriser le Guiers Mort......................................176
3.4 PNR ouvre les voies au « bricolage des acteurs »......................189
    3.4.1 Portrait des PNR en France...191
    3.4.2 Charte Constitutive des PNR......................................197
        3.4.2.1 Des Syndicats mixtes ouverts élargis gèrent les PNR..........203
        3.4.2.2 Principe de libre adhésion des signataires...............208
3.5 Le cadre administratif et politique des PNR................................211
    3.5.1 Émergence de la logique territoriale des PNR............214
        3.5.1.1 Bonne échelle du PNR..215
    3.5.2 PNR face à la compétition territoriale.......................221
        3.5.2.1 Un contrat par territoire......................................226
        3.5.2.2 Parc d'oiseaux et de libellules.............................230
3.6 Collaboration politique dans le projet de territoire.....................234
    3.6.1 Partenariat à partir de la commune.............................239
3.7 Bricolage d'articulations entre projets de territoires....................245
    3.7.1 Contrat de Pays manière Vercors................................246
        3.7.1.1 Débats de structures politico-administratives........253
    3.7.2 Origine du Plan d'aménagement rural........................256
    3.7.3 Outil SCOT complémentaire aux Parcs.....................262
        3.7.3.1 Coordination des outils Parc et SCOT................269

PARTIE 4 L'ACTEUR, CE BRICOLEUR AU COEUR DES TERRITOIRES......292
4.1 Acteur devenu bricoleur à la rationalité limité..............294
   4.1.1. L'individu, d'acteur à bricoleur..............295
   4.1.2 Acteur sociopolitique aux visages multiples..............296
   4.1.3 Définition du concept d'acteur-bricoleur..............301
   4.1.4 Acteur-bricoleur en Sciences..............302
4.2 Bricoler « çà et là »..............310
   4.2.1 Entre contraintes structurelles et capacité de libre arbitrage........315
   4.2.2 Agir entre libre arbitrage et structures imposées..............316
   4.2.3 Interdépendance et habitus..............321
   4.2.4 Structuration de l'agir..............327
   4.2.5 Créations de la boîte à outils..............330
4.3 Répertoire de création de l'acteur-bricoleur..............330
   4.3.1 Projet créatif..............332
   4.3.2 Répertoire de création..............335
   4.3.3 Environnement idéel et le matériel de l'acteur-bricoleur..............338
   4.3.4 Temporalités en projet..............340
      4.3.4.1 Temps continu et fragmenté..............343
      4.3.4.2 Art de la synchronisation de projets..............349
      4.3.4.3 Le temps cyclique avec retour et rétrospection..............351
4.4 L'acteur en projet et les projets du bricoleur..............354
   4.4.1 Projection d'actions à venir..............355
4.5 Projet à échelle réduite..............357
   4.5.1 L'espace et le temps projetés..............361
   4.5.2 Projet de concrétiser un idéal..............363
CONCLUSION..............373
Bibliographie..............385

Liste des illustrations

Illustration 1: Amélioration de route à Saint-Nizier..................................23
Illustration 2 : Résidence dans un espace agricole (Quaix).......................50
Illustration 3 : Fermeture du paysage à Val de Lans................................53
Illustration 4 : Lotissement pavillonnaire à Villard-de-Lans.....................56
Illustration 5 : Chalets « Les Ruches » de Lans-en-Vercors.....................57
Illustration 6 : Allongement des infrastructures souterraines à Quaix........69
Illustration 7 : Choc architectural à Engins..77
Illustration 8: Points de vue divergents sur la construction en Vercors.......89
Illustration 9 : Sensibilisation à propos des terrains à construire...............90
Illustration 10 :Sensibilisation des acheteurs de maisons........................91
Illustration 11 : Architectures typiques de Chartreuse............................103
Illustration 12: Architectures typiques du Vercors..................................104
Illustration 13 :Le Grand Veymont domine le Vercors............................166
Illustration 14 : Pontet et tunnel aux gorges du Guiers Mort...................182
Illustration 15 :Grillages aux abords du Pic de l'Oeillette du Guiers Mort
....182

Liste des tableaux

Tableau 1 : Évolution du nombre d'agriculteurs en Chartreuse et
Vercors (1979-1999)...48

Tableau 2 : Évolution du produit de la taxe foncière sur les propriétés
non bâties en Chartreuse et Vercors (1982-2000)...................59

Tableau 3 : Évolution du nombre de logements individuels
autorisés en Chartreuse et Vercors (1992-2001).....................62

Tableau 4 : Évolution de la surface hors œuvre nette de logements
autorisés en Chartreuse et Vercors (1992 – 2001)..................64

Tableau 5 : L'évolution du nombre de résidences secondaires en
Chartreuse et Vercors (1982-1999)...95

Tableau 6 : Évolution du nombre de résidences principales en
Chartreuse et Vercors (1982-1999)...99

Tableau 7 : Comparaison entre PNR et CDRA...220

Tableau 8 : Comparaison entre la loi Paysage et la LOADDT.................224

Tableau 9 : Avantages et inconvénients d'une superposition Parcs
et Pays..228

Tableau 10 : Synthèse du Contrat global de développement
Royans / Quatre-Montagnes / Vercors..................................251

Tableau 11 : Évolution de la population en Chartreuse et Vercors
(1975-1999)..264

Tableau 12 : Évolution du produit de la taxe foncière sur les propriétés
bâties en Chartreuse et Vercors (1982-2000).......................279

Tableau 13 : Évolution du produit de la taxe d'habitation en
Chartreuse et Vercors (1982-2000).......................................281

Tableau 14 : Évolution du produit de la taxe professionnelle en
Chartreuse et Vercors (1982-2000).......................................283

Tableau 15 : Évolution de la valeur locative cadastrale en
Chartreuse et Vercors (1982-2000).......................................285

Liste des sigles

ACEIF	Agence en conseils, études, informations et formations
ADT	Association de développement touristique
AFPA	Association nationale pour la formation professionnelle des adultes
ANDAFAR	Association nationale d'aménagement foncier agricole et rural agricole et rural
ANEM	Association nationale des élus de la montagne
ANPE	Agence nationale pour l'emploi
ATR	Administration territoriale de la République (dite Loi Joxe-Marchal)
APAP	Association pour la promotion de l'agriculture du Parc du Vercors
APC	Amis du Parc de Chartreuse
CAUE	Conseil en aménagement, urbanisme et environnement
CDRA	Contrat global de développement rhône-alpin
CGD	Contrat global de développement
CM	Conseil municipal
CNPN	Conseil national de protection de la nature
CNUCED	Conférence des Nations Unies pour le commerce et le développement
CPIE	Centre permanent d'initiative à l'environnement
CR	Code rural
CRADT	Conférence régionale de l'aménagement et de développement du territoire
CSP	Comité stratégique paritaire
CTE	Contrat territorial d'exploitation
CU	Code de l'urbanisme
DATAR	Délégation à l'aménagement du territoire et à l'action régionale
DDAF	Direction départementale de l'agriculture et de la forêt
DIREN	Direction régionale de l'environnement
DRE	Direction régionale de l'équipement
DRIRE	Direction régionale de l'industrie, de la recherche et de l'environnement
DTA	Directive territoriale d'aménagement
ECLN	Enquête commercialisation des logements neufs
EDF	Électricité de France

EPCI	Établissement public de coopération intercommunale
FAUP	Fédération des amis et usagers du Parc (naturel régional du Vercors)
FPNRF	Fédération des Parcs naturels régionaux de France
FNADT	Fonds national d'aménagement et de développement territorial
FRAPNA	Fédération de Rhône-Alpes pour la protection de la nature
IGN	Institut géographique national
GIP	Groupement d'intérêt publique
INRA	Institut national de recherche agronomique
INSEE	Institut national de la statistique et de l'économie
LOADT	Loi d'orientation sur l'aménagement et le développement des territoires (Loi dite Pasqua)
LOADDT	Loi d'orientation sur l'aménagement et le développement durable des territoires (Loi dite Voynet)
MATE	Ministère de l'Aménagement du Territoire et de l'Environnement
MEDD	Ministère de l'Écologie et du Développement Durable
METL	Ministère de l'Équipement, des Transports, du Logement, du Tourisme et de la Mer
NTIC	Nouvelle technologie de l'information et de la communication
OCDE	Organisation de coopération et de développement économique
ONF	Office national des forêts
PAE	Plan d'aménagement d'ensemble
PAR	Plan d'aménagement rural
PLU	Plan local d'urbanisme
PNR	Parc naturel régional
PNRC	Parc naturel régional de Chartreuse
PNRV	Parc naturel régional du Vercors
PNUE	Programme des Nations Unies pour l'environnement
POS	Plan d'occupation des sols
RGP	Recensement général de la population
SCOT	Schéma de cohérence territoriale
SD	Schéma directeur
SDAP	Service départemental de l'architecture et du patrimoine
SDAU	Schéma directeur d'aménagement et d'urbanisme
SHON	Surface hors œuvre nette
SIERPAG	Syndicat intercommunal d'étude, de recherche, de programmation et d'aménagement de la région grenobloise
SITADEL	Système d'information et de traitement automatisé des donnéesélémentaires sur les logements et les locaux

SIVOM	Syndicat intercommunal à vocation multiple
SIVU	Syndicat intercommunal à vocation unique
SM	Syndicat mixte
SRADT	Schéma régional d'aménagement et de développement du territoire
SRU	Loi sur la solidarité et le renouvellement urbain
ZAU	Zonage en aire urbaine

Introduction générale

Les pressions urbaine et touristique exercées sur les milieux naturels de proximité sont au cœur du présent ouvrage. Les milieux d'accueils, en l'occurrence, les Parcs naturels régionaux du Vercors et de Chartreuse à Grenoble de même que les communes, prennent une série de décisions et agissent selon un cadre déterminé. Bien souvent les structures politiques et administratives constituent ce cadre comme les organisations intercommunales, les Parcs naturels régionaux et les agglomérations. Aussi, les procédures d'aménagement à leur disposition sont autant d'outils visant à prévenir, orienter et solutionner les enjeux de développement et à préserver la qualité de vie, le paysage et plus généralement, le patrimoine.

Ces pressions urbaines et touristique prennent plusieurs formes à la fois concrètes et abstraites comme simplement la construction résidentielle et des demandes de services à plus long terme. Les gestionnaires et les administrateurs traitent quotidiennement un certain nombre de priorités plus ou moins payantes selon le niveau de dangerosité des pressions urbaine et touristique en question. Ainsi, la réintroduction du vautour et du bouquetin dans le Vercors fait rapidement consensus, contrairement à la construction d'une centrale hydro-électrique sur la rivière Guiers Mort dont il sera question.

Mais le changement d'apparence des maisons se transformant d'une architecture vernaculaire à une architecture pavillonnaire suscite difficilement le consensus minimum préalable à une prise de décision rapide. Il est plus simple de ne pas en entendre parler et ainsi « ces événements, nous dépasse alors feignons d'en être les organisateurs » selon l'expression consacrée de François Ascher.

Cette réflexion s'inscrit dans un certain nombre de courants de pensées dépendamment des thèmes à la mode. À cet égard, les projets de territoire de même que la contractualisation État-collectivité sont incontournables. Les Parc naturel régionaux sont apparus en force sur la scène publique et politique, presque trente ans après leur création, avec la montée du développement durable et du développement économique local. Dès 1967, les Parcs exigeaient que leur légitimité repose sur du développement orienté par et pour les besoins du territoire.

Les lignes du présent ouvrage sont donc écrites à un moment où la réflexion converge sur la multiplication de contrats de développement largement inspiré de l'approche des Parcs naturels régionaux. Forcément, une série de question émergent : les Parcs vont-ils disparaître? Quel contrat va l'emporter sur l'autre? Comment chacun des projets de territoire vont-ils préserver leur vocation et au nom de quoi? Cependant, l'approche ici retenue, sans renier l'autre, consiste à observer les massifs du Vercors et de Chartreuse du point de vue d'un cycliste qui suit les traces du célèbre géographe Grenoblois Raoul Blanchard passé par-là cent ans plus tôt tout en essayant de répondre à la question : Qui sont les véritables gardiens de ces magnifiques montagnes? À qui appartient la montagne? Sans agriculture forte et modes de vie montagnards, qui modèle le paysage? Comment et par quels précédés ce paysage se transforme-t-il? Dès 1941, Raoul Blanchard posait la question : « Pourquoi Grenoble est-elle devenue une ville »? Cet ouvrage apporte un autre éclairage.

Les Parcs naturels régionaux du Vercors et de Chartreuse constituent la porte d'entrée pour aborder les réponses à ces questions. La *Loi Paysage* oblige les communes à rendre compatible leurs Plans locaux d'urbanisme avec les orientations des Parcs, ce qui tend à diluer la portée des Chartes. D'autant plus que les Parcs ont le mandat de gérer l'ensemble de leur territoire sur la base de l'éducation et de la sensibilisation.

Ces PNR affrontent les pressions urbaine touristique sans compromettre leur objectif de préservation du patrimoine ce qui doit normalement se produire. Il s'agit là de David, d'un côté, outillé d'une charte parfois qualifiée de « large » plus ou moins appropriée par les maires; et de Goliath, de l'autre côté, armés de moyens financiers importants pour, par exemple, acheter du foncier afin d'y construire des maisons.

Pendant que les structures politiques et administratives définissent leur identité, leur territoire d'intervention et leurs plans d'action, le monde agricole délaisse la moyenne montagne. Le foncier devient accessible aux nombreux acheteurs urbains potentiels au risque de voir une flambée des prix du foncier. Cette déprise agricole en moyenne montagne au profit d'une appropriation urbaine ramène la véritable raison d'être des outils d'aménagement et demande de jeter un œil attentif aux initiatives de remplacement.

Face au déclin de l'agriculture, ce n'est pas tant le pouvoir de la Charte et des autres outils d'aménagement dont le Schéma de cohérence territoriale de l'agglomération de Grenoble et des Plans locaux d'urbanisme qui est en cause, mais l'ensemble des attitudes des élus, administrateurs, techniciens et fonctionnaires.

Les PNR partagent une mission de développement et de préservation sur un même territoire avec des nombreux partenaires. Force est de constater qu'ils sont (sur papier du moins) une seule entité géographique et décisionnelle. La réalité montre que leur périmètre est perméable aux dynamiques spatiales et territoriales externes. Dans les faits, « son » territoire repose sur un arsenal législatif accordant le pouvoir décisionnel aux maires dont les intérêts varient selon leur allégeance politique, l'état des finances communales, les exigences des électeurs et autres. La métaphore du bricolage est apparue en cours de travaux avec la montée en puissance de vocables tels que « projet », « construction ». « échelle », « fabrication », « articulation », « mécanisme », « outil », etc.

Tous ces vocables sont fréquemment utilisés dans le cadre de recherche sur les territoires, entendus dans un sens politique et administratif. Plus encore, spontanément, plusieurs intervenants avouent bricoler dans le cadre de leur fonction. Aussi bien alors prendre la balle au bond et « construire » une proposition théorique de l'acteur-bricoleur.

Terrain d'étude: Parcs naturels régionaux de Chartreuse et du Vercors

L'analyse géographique des massifs de Chartreuse et du Vercors permet de mieux comprendre comment se transforme l'espace puis comment des acteurs se comportent face aux pressions urbaine et touristique out en prétextant viser les objectifs de développement et de préservation.

Ces terrains favorisent ainsi une meilleure compréhension globale des logiques d'aménagement, de gestion et de planification de l'espace dans des conditions particulières que sont celles propres aux contextes géographique, institutionnel et politique des PNR montagnards périurbains.

Un problème, récurrent depuis la fin des années 1960 en France et ailleurs, est de savoir comment maîtriser le développement de la périurbanisation afin de répondre aux impératifs de protection de l'agriculture, d'habitat pour tous et de qualité de vie. Chacun y va de ses propositions allant de ceinturer les villes de verdure, de miser sur le transport collectif, de renforcer les outils de planification, de se doter d'une gouvernance métropolitaine appropriée et autres.

Après des décennies de réflexion et de multiplication des outils de gestion, l'urbanisation gagne la montagne après avoir saturé les vallées. Cette fois, à Grenoble, les explications convergent vers les infrastructures routières, la qualité de vie en ville, les outils d'aménagement, les ressources financières et matérielles, la sécurité, les préférences des acheteurs, etc.

La périurbanisation dérange encore pour maintes raisons variables selon les points de vue: arrivée d'une architecture non traditionnelle en campagne, augmentation du prix du foncier, multiplication des déplacements automobiles et conflits de voisinage. Mais d'un autre côté, elle est source de revenus locaux et stimule l'économie. Elle porte la responsabilité de la dégradation paysagère, de la perte de surface agricole, de la pollution de l'air et du sol, la déshérence du tissu social, la non-appartenance locale et autres. Ces thèmes sont au cœur du présent ouvrage.

Du haut des massifs de Chartreuse et du Vercors, des indices laissent percevoir des mutations profondes. Il s'agit, encore une fois, de faciliter les accès routiers aux automobiles et aux poids-lourds, les navetteurs sont plus en plus nombreux à descendre vers Grenoble le matin et remonter à la maison après le travail en fin d'après-midi, beaucoup de maisons sont en rénovation d'autres sont en construction par-ci par-là, les boutiques ferment aux intersaisons (signifiant par là l'absence de touristes), l'enfrichement progresse; les sentiers et aires de pique-niques sont investies de visiteurs les fins de semaine, les sites exceptionnels fréquentés au point de mettre des péages, et les stationnements sont bondés au pied des pentes. D'en bas, pour les urbains, ces massifs paraissent comme des espaces publics, des parcs d'amusement, des espaces ouverts à tous sans interdiction, des espaces résidentiels, un monde sauvage, des usines à touristes, des lieux inaccessibles et autres.

Qu'il y ait de l'urbanisation dans des PNR n'est pas un problème en soi, même si les notions de nature et d'urbanisation paraissent antinomiques au sein d'un parc! Ce phénomène devrait normalement inquiéter les PNR puisqu'ils sont localisés sur des territoires au patrimoine fragile et riche. Cependant, ils n'ont pas vocation à traiter directement la périurbanisation contrairement aux Plans locaux d'urbanisme et au Schéma de cohérence territoriale. Ils ne sont pas complètement démunis avec, en guise de pouvoir, l'éducation et la sensibilisation des élus adhérant à la Charte ce qui est très légitime d'un certain point de vu, mais dont l'efficacité face aux défis fonciers est limité. Ce pouvoir d'éducation et de sensibilisation les amène à discuter avec les élus du bien-fondé de telle ou telle décision touchant « leur » territoire en rapport avec des objectifs de développement et de préservation. Encore faut-il que le fait urbain demeure une prérogative locale!

La commune peut adhérer à plus d'une structure administrative et politique dont celle du Parc, telles des communautés de communes rurales ou urbaines selon leur localisation et leur nombre d'habitants. Plusieurs cas de figure sont possibles: une commune peut adhérer à une communauté d'agglomération et à un PNR et ainsi être soumise à un PLU, un SCOT ou à la Charte du Parc et signer un Contrat d'Agglomération par le biais de la communauté d'agglomération.

Les périmètres de compétences et de vocation ici se chevauchent. Une commune rurale adhérente à un Parc, peut faire partie d'une communauté de communes (qui a obligatoirement une vocation d'aménagement) partiellement à l'extérieur du Parc. La commune rurale, par le biais de la communauté de communes, peut s'engager dans un Contrat de Développement Rhône-Alpes (dans la région Rhône-Alpes) afin de bénéficier de financements pour mener des actions sur cinq années.

Différents périmètres d'intervention traversent ainsi les PNR ce qui sape théoriquement leur légitimité et la portée de leur charte. Une charte élaborée de façon trop restrictive et restrictive risque de freiner l'adhésion des communes alors qu'à l'inverse, une charte trop générale enlève de la pertinence au Parc en tant « qu'outil d'aménagement fin du territoire ». Une commune peut juger le Parc trop omniprésent ou, de façon plus criante, prétendre que le Parc veut s'ingérer dans les affaires communales.

Une commune peut menacer de se retirer du Parc si elle le juge trop insistant sur certains dossiers et aussi à l'inverse, si elle est d'avis que son existence est illégitime. Par contre, une commune peut désirer la présence d'un PNR si elle le voit porteur d'une manne financière ou d'une attraction touristique, par exemple. La Charte se doit donc d'être à la fois assez discrète pour ne pas choquer les sensibilités communales et aussi détaillée afin qu'elle ait un rôle à jouer sur le terrain.

Officiellement, tous les documents d'urbanisme doivent être compatibles avec la Charte bien qu'elle peut être élaborées en aval des grandes décisions. Le Parc est une assemblée d'élus qui peuvent changer au rythme des élections alors que le label Parc est quant à lui valide pour 10 années. Les orientations de la charte peuvent ainsi être remises en cause (voire ignorées) par la nouvelle équipe municipale selon leurs nouvelles priorités.

L'intégration des objectifs de développement et de protection est une priorité des PNR depuis leur création en 1967. Ils ont été en ce sens des précurseurs du développement « durable » apparu vingt ans plus tard.

Il ne s'agit pas de savoir si le développement se fait aux dépens de la protection ou de savoir comment agir au quotidien afin de valoriser les deux à la fois. Le défi consiste à c que les partenaires s'entendent au préalable sur les indicateurs de réussite pour mesurer le niveau d'atteinte des objectifs. À l'extrême, pour l'un, le développement se définit en fonction de la richesse financière et matérielle, pour l'autre la préservation correspond à un idéal de la Nature où la présence de l'Homme ne doit point se faire sentir.

La difficulté demeure de savoir comment créer un consensus autour de ces enjeux pour en faire de véritables lignes d'action . N'y a-t-il pas une large part d'aléas grâce ou au dépens duquel le développement quantitatif l'emporte sur la préservation? Dans le cas des PNR, les moyens sont l'éducation et la sensibilisation des élus et du public par le biais d'activités de formation, de production de documents et de discussion avec les acteurs de terrain afin de changer les comportements. La formule consacrée est « *Convaincre et non contraindre pour mieux protéger?* » mais aussi « *Protéger pour mieux développer?* » ou « *Développer pour mieux protéger?* ».

L'hypothèse de la monturbanisation bricolé

La problématique des PNR montagnards périurbains de Chartreuse et du Vercors touche l'enjeu du développement et de la préservation de deux territoires soumis à des pressions touristique et urbaine. Le dynamisme et le niveau de saturation de l'agglomération (et vallée) de Grenoble est la grande source de cet enjeu et plus l'agglomération est dynamique plus la pression s'exerce sur ces massifs. L'enjeu du développement et de la préservation est en quelque sorte une réalité régionale aux acteurs du Vercors et de Chartreuse.

La monturbanisation, c'est-à-dire l'urbanisation en montagne, n'est pas l'urbanisation galopante où se multiplient les grandes surfaces commerciales voire les bretelles d'autoroutes et les villes champignons. Il s'agit plutôt de la résultante de la métropolisation de Grenoble dont les échelles d'intervention et les lieux de décision se multiplient. Le point névralgique d'où émane cette dynamique n'est pas le cœur des massifs, mais l'agglomération de Grenoble qui étend sa surface construite et sa présence.

La résultante est une urbanisation diffuse dans ces massifs qui émane d'un fort désir nature, de recherche d'un cadre de vie agréable et d'évasions de courtes durées. La monturbanisation se fait plutôt comme un bricolage suivant divers arrangements entre acteurs aux intérêts divers, suite à des procédures administratives et en fonction des demandes publiques et privées. Chacun construit son projet et fabrique son territoire dont la seule cohérence d'ensemble semble être le renforcement du poids de l'agglomération de Grenoble pour des raisons économiques.

La monturbanisation n'est pas une fin en soi ni un moyen d'atteindre un optimum territorial mais simplement un processus de métropolisation. Ainsi, dans le Vercors et la Chartreuse, les procédures d'aménagement, de gestion et de planification des massifs s'inscrivent dans une approche quasi philosophiques d'atteindre les objectifs de développement et de préservation. Comme un bricoleur dont la portée des outils est parfois bien en deçà de l'ampleur des projets, le Vercors et la Chartreuse sont devenus l'agglomération de Grenoble.

Comme le bricoleur qui croit être en mesure de tout assembler d'un tournemain, l'atteinte des objectifs de préservation et de développement des massifs se butte à des aléas conceptuels, pratiques et techniques. Forcément, le bricoleur manque toujours de temps et de moyens; mais qu'à cela ne tienne, le parcours d'apprentissage est en soi un projet. Les outils (p. ex. PLU, SCOT et PNR) sont en soit des outils cohérents, bien conçus et ont des fonctions bien précises. Mais dans la réalité, ils ne sont pas tous faciles d'utilisation, leur mise en œuvre nécessite d'imposants budgets et leur amélioration est un long processus venant essentiellement de Paris. La grande résultante est l'emprise urbaine qui gagne des espaces ruraux et naturels de plus en plus menacés d'extinction.

La monturbanisation est un sous-produit de la métropolisation de Grenoble. À la question « comment émerge la monturbanisation dans la Chartreuse et le Vercors? », la réponse: « À la manière d'un bricoleur qui bricole » s'impose par un jeu d'acteurs institutionnels, sociopolitiques et économiques.

Structure de l'ouvrage

Cet ouvrage montre et explique l'émergence de la monturbanisation face à la déshérence de l'agriculture et au dynamisme de l'activité touristique et de la construction résidentielle en particulier. La performance de l'outil Parc est mise en perspective à travers, par exemple, de l'affaire des gorges du Guiers Mort où un projet de centrale hydro-électrique se prépare. Pendant que les acteurs se posent la question « Faut-il vendre ou protéger le territoire », les analyses qui suivent dont celles qui portent sur les valeurs foncières montrent que le territoire est bel et bien déjà en voie d'être vendu au dépends de la protection.

Il est démontré que les acteurs du territoire se préoccupent ainsi de la meilleure échelle d'intervention et valorisent la légitimité de « leur » projet de territoire pendant que Grenoble étends son emprise urbaine. Ils cherchent la meilleure articulation entre chacun de leur outils d'aménagement et projet à vocation de développement.

Les analyses de discours montrent une succession d'initiatives et de résultats ponctuels comme en matière d'architecture. Force est de constater qu'une procédure d'aménagement et une organisation intercommunale ne peuvent pas obliger l'utilisation des lauzes traditionnelles sans le savoir-faire traditionnels et l'approvisionnement préalable (ce qui nécessite d'autres budgets et une grande expertises).

L'ouvrage brosse un portrait des mille feuilles ou couches politiques et administratives ayant chacune un mot à dire sur la façon de concevoir l'avenir du Vercors, de la Chartreuse et vis-à-vis du rôle des agglomérations de Chambéry, de Voiron, de Grenoble et même de Valence. Il se dégage le tabou de l'urbanisation dont personne ne parle depuis les premières initiatives du Parc du Vercors (il y a plus de trente ans) en matière de contrôle de l'urbanisation.

L'ouvrage aborde, dans un deuxième temps le sens même du mot « projet » à l'aide de la métaphore du bricolage et du bricoleur tel que l'a esquissé Claude Lévi-Strauss. Cette incursion théorique situe, par exemple, le gestionnaire et l'administrateur dans un ensemble de contradictions et de nécessités consistant à concevoir, esquisser et réaliser des projets tel que lui se les imagine dans le cade de mandats théoriquement précis. Ainsi, le Vercors et la Chartreuse sont les terrains de multiples projets de mise en valeur, de développement et de préservation qui ont chacun leur cohérence propre.

L'urbanisation métropolitaine est la résultante d'aucun projet en particulier mais apparaît comme l'oeuvre d'une main invisible bricoleuse. Il s'agit donc d'un projet entendu au sens technique et administratif et non pas d'un projet entendu au sens profond tel que le concevait Sartre.

La deuxième partie de l'ouvrage explique d'entrée de jeu que les acteurs bénéficient d'une liberté relative. Ils bénéficient de cette liberté pour choisir entre une priorité plutôt qu'une autre, mais en même temps ils subissent des pressions qui le contraignent à agir en toute connaissance de cause « à côté » de leur projet. Cette rationalisation émane de perceptions, croyances, symboles et convictions qui agissent comme autant de balises limitant ses capacités d'actions et sa compréhension des enjeux. Ces structures mentales internes déterminent ses aptitudes à relever des défis techniques et conceptuels. Or, l'urbanisation en montagne est un tabou comme si le fait d'en parler témoignait d'un échec de la préservation et qu'il faisait fuir les touristes.

Pour avancer dans son projet, le bricoleur se tourne sans cesse vers son matériel et ses équipements (répertoire) à partir desquels il se projette dans les prochaines étapes de réalisation. Il oscille ainsi du passé vers le futur, l'un déterminant la nature du projet à venir. La métropolisation de Grenoble, par son extension dans le Vercors et la Chartreuse, témoigne d'une culture urbaine aujourd'hui profondément ancré dans les valeurs et attitudes.

La méthodologie

L'ouvrage repose sur une importante quantité d'informations tirée de rencontres d'acteurs clés, d'une abondante littérature locale et de publications internes remontant jusqu'à la création du Parc du Vercors en 1970, sauf que le patrimoine historique et culturel est vendeur.

Aussi, des documents iconographiques datant de plus de cent ans ont été analysés afin de comparer les paysages, architectures et modes de vie du même endroit et point de vue.

Des analyses cartographiques et statistiques complètent le portrait des massifs du Vercors et de Chartreuse. Parmi les statistiques utilisées, il y a celles portant sur l'impôt foncier, le logement, le navettage, la population et l'agriculture.

Des analyses cartographiques à partir d'images aériennes ont été faite dans le Val de Lans et l'axe allant de Quaix à St-Égrève via le col de Clémencières. L'aire d'étude en Chartreuse a une superficie totale de 2 166 ha et 2 972 ha pour le Vercors. Elles couvrent partiellement les communes de Villard-de-Lans, Lans-en-Vercors et Autrans d'une part, puis Quaix-en-Chartreuse, St-Égrève, Sappey-en-Chartreuse et St-Martin-le Vinoux[1] d'autre part.

PARTIE 1 CHARTREUSE ET LE VERCORS EN VOIE DE MÉTROPOLISATION

1.1 Présentation de la Chartreuse et du Vercors

Les massifs de Chartreuse et du Vercors sont localisés respectivement au nord et au sud de Grenoble dans la région Rhône-Alpes qui elle est peuplée de 5,65 millions d'habitants s'étendant sur une superficie de 43 700 km^2 (129 habitants par km^2).

La Chartreuse a la forme d'un diamant de 69 000 hectares allant de Chambéry à Grenoble. Ce massif culminant à 2 082 mètres se caractérise par un relief tourmenté où alternent falaises escarpées, alpages ouverts et forêts d'altitude. La commune de Saint-Pierre-de-Chartreuse symbolise son cœur et elle est accessible par les cols du Granier (1 134 m), de Porte (1 340 m), du Cucheron (1 140 m) et du Coq (1 434 m) ou par les gorges du Guiers Mort et du Guiers Vif.

Quant au Vercors, il rappelle une citadelle tant cette table de calcaire ondulée de 185 000 ha ressemble à un ouvrage fortifié indépendant qui s'élève abruptement des terres à plus de 1 000 mètres. Le Pic Saint-Michel

---

[1] La disponibilité des photographies aériennes auprès de l'IGN a eu un impact sur le choix final des aires et sur leur superficie. En Chartreuse, les photographies des années de référence 1975 et 2000 sont à l'échelle 1 / 30 000e et couvrent de manière satisfaisante l'aire d'étude . Dans le Vercors, les photographies disponibles sont à l'échelle 1 / 25 000e; de ce fait, deux photographies ont dû être assemblées par année de référence afin de couvrir l'aire d'étude adéquatement.

(1966m), la Grande Moucherolle (2284m), le Grand Veymont (2341m) et le mont Aiguille (2085m) sont les principaux sommets.

1.1.1 Accessibilité routière

D'importants réseaux ferroviaires et routiers relient les centres urbains de la Région Rhône-Alpes entre eux ainsi qu'à la Chartreuse et au Vercors. Ces massifs comptent un certain nombre de routes d'accès différemment fréquentées selon les périodes du jour et de l'année.

Une demi-douzaine de routes permettent de monter « sur » le Vercors, elles zigzaguent dans les falaises en encorbellement et passent par des gorges (de la Bourne et de la Vernaison) ou bien elles enjambent les cols du Menée (1 457 mètres), de Bataille (1 313 mètres) et du Rousset (1 254 mètres). Finis les anciens chemins muletiers ou de traînage de bois comme au col de Porte en Chartreuse au XIXe siècle.

Les voies d'accès à ces espaces comportent des risques importants liés aux chutes de pierres et aux dérapages. Elles sont fortement empruntées en dépit des risques auxquels s'ajoutent les chutes de neige en hiver qui peuvent obliger la fermeture de cols.

Un ancien maire de la commune de Saint-Pierre-de-Chartreuse explique le rôle de barrière que jouait le col de Porte jusqu'à récemment:
> *« Le col a été longtemps un verrou pour dissuader les gens de venir à Saint-Pierre-de-Chartreuse. Mais comme il est constamment bien déneigé et que finalement, pour des gens qui viennent de la région parisienne et qui font une heure de trajet, et bien en faire 45 minutes dans la nature même en passant le col de Porte c'est séduisant. Bien sûr la route a été améliorée au fil des années. Également les moyens de déneigement ont fait des progrès. Ce n'est pas toujours favorable à l'environnement et à la conservation »* (entretien, 3/7/2).

Au début de l'été 1999, 1 350 voitures ont emprunté la RD106 (une des trois routes principales du Vercors) entre St-Nizier et Lans-en-Vercors sur une période de sept jours. Cela correspond à un passage de 8 voitures à l'heure. Cette route monte sur le Vercors par l'ouest et le nombre de véhicules qui l'empruntent peut facilement doubler considérant la circulation dans les deux sens (source: DDE-Isère). Or, 16 véhicules à l'heure sur ce type de route sinueuse représentent un nombre considérable puisque différents utilisateurs l'empruntent (automobiles, autobus, camions et tracteurs).

La RD 531 constitue une seconde route importante du Vercors. Elle passe par Pont en Royans du côté est, monte les gorges de la Bourne, se rend à Villard-de-Lans sur le plateau du Vercors et redescend vers Sassenage au nord du massif après avoir longé la commune de Lans-en-Vercors. En été 1999, sur une période de sept jours, 1 431 véhicules (soit 9 voitures par heure) empruntaient les gorges de la Bourne en direction de Villard-de-Lans. Ce nombre de passages constitue un seuil critique, compte tenu du caractère abrupt, étroit et sinueux de la route et des autobus, camions et véhicules récréatifs qui l'empruntent.

Par ailleurs, 3 013 voitures ont emprunté cette même RD531 pour redescendre de Lans vers Sassenage entre le 14 et le 20 octobre 2001 (2 507 voitures dans le sens inverse). Dans l'ensemble, 33 véhicules à l'heure passent à l'est de Lans et 16 à l'ouest pour un total important de 49 véhicules par heure sur des routes de « campagne ». En considérant une circulation plus faible la nuit, le nombre de voitures passant par la commune de Lans-en-Vercors à chacune des heures du jour peut facilement atteindre 74. De plus, durant les heures de pointe (7h30 – 9h / 16h30 – 18h), le nombre de passages à Lans s'évalue à 147 véhicules à l'heure! Bref, ce massif fourmille de déplacements.

Cette circulation automobile pose problèmes aux agriculteurs principalement. Ils doivent transporter la machinerie agricole vers leurs parcelles et ce, souvent du matin au soir en dépit des difficultés à s'engager sur les routes parce qu'il y a parfois un flux continu de voitures ou bien parce que les routes sont consolidées (Photo 1) d'une façon qui nuit au transport de la machinerie agricole.

Illustration 1: Amélioration de route à Saint-Nizier
Source : L. Allie (2001)

Ces chiffres sur la circulation automobile montrent l'ampleur des flux entre les massifs et les vallées périphériques. Les données de la DDE Isère ne rendent pas compte de la fréquentation de toutes les routes annuellement, ce qui aurait permis de mesurer et de comparer les flux dans le temps et l'espace. Cependant, la DDE a compilé l'ensemble des variations mensuelles pour l'année 2001 concernant les routes Iséroises D106, D502 et D531. Il passe en moyenne 2 209 voitures par mois sur chacun de ces trois axes routiers. Le niveau le plus bas est enregistré aux Jarrants, soit à l'entrée en amont des gorges de la Bourne tandis que le niveau le plus élevé fut enregistré au Pontdemay localisé entre l'agglomération Voironnaise et Saint-Laurent-du-Pont.

Les chiffres sur les déplacements mensuels pour l'année 2001 font ressortir des déséquilibres entre les saisons (p.ex. RD531 et RD 512). Les routes sont très achalandées aux trimestres d'hiver, mais encore plus aux trimestres d'été, avec un total respectif de 81 853 et de 91 616 passages dans les deux sens de la circulation. L'automne et le printemps sont les saisons relativement les plus creuses avec 73 000 passages dans les deux sens de circulation. Durant les saisons d'hiver et d'été où la fréquentation touristique est plus forte, le flux automobile augmente en moyenne de 15 à 20 %. Il y a une augmentation des flux automobiles de touristes qui viennent s'ajouter aux circulations locales. Ces automobilistes se rendent en montagne pour pratiquer leurs activités préférées selon les saisons (ski, vélo, randonnée, observation, etc.).

Le cas de la RD 520 à Pontdemay témoigne d'une plus grande régularité de la fréquentation et de son utilisation régulière laissant moins paraître l'augmentation d'automobilistes en haute saison. Aussi, les automobilistes choisissent souvent cet itinéraire alternatif lorsque les vallées périphériques (Grésivaudan et cluse de Voreppe) sont saturées.

Les routes menant dans la Chartreuse et sur le Vercors sont plus achalandées dans le sens de la descente le matin et dans le sens de la montée le soir durant la semaine, traduisant un phénomène grandissant (dorénavant classique) de navettes entre les lieux d'habitat (les massifs) et les lieux de travail (les vallées périphériques)[2].

À noter l'inversion les fins de semaine des pointes de circulation automobile sur les routes menant au Vercors et dans la Chartreuse par rapport à celles de la semaine. Les fins de semaine, les flux automobiles sont prépondérants le matin dans le sens de la montée sur le Vercors et dans la Chartreuse et sont bel et bien aussi prépondérants, mais dans le sens de la descente en début de soirée. Ce phénomène s'explique aisément par les activités et attraits offerts dans ces massifs qui attirent les citadins les fins

---

[2] Selon le dernier recensement (INSEE-RGP, 1999) sur les navettes entre le domicile et le travail, la commune de St-Pierre-de-Chartreuse est intégrée au bassin d'emploi de Grenoble; tandis que St-Pierre-d'Entremont, Entremont-le-Vieux, Corbel et Épernay (toutes membres du PNRC) font dorénavant partie du bassin d'emploi de Chambéry.

de semaine.

1.1.2 Grande fréquentation des massifs

Une enquête des Amis du PNRC confirme ces phénomènes d'affluence de visiteurs et de touristes « sur » et « dans » les montagnes. Leur enquête, menée auprès de 340 visiteurs du musée de la Grande Chartreuse à la fin d'août 2002, permet de mieux expliquer le va-et-vient d'automobilistes dans le massif.

À la question: « Pourquoi êtes-vous en Chartreuse? »: 20 % des visiteurs (67) ont répondu « La vie des moines », 16 % sont venus par curiosité, 11 % étaient intéressés par les aspects religieux (recueillement, prière, silence), 9 % ont répondu être attirés par la beauté du massif et du site de la Grande Chartreuse et 6 % (21 personnes) pour la randonnée et la balade[3]. Sur les 340 personnes interrogées, 60 % effectuaient un séjour d'une journée, 19 % séjournaient entre 2 et 5 jours, tandis que 17 % passaient plus de 5 jours en Chartreuse. La grande proportion de séjours d'une journée et cela dans 81 % des cas en famille (donc qui utilisent la voiture individuelle) corrobore les données de la DDE à savoir le mouvement vallée / montagne le matin et montagne / vallée en fin de journée en plus de conforter l'attrait de ce massif.

1.1.2.1 Influence urbaine de Grenoble et Chambéry

Les villes de Grenoble et de Chambéry étendent leur aire d'influence au cœur même de ces massifs compte tenu d'une nouvelle répartition des lieux de domiciles, d'emplois et de services. Les gens habitent de plus en plus loin tout en travaillant dans la même vallée grenobloise.

En Chartreuse, par exemple, seules les communes de St-Christophe-sur-Guiers (Isère) et St-Christophe-sur-Guiers (Savoie) n'appartiennent ni

---

[3] Les personnes interrogées sont originaires de 58 départements mais principalement de l'Isère (14 %), du Rhône (7 %), de la Savoie (6 %) (tous des départements rhônalpins) et de Paris (8 %) mais pas seulement puisque 27 des 340 répondants proviennent de onze pays différents.

au bassin d'emploi de Chambéry ni à celui de Grenoble[4]. Le Vercors, quant à lui, bénéficie d'une large portion de son territoire à l'écart de l'influence quotidienne des villes (essentiellement sa vallée drômoise).

À partir de la capitale des Alpes, 9 villes de plus de 50 000 habitants sont accessibles en moins d'une heure de route (que ce soit en autobus, en automobile ou en train)[5]. Cependant, la dynamique à l'urbanisation mérite une attention particulière avec une croissance des unités urbaines à proximité des massifs de Chartreuse et du Vercors[6]. Entre 1990 et 1999, seize communes se sont ajoutées à la soixantaine qui compose les unités urbaines de la grande région grenobloise.

Ces observations montrent un vaste bassin de population dans lequel baignent les deux massifs, et ce, sans compter les autres villes de même envergure, mais qui sont localisées plus loin comme Genève et Annemasse, Saint-Chamond, Thonon-les-Bains et Cluses (total de 675 000 habitants) et une douzaine de villes comptent entre 25 000 et 49 999 habitants dans un rayon de 100 kilomètres.

---

[4] Un bassin d'emploi se définit comme un espace géographique présentant une cohésion en matière d'infrastructures, de marché du travail et de mouvements économiques. Un bassin d'emploi est constitué généralement autour d'un pôle attractif et peut correspondre soit à une agglomération, soit à une micro-région industrielle développée à partir d'une activité spécifique (bassin minier ou sidérurgique) ou d'une grande entreprise industrielle, soit à un territoire où se regroupent des activités diverses. Un bassin d'emploi est déterminé, selon l'INSEE, à partir du facteur déplacement domicile-travail dans un espace restreint permettant aux personnes actives de résider et travailler dans un établissement du bassin, et aux employeurs de recruter la main d'œuvre sur place.

[5] Les 9 villes sont: Lyon, Saint-Étienne, Annecy, Valence, Chambéry, Roanne, Villefranche-sur-Saône, Bourg-en-Bresse et Romans-sur-Isère et comptent à elles seules pour 40 % de la population totale de la région.

[6] La nomenclature « unité urbaine » recouvre les notions d'agglomérations urbaines et de villes isolées. Une agglomération urbaine est un ensemble de communes sur le territoire desquelles s'étend une agglomération d'au moins 2 000 habitants. Une agglomération de population est un ensemble d'habitations tel qu'aucune ne soit séparée de la plus proche de 200 mètres. Deux unités urbaines peuvent se jouxter sans en former une seule, dès lors qu'il n'y a pas continuité entre elles (règle des 200 mètres). Pour l'INSEE, sont réputées urbaines toutes les communes appartenant à une unité urbaine. Les communes ne répondant à aucun de ces critères sont classées comme rurales (Julien, 2000).

La proximité d'un tel bassin de population suppose des pressions anthropiques liées à la fréquentation touristique et au désir d'y habiter tel que nous le verrons plus loin. Les aires urbaines[7] aussi sont en nette croissance dans la grande région grenobloise comme en témoigne le passage de nombreuses communes d'un zonage « rural » à « multi », signifiant ainsi les changements profonds qu'elles vivent sur les plans économiques, sociaux et spatiaux[8].

La comparaison des données sur le ZAU montre comment l'influence urbaine pénètre les massifs sur plusieurs fronts. Dans le cas de la Chartreuse, l'influence urbaine progresse par Chambéry, Grenoble et Voiron; et dans le cas du Vercors, elle progresse à partir des pôles urbains de Saint-Marcellin, Romans, Valence et Grenoble (sud). Parfois, l'expression « influence urbaine » s'applique mal à certaines communes puisqu'elles deviennent un pôle urbain. Le cas de Chichilianne est intéressant parce que cette commune est dorénavant classée « monopolaire » depuis 1999 sous l'influence de Grenoble alors qu'en 1990, elle était classée « dominante rurale ».

Cette dynamique d'emprise grandissante du fait urbain sur le rural se dévoile sous un jour différent avec l'allongement des navettes entre le domicile et le travail. Entre 1975 à 1999, plusieurs communes ont intégré Grenoble et Chambéry dans les navettes quotidiennes des actifs. Depuis le recensement de 1999 au moins 20 % des actifs de Chichilianne et de St-Pierre-de-Chartreuse travaille dans l'agglomération de Grenoble.

---

[7] Une aire urbaine est un ensemble de communes d'un seul tenant et sans enclave, constitué par (1) un pôle urbain, qui est une unité urbaine offrant au moins 5 000 emplois n'étant pas elle-même attirée à plus de 40 % par une autre unité urbaine. En 1990, il y avait 361 pôles urbains en France. En 1999, ils sont au nombre de 354; (2) une couronne périurbaine composée de communes rurales ou d'unités urbaines dont au moins 40 % de la population résidente possédant un emploi travaille dans le reste de l'aire urbaine.

[8] Les communes multipolarisées sont des communes ou des unités urbaines dont 40 % ou plus des actifs résidents vont travailler dans plusieurs aires urbaines, sans atteindre ce seuil avec une seule d'entre elles. Par extension, une commune monopolaire ne fait partie d'aucun espace multipolaire.

Enfin, les massifs de Chartreuse et du Vercors vivent des transformations importantes du fait de l'augmentation des flux croisés de population avec les vallées, mais aussi de la transformation de certaines communes comme Chichilianne, passant d'une classification dominante rurale à monopolaire entre 1990 et 1999. Au moins 20 % des actifs de cette commune travaille à Grenoble, pourtant séparée l'un d'elle de 60 km.

1.2 Spécificité montagnarde urbaine et touristique

Considérant l'emprise de la ville sur les massifs de Chartreuse et du Vercors, la question du rôle social de la montagne se pose des points de vue géographique, idéologique et symbolique.

Les PNR montagnards sous pressions touristique et urbaine en général et ceux de Chartreuse et du Vercors en particulier portant un rôle d'arbitrage et de proposition avec le monde politique et les acteurs socioéconomiques qui fréquentent et utilisent la montagne comme lieu d'évasion, de divertissement et d'habitat. Mais qu'en est-il du fait urbain en montagne? Jusqu'à quel point est-il présent dans le discours scientifique et académique?

À ce titre, la spécificité de la montagne s'évalue plus par des degrés que par des frontières imperméables. Comment les PNR montagnards peuvent-ils arbitrer le désir collectif de consommer l'environnement montagnard tout en proposant une offre paysagère et patrimoniale de qualité?

Aborder la montagne c'est tour à tour faire allusion à la haute montagne inhabitée, aux alpages et aux champs de neige, à la moyenne montagne déserte ou exsangue, aux préalpes humides au potentiel agricole non négligeable ou aux alpes sèches.

Veyret et Veyret (1962-b: 5) rappellent que le langage de tous les jours camoufle de fâcheuses incertitudes en disant la Montagne Sainte-Geneviève, la Montagne de Reims, aussi bien que les Montagnes Rocheuses, ou le Mont des Cats : :

> « *Sans doute s'agit-il toujours de reliefs saillants, mais quoi de commun entre une taupinière et un grand sommet?* (…) *Les mots mont, montagne, qui désignent des choses si dissemblables, manquent de la plus élémentaire précision* » (Veyret et Veyret, 1962-b: 5).

Les mots désignant les aspérités de la surface terrestre sont vraisemblablement « *venus trop tôt dans la langue, quand le berceau du français ignorait les vraies montagnes* » écrivent Veyret et Veyret (1962-b: 5).

Autant les mots parlent de la montagne, autant les images qu'elle projette résonnent différemment et parfois confusément dans l'imaginaire social. Comme l'écrit Gerbaux (1979: 11): « *Derrière "l'objet montagne", se cachent des représentations multiples, diverses, voire contradictoires* », c'est-à-dire une vision de la nature sauvage, de la liberté, de loisirs et des investissements économiques., mais rarement du point de vue urbain. La montagne n'est-elle pas en tout une « *fabrication de l'esprit, un mythe, un symbole* » comme le rappelle Canac (1968). Elle apparaît, écrit Gerbaux (1979: 12) dans le discours comme un objet indéfini, aux contours très flous.

À la lumière des évolutions du ZAU dans la grande région grenobloise qui s'étend comme une tâche d'huile, nul ne pourrait deviner la présence du relief montagnard autour de la commune de Chichilianne, par exemple, tant l'évolution de la tâche urbaine semble suivre sont cours normal telle une ville sise dans une vaste plaine agricole.

Le pouvoir politique et les administrations donnent, à travers leurs différents discours, des images très diverses de la montagne, du moins de la haute montagne (Gerbaux, 1979). Elle est une richesse naturelle d'importance nationale, voire internationale:

> « (...) *le capital culturel est à exploiter, le milieu accueillant est l'image de la société qui l'habite, accueillante, dynamique, lorsqu'est évoqué le tourisme en moyenne montagne. La montagne est "par essence" une terre de loisirs* » (Gerbaux, 1979: 13).

D'un autre point de vue, la montagne symbolise surtout la nature par excellence comme en témoigne les propos de Poujade (prononcés en 1973), alors ministre chargé de la protection de la nature et de l'environnement:

> « *La montagne représente en quelque sorte la nature par excellence: des conditions de vie et de milieu particulièrement rudes et des difficultés de pénétration y ont perpétué jusqu'à nous des équilibres écologiques des paysages, des traditions dans l'habitat et le mode de vie qui constituent un immense capital de nature vivante, d'air et d'eau purs, de solitude* » (Le Monde, fév. 1973 *in* Gerbaux 1979: 16).

La montagne est aussi vue comme un capital à préserver, à conserver. La société montagnarde est et reste le protecteur de la nature, par les qualités de la relation de l'homme avec son environnement comme, par exemple, des citadins qui s'évadent du monde urbain.

Une seconde image de la montagne que véhicule l'État cette fois est celle des handicaps naturels: altitude élevée, dénivellations importantes, conditions climatiques exceptionnellement défavorables, sol à potentialité économique faible, isolement. En montagne, l'agriculture s'exerce dans un milieu peu favorable. Les contraintes qu'imposent l'altitude, le relief, l'éloignement des marchés, sont irréductibles.

L'agriculteur de montagne associé à une nature réticente, ne saurait donc atteindre une efficacité comparable à celle des agriculteurs opérant sur des terres plus généreuses (Garavel *in* Gerbaux, 1979: 13). La référence aux problèmes techniques insolubles en montagne, qui découle de la primauté donné aux handicaps naturels, masque les choix de développement:

«*L'agriculture appliquée à des terres dont la pente ne permet pas le recours aux machines agricoles classiques est une activité condamnée à sous-rétribuer plus ou moins gravement le travail qui s'y consacre*» (Garavel *in* Gerbaux, 1979 :3).

La montagne produit ainsi des images multiples: tantôt symbole de pureté et d'authenticité; tantôt synonyme d'éloignement, de handicaps, tantôt lieu de liberté et d'équilibre; bientôt symbole d'une monturbanisation où des populations diverses affluent.

Selon Barrué-Pastor (1989), quatre mots-clés permettent de retracer les objectifs des diverses lois d'aménagement spécifiques à la montagne. Le premier mot-clé est restaurer. Les terrains dégradés par la rudesse du climat à laquelle viennent s'ajouter les méfaits de l'archaïsme des pratiques paysannes. L'objectif essentiel le reboisement pour lutter contre les risques naturels et cantonner l'agriculture en fond de vallée[9]. Le deuxième mot-clé est prévenir (1930) afin d'assurer un minimum d'activité agricole avec des revenus complémentaires issus du tourisme. Le troisième mot-clé est conserver (1972) qui insiste sur la préservation de la richesse du patrimoine montagnard avec un minimum d'agriculture au service du tourisme.

Enfin, le dernier mot-clé est celui du de la rencontre des objectifs de protection et de développement (1985) visant la recherche d'un nouveau modèle de développement économique centré sur le tourisme avec une activité agricole d'entretien des paysages. Cette dernière vague constitue aujourd'hui encore un objectif central particulièrement dans le discours des PNR Barrué-Pastor précise:

« *Dans les conflits d'intérêts qui jalonnent la gestion de la montagne, une nouvelle inversion des priorités a lieu: la*

---

[9] Les objectifs de restauration sont clairement exposés dans la *Loi du 28 juillet 1860 sur les boisements des montagnes*, la *Loi du 8 juin 1864 sur le gazonnement des montagnes* et la *Loi du 4 avril 1882 relative à la restauration et à la conservation des terrains de montagne*.

fonction de l'agriculture devient l'entretien du patrimoine national. La protection de la montagne recouvre plusieurs objectifs essentiels: la sauvegarde de la nature, la préservation de l'esthétique et la protection des sites; le développement économique basé sur l'exploitation de ressources plus traditionnelles (pâturages, forêts) devient secondaire » (Parrué-Pastor, 1989: 227-228).

Cette vision est perceptible dans la loi *Montagne* de 1985. De cette loi émerge une nouvelle définition de la montagne: « une entité géographique, économique et sociale dont le relief, le climat, le patrimoine naturel et culturel » nécessitent une « politique spécifique d'aménagement et de protection ».

Les quatre objectifs fondamentaux de la loi *Montagne* sont « la mobilisation simultanée et équilibrée des ressources disponibles », « la protection des équilibres biologiques, la préservation des sites et des paysages et d'un patrimoine bâti, culturel et écologique d'une exceptionnelle qualité et d'intérêt national », vient ensuite la « reconnaissance du droit à la différence » et la « prise en compte des handicaps ».

Cette loi *Montagne* structure le discours des acteurs de la montagne et des PNR. La montagne devient par définition un lieu de protection des équilibres, de valorisation des patrimoines et de handicaps naturels à surmonter. De plus, la montagne a aussi le statut d'objet scientifique autour duquel des chercheurs de différents champs académiques se reconnaissent.

Debarbieux (1998) aborde trois questions quant à la place de la montagne dans le discours scientifique. Comment les reliefs naturels (la montagne), localisés dans un environnement urbain, sont socialement identifiés et connotés?; Comment les différents sens rattachés successivement ou simultanément à ces reliefs peuvent expliquer la façon dont ils sont aménagés et intégrés dans le paysage urbain?

Et finalement, que signifie l'appellation de « La Montagne » en parlant du Mont Royal à Montréal? En d'autres termes, comment cette appellation réfère-t-elle simultanément à une catégorie générique de formation géologique, à un genre particulier de paysage socialement approprié et à un endroit spécifique de Montréal[10]? Les présupposés théoriques sous-jacents à ces questions concernent la place de la montagne dans la culture et l'imaginaire collectif.

Debarbieux appuie son propos sur les réflexions de Fustel de Coulanges (1956), d'Éliade (1968) et de Bozonnet (1992) selon lesquels la montagne et les paysages montagnards ont toujours représenté un ensemble de sens au premier chef desquels le sens religieux associé aux montagnes isolées. La création et la localisation de certaines villes (dont Rome et Messène) se rapportent à la montagne dans le respect d'un ordre religieux supérieur alors que l'ascension de montagnes est largement associée avec des valeurs morales et des rites d'initiation. Ce sens religieux demeure jusqu'à un certain point valable en Chartreuse avec la présence de l'ordre de Chartreux qui y trouve isolement et tranquillité bien que cette variable pèse peu l'urbanisation des massifs.

Debarbieux (1998) étudie le Mont Royal, au cœur de Montréal, sous le double aspect des évolutions des usages sociaux et de ses transformations spatiales périphérique passant de naturel à urbain. Il rend compte du phénomène d'étalement urbain qui, progressivement circonscrit voire urbanise complètement la montagne en son pourtour, sauf qu'elle est un parc naturel au cœur d'une métropole internationale.

---

[10] Ces trois questions sont issues d'une traduction personnelle de: «*how natural landforms located in urban environments are socially identified and connoted; how different meanings successively or simultaneously attached to these land forms may explain the way they are shaped and integrated into urban landscapes; and, more specifically, what does it mean for the Mount Royal to be called 'the Mountain'? How does this name simultaneously refer to a generic category of landforms, to a special kind of valued landscape, and to a very specific place in the Montreal area?*» (Debarbieux, 1998: 399-400).

Ce recul historique soulève le problème de gestion urbaine qui nous occupe. Comment préserver et développer la montagne *a priori* rurale et naturelle dans un contexte de fortes pressions urbaines? Faut-il absolument la protéger, la mettre sous cloche, ou bien y a-t-il moyen de la protéger tout en la développant ou encore en se servant d'elle pour y développer des activités économiques et de loisirs? Pourquoi, tout en visant ces objectifs, l'urbanisation y progresse-t-elle inlassablement?

Tel l'Olympe des Temps Anciens qui constituait le lieu de résidence des dieux, le Mont Royal constitue aujourd'hui le haut lieu des débuts de la Nouvelle-France au Canada. Il domine la ville qu'il surplombe et qui s'étend à ses pieds et constitue pour le citadin et le touriste un lieu de choix où se reposer et admirer un instant... la ville à partir d'un îlot de nature au cœur de la métropole.

Pour la petite colonie Ville-Marie fondée un siècle plus tard en 1642 et devenue Montréal, le Mont Royal fut longtemps la source principale de retour à la nature et à la détente. Vaste montagne, le mont Royal s'étend sur une ville à laquelle elle donna naissance: Montréal. Progressivement, la ville s'installe à l'embouchure de la rivière Saint-Charles se jetant à cet endroit dans le fleuve Saint-Laurent. Son développement rapide combla la basse ville vers 1850 à un point tel que l'urbanisation atteint le pied du Mont Royal et le contourne par le nord-est le long du boulevard Saint-Laurent autour de 1879.

Des valeurs socioculturelles particulières se rattachent au relief montagneux, rappelle Debarbieux. Le Mont Royal, par exemple, remplit des fonctions urbaines spécifiques (les cimetières, les lieux de culte et les parcs) et sert d'encrages à des pratiques élitistes (les résidences haut de gamme et les universités) qui tirent profit de leur localisation stratégique à l'écart (en haut) de la ville. Ainsi, l'analyse du processus de développement / préservation du Mont Royal fait ressortir l'importance des traits symboliques :

« *La montagne est devenue un lieu de mémoire et une plate-*

forme pour une variété d'emblèmes nationalistes: la nature, les monuments funéraires, l'évocation de leaders politiques, la remémoration des institutions modernes, etc. » (Debarbieux, 1998: 424).

Il représente aussi une barrière culturelle, économique, politique et linguistique majeure à l'intérieur de la ville comme en témoigne les différences à ces sujets entre les arrondissements de Côte-des-Neiges, de Notre-Dame-de-Grâce, de Mont-Royal, d'Outremont, et de Westmount.

L'appropriation sociale de cet espace se traduit par la pratique d'activités sportives et ludiques dont la randonnée pédestre, le vélo, le ski, la glissade, l'observation des oiseaux, etc.

Il s'agit là d'une tendance lourde similaire aux montagnes localisées à proximité de bassins importants de populations à l'image de la Chartreuse et du Vercors. Or, le rapport ville / montagne est de nature différente du rapport ville / campagne. Le premier rapport intègre encore aujourd'hui des aspects mythologiques, mythiques, religieux et des valeurs plus contemporaines de dépassement physique et mental quant à l'ascension de montagnes...

La montagne, par ailleurs, apparaît dans la littérature sous la métaphore de « laboratoire de la diversité » pour reprendre un titre d'un ouvrage collectif. Cette idée de diversité prends l'allure de revendications :
« *Comme tout ce qui est grand*, écrit Le Bras, *la montagne a une dimension d'universalité: c'est un lieu d'innovation, un laboratoire (...) L'idée de laboratoire renvoie aussi à l'idée de produit à étudier. On retrouve à cette occasion la revendication de spécificité du milieu et de la société montagnarde* » (Le Bars, s.d.: 12).

Gumuchian (s.d.: 19) traite du développement territorial appliqué aux espaces de montagne. Selon lui, « *l'espace d'altitude est de plus en plus diversifié en terme de développement »* à cause d'un double processus ségrégation spatiale *stricto sensu* et sociospatiale. Ils se combinent *« pour former en montagne une mosaïque d'entités spatiales de plus en plus mono-fonctionnelles ».*

La juxtaposition d'entités comme les grandes stations de ski aux portes des Parcs nationaux, la périurbanisation au cœur des espaces agricoles de moyenne altitude multiplie crée des conflits potentiels et soulève la question environnementale.

Gumuchian évoque trois types de projets structurés autour de la thématique « environnement, protection, gestion »: la création de deux Parcs naturels régionaux (de Chartreuse et des Bauges), la mise en place progressive de l'Espace transfrontalier Mont-Blanc (Italie, Suisse, France), la négociation autour d'une convention sur la Protection des Alpes (concernant les sept pays de l'Arc alpin et de l'Union Européenne).

La monturbanisation n'est pas spécifique à la montagne dans la mesure où les activités qui s'y développent ne sont pas d'origine montagnardes, mais bien d'origine urbaine. Aussi, les matériaux utilisés pour fabriquer les nouvelles maisons, par exemple, les revêtements extérieurs proviennent de partout en France et ne sont plus issus du terroir.

1.2.1 Domaine de la moyenne montagne

La question importante maintenant est d'évaluer quel est exactement le domaine spécifiques de ces moyennes montagnes? Aborder la question, c'est déjà lancer les jalons démonstratifs et explicatifs à propos du rôle des PNR de Chartreuse et du Vercors entre des désirs, des images et des représentations sociales de la montagne. Si Veyret et Veyret (1962-b) posent la question du domaine de la montagne, c'est pour mieux la définir (p. ex. à quels critères voit-on que l'on est en montagne? Dans les cas douteux – hautes collines, hauts plateaux – où passe la limite de la montagne?). Or, puisse qu'il s'agit dans le cas présent de moyennes montagnes, quel est leur domaine? Est-ce le loisir? L'habitat? La production agricole? La réserve d'espace, de tranquillité, d'eau, d'air,... Certes, un peu de tout cela, ce qui en contre-partie soulève la question du rôle d'arbitrage et de proposition des PNR montagnards (et péri-urbains de surcroît) entre les différents usages et préférences sociales de la montagne afin de canaliser les demandes sociales qui y convergent.

La moyenne montagne en zone urbaine se trouve au cœur d'oppositions à la fois géographique, imaginaire, représentatif et sémantique en ce sens qu'elle est un intermédiaire entre la haute montagne et les collines, la ville et la pleine nature, le monde minéral et animalier, l'espace anthropisé, l'individualisme de la vie urbaine et la solitude de la vie montagnarde. Son domaine, s'il fut un jour fixé à l'agriculture, par exemple, tend à devenir de plus en plus hétérogène et hétéroclite sans qu'une fonction claire se démarque.

La moyenne montagne périurbaine est à la fois lieu d'exode rapide, de convivialité, de services publics mais aussi d'interactions sociales. La fonction d'arbitrage et de proposition des PNR se comprend par une volonté de répondre à la demande des « consommateurs » de la montagne que sont les sportifs, les amants de la nature, les vacanciers ou les citadins qui cherchent des lieux de tranquillité et autres activités. Le domaine de la moyenne montagne périurbaine se reconnaît en conséquence par la multiplication d'usages de l'espace sur une superficie relativement restreinte: espace de récréation, espace d'habitation, espace de transit, espace privé et public et espace collectif. Quels acteurs s'occupent d'arbitrer toutes ces fonction, si les Parcs n'ont pas vocation à « tout faire »?

1.2.2 PNR sauve la montagne

Les « espèces d'espaces » pour reprendre l'expression de Perec sont portés à avoir plusieurs usages: le champ d'agriculteur peut avoir une fonction de production agricole l'été et servir d'espaces de loisirs comme la pratique du ski de fond l'hiver ou, de manière plus informelle, d'aire d'atterrissage pour les parapentes. Les chemins agricoles sont souvent détournés de leur usage premier par les randonneurs et les vététistes. Les PNR de Chartreuse et du Vercors sont théoriquement dans une position de « chef d'orchestre » afin d'organiser ces différentes demandes et ces différents usages de l'espace en accord avec leur mission ce qui contredit l'image d'isolement de la montagne.

L'espace de la moyenne montagne périurbaine s'avère à la fois dynamique sur les plans sociaux et spatiaux, c'est-à-dire qu'une seule et même superficie de sol peut avoir à un temps t du jour ou de l'année plusieurs usages en fonction des populations qui la traversent ou l'investissent (ce qui crée parfois des conflits notamment entre randonneurs et chasseurs, ornithologues et motocyclistes, par exemple). Enfin, cette moyenne montagne se transforme spatialement.

Son occupation du sol varie selon le dynamisme de l'agriculture, de la construction résidentielle, de la gestion forestière, des glissements de terrains et autres; ce qui, en retour, influence la nature des pratiques sociales observées et, en définitive, les représentations sociales de la montagne.

La problématique majeure des parcs de montagne vient du fait que les « *territoires* [des Parcs] *sont soumis à une exigence de qualité qui est liée à une demande sociale très forte de la part des habitants – reposant sur un sentiment d'identité, d'appartenance à un espace symbole de nature et du calme à préserver.* [La problématique] *est aussi liée à des difficultés économiques réelles, comme la moindre compétitivité de l'agriculture* » (Fuchs *in* Amoury, 2002: 439).

Par exemple, les PNR de montagnes peuvent favoriser, à ce titre, la mise en place des Contrats Territoriaux d'Exploitations (CTE) afin d'aider au maintien d'une agriculture « *vivante* » et « *gestionnaire de l'espace* ».

Ces CTE n'ont que très partiellement pallié la disparition des mesures agri-environementales, « *à cause d'une approche insuffisamment territorialisée, d'un plafonnement indifférencié des aires, l'impossibilité de les appliquer à des exploitations "marginales" au plan économique mais essentielles pour l'entretien de l'espace, de l'inadaptation aux systèmes d'exploitation collective des estives* »[11]. Aussi, les PNR montagnards possèdent certaines particularités sur le plan de l'accueil touristique; mais Fuchs va plus loin dans ses propositions afin que les PNR jouent un rôle de premier plan en territoire montagnard:

- développer, avec les collectivités, une logique de mise en scène du territoire par la création et le balisage cohérent de circuits de découvertes et des sentiers à thème;
- se concerter avec les associations de sports de pleine nature et les guides professionnels, pour le respect de «codes de bonne pratique» et la sensibilisation des participants;
- maîtriser la pénétration des espaces naturels les plus sensibles, par l'application de la loi sur la circulation des véhicules récréatifs;
- développer une offre d'activités attrayantes sur la période estivale et l'intersaison, grâce au tourisme de nature et de découverte du patrimoine;
- appuyer la création ou la rénovation d'hébergement diffus, intégrés au paysage et adaptés aux contraintes environnementales (les assainissements, les économies d'énergie et la valorisation des productions locales).

Selon Maillet, (*in* Amoury, 2002: 375), les PNR « *sont susceptibles d'être des outils efficaces de préservation du patrimoine naturel et culturel* », mais « *ont pour inconvénient de ne pas proposer de plan de gestion d'ensemble des espaces naturels du Parc, ni de sanction en cas de non-respect de la charte par un ou plusieurs de ses signataires (...) D'autre*

---

[11] Selon Fuchs (in Amoury, 2002: 438), « *les difficultés de l'agriculture de montagne expliquent la progression notable des surfaces boisées, par la plantation des parcelles ou la régénération naturelle de la forêt* ». Ce processus de déprise agricole fait en sorte que le monde agricole exerce moins de contre-poids aux pressions touristique et urbaine.

part, cet outil ne limite pas les aménagements touristiques lourds à fort impact paysager (Volcans d'Auvergne). De ce fait, ils sont parfois inopérants pour éviter la disparition des milieux naturels ». Malgré ces critiques de fond, les arbitrages et les propositions mises de l'avant par les PNR montagnards concernent directement l'agriculture pour des raisons culturelles, d'entretien du paysage et de valorisation patrimoniale.

Cette activité est au cœur de l'identité culturelle des populations montagnardes qui ont développé des modes d'exploitation ayant favorisé une forte diversité biologique (Maillet *in* Amoury, 2002: 377). L'activité agricole, qui a modelé les paysages montagnards et l'agriculture traditionnelle extensive, est indispensable à la pérennité de milieux dits « naturels », et des espèces animales et végétales inféodées à ces milieux. Les pelouses sèches et les alpages en sont les exemples les plus frappants. Mais alors comment utiliser l'outil Parc afin de maintenir le paysage agricole si le monde agricole est dans une phase de déclin structurel?

Le touriste et le citadin y pratiquent des activités qui ont des conséquences sur l'évolution de l'espace montagnard.

> « *Ces phénomènes de masse transforment l'espace montagnard en un gigantesque centre de loisirs, conduisent à l'"artificialisation" et à la banalisation des paysages et menacent l'identité culturelle et les activités économiques traditionnelles des communautés montagnardes. La montagne n'est plus perçue comme un milieu vivant et habité mais comme un grand stade minéral, simple support des activités ludiques plus ou moins agressives pour le milieu naturel totalement méconnu* » (Maillet *in* Amoury, 2002: 380).

Cette analyse se rapproche de la réalité des massifs du Vercors et de Chartreuse qui, selon les points de vue, sont effectivement de « grands stades » de plus en plus habités.

1.3 Urbanisme en montagne

Avec l'essor de la pratique du ski alpin, la priorité a été donnée aux équipements lourds destinés à favoriser la pratique quasi exclusive de ce type d'activité dans les massifs où l'enneigement le permettait. Le développement considérable de la pratique du ski alpin a engendré l'extension et la diffusion des noyaux urbains préexistants[12].

La création *ex nihilo* de stations en altitude incluant l'équipement en remontées mécaniques et pistes de ski en engendré un lots de conséquences dont la création ou l'agrandissement des infrastructures routières, la production en grande quantité d'eaux usées et de déchets ménagers, le gaspillage de l'eau et de l'énergie pour les remontées mécaniques et les canons à neige.

Faure (*in* Amoury 2002: 211) aborde les aspects négatifs de la question de l'urbanisme en montagne. Un de ces aspects négatifs est l'ajout des procédures de la *Loi Montagne* (de 1985) au droit commun en rapport à la reconnaissance du caractère spécifique des zones montagnardes. Conséquemment, les démarches visant à établir des documents d'urbanisme – édification d'un Plan local d'urbanisme, délivrance d'un permis de construire – se sont sensiblement complexifiées pour les communes de montagne[13]. À titre d'exemple, la *Loi Montagne* a généré la nécessité de construction en continuité des hameaux tandis que le droit commun imposait à toute construction le respect d'une distance minimum par rapport

---

[12] L'extension et la diffusion de noyaux urbains fut d'autant plus importante lorsque Grenoble reçut les Jeux Olympiques d'hiver en 1968. Le Vercors fut l'hôte des compétitions de glisse, des touristes et des compétiteurs.

[13] Le périodique de l'ANEM *Pour la montagne* qualifie la commune de montagne de « collectivité pas comme les autres » . « *Elle se distingue en premier lieu*, écrit l'ANEM (2001: 6), *par la spécificité de son territoire: généralement plus vaste et plus accidenté, sa gestion courante est nécessairement plus onéreuse pour la collectivité. Les conditions climatiques et géophysiques propres au milieu montagnard, telles que l'enclavement, la saisonnalité, le froid, les risques naturels, induisent d'une manière générale d'importants surcoûts qui font des régions de montagne des zones de handicap. D'où la nécessité d'une reconnaissance à travers un classement par commune, au sein duquel s'applique tout un corps de règles et de mesures spécifiquement adaptées aux particularités de la montagne* ».

aux exploitations agricoles (que celles-ci soient classées ou non).

« *Il convient de rappeler*, précise J. Faure, *que l'urbanisme ne se décide pas à partir de plans mais sur le terrain, en fonction d'une lecture paysagère* ». Les règles inscrites se révèlent souvent inadaptées dans la réalité, comme l'illustre la règle des 300 mètres en bordure des lacs, qui conduit parfois à une impossibilité pure et simple de construction nouvelle dans certains villages montagnards. Faure (*in* Amoury, 2002: 213) est d'avis que l'empilement des procédures ou des outils de protection de la nature « *paraît excessif* » au point où il devient difficile de justifier l'emplacement des toilettes publiques :

> «*Les parcs naturels régionaux, réserves naturelles, sites classés, zones humides, sites Nature 2000 ou arrêtés de biotope se conjuguent les uns aux autres – éventuellement dans une même commune – pour finalement brouiller les cartes (au point qu'il devient difficile, parfois, de savoir où poser les toilettes publiques!). Certes, chaque porteur de projet se targue de justifier le maintien de ses propres classifications; néanmoins, les choses deviennent rapidement illisibles et insupportables.*» (Faure *in* Amoury, 2002: 213).

À ces procédures de protection de la nature, s'ajoutent d'autres procédures, nées des diverses lois ayant éclos au fur et à mesure que la société se complexifiait, en particulier la *loi relative à la solidarité et au renouvellement urbain* (SRU) adoptée en 2000 et son schéma de cohérence territoriale (SCOT).

Appliquée dans une zone de montagne à forte population, la règle des 15 kilomètres peut induire *de facto* le rattachement d'un secteur à un SCOT établi par une commune obéissant à une tout autre logique économique. Ainsi, les massifs de Chartreuse et du Vercors apparaissent tous deux distants de moins de 15 kilomètres d'une ville de 50 000 habitants et rattachés au SCOT de celle-ci malgré un dénivelé de 1 800 mètres les séparant[14]. Faure déplore qu'aucune aide spécifique n'a été consentie pour pallier les surcoûts architecturaux dérivant de la nécessité de conservation patrimoniale:

> *«(…) s'il est des villages montagnards dignes de conservation, inscrire au POS l'obligation de reconstruction à l'identique entraîne des surcoûts tels qu'il en résulte un nivellement architectural par le bas, les préconisations se voyant appliquées au minimum. D'où un développement urbain sans caractère ni qualité, qui constitue un échec patent au regard de la protection de la nature comme de la valorisation du patrimoine»* (Faure *in* Amoury, 2002: 214).

Faure aborde l'aménagement du territoire montagnard sous la perspective des infrastructures routières: « *force est de constater les insuffisances et le peu de vigilance qui ont caractérisé certains aménagement routiers en montagne* ». À titre d'exemple, les gorges de la Bourne d'une part (Isère) et les Grands-Goulets d'autre part (Drôme).

Les gorges de la Bourne ont été refaites à l'identique, sans toucher aux surplombs, mais en élargissant la voie par des encorbellements ou des

---

[14] La loi SRU n° 2000-1208 du 13 décembre 2000 qui institua les SCOT ne fait pas l'unanimité chez les élus. M. Gilles de Robien, alors Ministre de l'équipement, des transports, du logement, du tourisme et de la mer, a apporté les précisions suivantes: Sur les règles d'urbanisme la règle posée dans l'article L 111 - 3 du Code rural, qui impose une distance supérieure ou égale à 100 mètres entre les installations agricoles et les habitations, pose des difficultés importantes, qui doivent être examinées avec le ministère de l'Agriculture, de l'Alimentation, de la Pêche et des Affaires rurales. (*in* Proriol, 2002: 21). En 2002, l'Assemblée nationale a précisé que la règle d'inclusion d'une commune à un SCOT ne concerne que les communes situées à moins de quinze kilomètres de la périphérie d'une agglomération de plus de 50 000 habitants (et non 15 000 comme ce fut le cas), ce qui restreint sensiblement le champ des communes qui y seront assujetties. Il a par ailleurs été prévu d'encadrer plus strictement le pouvoir d'appréciation du préfet, en précisant que celui-ci ne pourra refuser de dérogations à la règle des « 15 kilomètres », avec l'accord de l'établissement public chargé de l'élaboration du SCOT, que si « *les inconvénients éventuels de l'urbanisation envisagée sur l'urbanisation des communes voisines, sur l'environnement ou sur les activités agricoles sont excessifs au regard de l'intérêt que représente pour la commune la modification ou la révision* » de son plan local d'urbanisme (Proriol, 2003: 12).

massifs en pierrements partant du fond du torrent.

La route des Grands-Goulets, suivant les prescriptions de la DDE, a simplement été décapée en sa partie amont sur une trentaine de mètres de hauteur, tandis que la chaussée supportant les parapets est en aval. Cet aménagement a induit deux problèmes: premièrement, les parapets apparaissent architecturalement inadaptés à ce site classé comme exceptionnel; deuxièmement, le décapage est à l'origine de chutes de pierres fréquentes et oblige les talus à se cicatriser sur des années.

Certains préfets, notamment, proposent (Comparini *in* Amoury, 2002: 331) de créer des SCOT à l'échelle de massifs montagneux. Mme Comparini s'y oppose formellement puisque selon elle les collectivités territoriales fonctionnent bien avec les Directives Territoriales d'Aménagement (DTA)[15] et les contrats de pays qui se mettent en place. Elle pense qu'il faudrait clarifier l'utilisation de ces outils plutôt que de « *créer des strates de décision supplémentaires* ». Sauf qu'en Chartreuse, l'idée de la création d'un SCOT complémentaire à ceux de Chambéry et Grenoble séduit le Parc.

Selon M. Forestier (directeur du Parc de Chartreuse), le SCOT Chartreuse s'avère intéressant puisqu'il pourrait compléter la charte (en précision) en plus de lui donner une assise politique plus forte pour faire face à l'étalement politique et géographique des agglomérations Chambérienne et Grenobloise (il en sera question plus loin).

En définitive, la moyenne montagne périurbaine est un domaine à la frontière entre la ville et la campagne, la nature maîtrisée et sauvage, la plaine et la haute montagne, l'isolement social et l'interaction sociale…

Les PNR de Chartreuse et du Vercors sont ainsi qualifiés d'outils

---

[15] En Rhône-Alpes deux DTA ont été mises en place, celle de Lyon et celle des Alpes du Nord. De plus, les lois d'orientation et d'aménagement du territoire ont prescrit l'élaboration de schémas de services collectifs, soit une strates du « *mille feuilles administratifs français* » (Comparini, 2002).

d'arbitrage et de propositions entre un ensemble d'acteurs sociopolitiques et économiques selon lesquels la montagne est, selon les cas de figure, synonyme de repos, de tranquillité, d'activités de loisirs, de dépassements personnel, d'habitat, de fructification, d'investissements et de laisser-faire. Ces Parcs travaillent à canaliser les multiples demandes et les représentations sociales afin de préserver le patrimoine culturel et naturel tout en favorisant le développement social et économique.

La question n'est plus tant de comprendre en quoi la préservation et le développement sont antinomiques, mais de voir comment les PNR s'insèrent dans les décisions touchant « leur » territoire afin d'arbitrer et de proposer une alternative orientée vers leurs mandats. Ainsi, devant tant de contraintes, quelle est la résultante structurante de leurs actions sur le terrain?

Or, n'y a-t-il pas un déséquilibre entre, d'une part, les moyens techniques, financiers et humains des PNR et, d'autre part, l'ampleur et la variété des demandes sociales menant à une banalisation culturelle, environnementale et paysagère de la montagne? Puisqu'il est question d'évaluer la portée de leur arbitrage et propositions sur une périodicité de 10 ans, la réponse n'est pas évidente vu l'importance des critères subjectifs utilisés dans l'évaluation des actions menées et conséquemment des retombées concrètes sur le terrain.

1.3.1 Agriculture et urbanisation en Chartreuse et Vercors

Le monde agricole réagit souvent le premier aux pressions touristique et urbaine puisqu'il occupe une place importante en milieu rural tant économiquement, politiquement, que spatialement. L'agriculture fait contrepoids à l'étalement urbain dans la mesure où une agriculture forte bloque l'avancée du front urbain par la maîtrise du foncier. De même, un monde agricole dynamique permet de mieux canaliser les pressions touristiques voire il permet aussi d'attirer des touristes en entretenant l'espace.

À partir d'une analyse cartographique et statistique et de discours d'acteurs, il s'agit ici de qualifier et de quantifier l'ampleur des mutations spatiales en cours dans les massifs de Chartreuse et du Vercors et de voir quelles stratégies de réponses les acteurs mettent de l'avant.

La déshérence de l'agriculture ne rime pas nécessairement avec une progression proportionnelle du front urbain. D'autres facteurs sont à l'œuvre, du moins particulièrement en moyenne montagne périurbaine compte tenu de la rareté du foncier, des relatives barrières naturelles et de la concurrence économique pour acheter les d'espaces disponibles.

1.3.1.1 Harmonisation agroforestière urbaine

Selon l'Association pour la promotion des agriculteurs du Parc du Vercors, l'enjeu du développement et de la protection de l'agriculture en moyenne montagne périurbaine passe par une lutte contre les pressions résidentielles.

La question impossible à résoudre, mais pourtant nécessaire est: comment associer sur un même territoire des objectifs de développement de l'agriculture et des objectifs de développement résidentiel afin d'harmoniser les deux ou en des termes différents, comment associer développement résidentiel et protection de l'agriculture sur un territoire restreint lorsque ces fonctions ont un certain niveau d'incompatibilité? Premièrement, l'économie du monde agricole peut difficilement affronter seul l'économie du monde résidentiel pour se maintenir en place; deuxièmement, la rareté du sol contribue à faire monter la valeur foncière à un point tel que l'agriculteur doit vendre ses terres.

La commune a la possibilité de maintenir des zones non constructibles et agricoles à travers les prescriptions du PLU. Cette voie comporte cependant plusieurs limites car le nombre d'agriculteurs régresse en raison notamment du vieillissement de la population, du manque de relève et de l'économie agricole mondialisée.

Entre 1979 et 1999, le nombre d'agriculteurs a chuté de 51,8 % dans la Chartreuse (passant de 1 727 à 832) et dans le Vercors il a chuté de 31,8 % (passant de 1 625 à 1 109 exploitants) (Tableau 1). Le secteur Moyenne Chartreuse[16] a perdu 58,4 % d'agriculteurs sur cette période de 20 années; alors que dans le Vercors, ce sont les secteurs du Trièveet des Quatre-Montagnes qui ont connu les plus fortes baisses lors des périodes intercensitaires de 1979-1988 et 1988-1999[17] avec des taux variant de -18,2 à -47,4 %.

Devant ces résultats, la question de l'occupation du territoire trouve des réponses forcément partielles. Le foncier agricole entretenu se libère pour faire place à l'urbanisation et à l'enrichement. Cependant, il ne faut pas se laisser leurrer par un calcul simpliste « du vide agricole attire le plein d'urbanisation ». Le paysage se maintient plutôt bien étant donné la reconversion et la rénovation des anciennes fermes en habitations permanentes familiales.

---

[16] Pour les fins d'analyses cartographique et statistique, nous avons repris les divisions en secteurs tel que définis dans les Chartes des PNRC et PNRV. La Chartreuse compte ainsi 5 secteurs (Haute-Chartreuse, Cœur, Vallée, Moyenne Chartreuse et Vallée) et le Vercors en compte 7 (Gervanne, Royans-Drôme, Vercors-Centre, Diois, Trièves, Quatre-Montagnes et Isère-Royans).

[17] Il y avait plus de 140 000 exploitations agricoles en 1970 en Rhône-Alpes, moins de la moitié 30 ans plus tard. Les disparitions n'ont cessé de s'accélérer pour atteindre le rythme de -4 % par an depuis le début des années 1990. Parallèlement, la surface moyenne des exploitations augmente: elle a doublé en 25 ans et se situe actuellement à 26,9 ha dans l'ensemble de la région Rhône-Alpes (INSEE 1999 / 2000). En Isère, par exemple, les exploitations agricoles continuent de s'agrandir et ne sont plus que 8 800. La baisse de la superficie agricole se poursuit. 15 000 ha avaient disparus entre 1979 et 1988. Lors du recensement de 2000, 251 000 ha ont été comptabilisés, soit 20 000 ha de moins. Au même moment, le tiers des exploitations cessent leur activité mais le rythme de ces cessations semble se ralentir (Agreste Isère, 2001: 1).

	1979	1988	1999	79-88 (%)	88-99 (%)	79-99 (%)
Haute-Charteuse	231	150	114	-35,1	-24,0	-50,6
Cœur	132	101	59	-23,5	-41,6	-55,3
Moyenne Chartreuse	628	443	261	-29,5	-41,1	-58,4
Vallée	256	202	173	-21,1	-14,4	-32,4
Région Urbaine	480	335	225	-30,2	-32,8	-53,1
TotalChartreuse	1 727	1 231	832	-28,7	-32,4	-51,8
Gervanne	176	159	142	-9,7	-10,7	-19,3
Royans-Drôme	278	245	197	-11,9	-19,6	-29,1
Vercors-Centre	169	141	124	-16,6	-12,1	-26,6
Diois	189	205	154	8,5	-24,9	-18,5
Trièves	187	153	115	-18,2	-24,8	-38,5
Quatre-Montagnes	270	210	142	-22,2	-32,4	-47,4
Isère-Royans	356	305	235	-14,3	-23,0	-34,0
Total Vercors	1 625	1 418	1 109	-12,7	-21,8	-31,8
Total Chartreuse et Vercors	3 352	2 649	1 941	-21,0	-26,7	-42,0

Tableau 1 : Évolution du nombre d'agriculteurs en Chartreuse et Vercors (1979-1999)

Source: RGA (1979, 1988 et 1999)

Ces chiffres témoignent d'un affaiblissement agricole dans les secteurs les plus proches des agglomérations de Grenoble, Chambéry et Voiron qui, de ce fait, nuit aux exploitants[18].

La baisse du nombre d'agriculteurs s'est accélérée dans la 2ᵉ période intercensitaire (1988-1999) laissant apercevoir des scénarios aussi catastrophiques les uns que les autres. La baisse du nombre d'agriculteurs est critique, et ce, même dans les secteurs plus isolés du Vercors-Centre et le Diois ou le secteur Vallée (bénéficiant de produits à forte valeur ajoutée telle la production viticole).

Si le monde agricole se perçoit comme des jardiniers du paysage, les

---

[18] L'expression « nuisance urbaine » est souvent employée pour juger négativement les conséquences de la proximité des villes et des campagnes sur la production agricole. Cependant, la proximité urbaine est aussi une chance pour de nombreux agriculteurs ayant adapté leurs productions aux marchés de proximité, que ce soit pour la vente directe ou l'auto-cueillette de fruits et de légumes.

craintes de la banalisation paysagère en territoire Parc se comprennent aisément dans la mesure où le critère de classement repose justement sur la qualité paysagère exceptionnelle.

La réorganisation du poids de l'agriculture entre les secteurs est à souligner. En effet, le secteur Vallée ne comptait que pour 14 % de tous les agriculteurs de Chartreuse (avec 256 agriculteurs sur 1 927) en 1975 alors qu'en 1999, elle compte pour 20 % (avec 173 sur 832) (au détriment essentiellement du secteur de la « Moyenne Chartreuse » puisque toutes proportions gardées, elle a perdu moins d'agriculteurs).

Dans le Vercors, il y a une stabilité dans la répartition du nombre d'agriculteurs entre les secteurs, à l'exception du secteur des Quatre-Montagnes où la part d'agriculteurs est passée de 16 % (270 agriculteurs sur 1 626 au total) à 12 % entre 1979 et 1999 (142 agriculteurs sur un total de 1 109).

Cette information corrobore les inquiétudes du monde agricole parce que selon l'APAP[19], les installations agricoles sont en concurrence directe avec l'urbanisation. « *Ce n'est pas facile*, jure-t-elle, *car nous, exploitants agricoles, ne sommes pas propriétaires du foncier. Nous sommes souvent locataires* ». Lorsque le propriétaire terrien décide de vendre sa propriété, l'agriculteur-locataire n'a souvent aucun autre choix soit il arrête ses activités, soit il tente de trouver d'autres terres (à conditions qu'elles soient accessibles). Les maisons « *se construisent un peu partout* » poursuit l'interlocuteur le l'APAP en faisant référence au secteur des Quatre-Montagnes; en conséquence, il y a des parcelles où les agriculteurs ne peuvent « *plus aller ni avec un épandeur à fumier ni avec une tonne à lisier* ».

Cette problématique est typique des espaces périurbains où l'urbanisation progresse au dépens du monde agricole. Il est vrai que

---

[19] L'APAP fait ici allusion à une problématique touchant particulièrement le Vercors-Nord bien que ces pressions se fassent de plus en plus sentir dans le Vercors-Sud.

l'APAP essaie de trouver des solutions « *pour éviter la concurrence* », mais cette solution pèse peu dans la balance. L'agriculteur vit la concurrence directement lorsque ses parcelles sont juxtaposées à des espaces bâtis et indirectement compte tenu de l'affluence grandissante de citadins. Dans le cas de la concurrence indirecte, les conséquences sont plus insidieuses avec les automobilistes, la présence de randonneurs dans les champs et la diminution du nombre de parcelles nécessaires aux installations agricoles. La somme de toutes les pressions a un impact important sur l'agriculteur.

L'analyse de photographies aériennes montre l'évolution de l'agriculture entre 1975 et 2000 dans les environs de la commune de Quaix. La photographie ci-dessous rend compte de l'arrivée d'une nouvelle résidence isolée dans un espace agricole où il y a de la pomiculture. Ici, la concurrence est directe avec le morcellement des surfaces agricoles utiles.

Illustration 2 : Résidence dans un espace agricole (Quaix)
cliché: L. Allie (2001)

L'analyse cartographique montre une régression de l'agriculture au profit de la forêt majoritairement. Il s'est perdu 94,4 ha d'espaces agricoles dans cette zone (soit une diminution de 16.6 % passant de 557,3 ha à 464,9 ha entre 1975 à 2000). Cette dynamique est visible surtout dans les pentes longeant la route principale menant à Quaix tel que l'expose la photo ci-dessus.

Derrière cette maison récente, érigée dans un espace agricole, la forêt descend pour remplacer peu à peu l'agriculture, phénomène conséquent à la déprise agricole. Cette image témoigne par ailleurs des changements de vocation du sol et du paysage avec l'arrivée d'une forme architecturale qui à plus à voir dorénavant avec l'architecture standardisée qu'avec l'architecture typiquement cartusienne.

Dans le Vercors, l'agriculture perd du terrain dans le Val de Lans (secteur soumis à l'analyse de photographies aériennes) sous la force conjuguée de la déprise agricole et de l'extension de l'urbanisation (de 1975 à 2000). 254 ha d'espaces agricoles ont changé de vocation avec une superficie totale diminuant de 1 641 ha à 1 387 ha (-15,5 %).

La stabilité de la structure foncière entre le hameau « Bois Noir » et le village de Lans s'explique par la présence d'une zone inondable sous protection d'un Plan de prévention des risques (PPR). La commune de Villard, s'en réjouit et est conscient du rôle du PPR entre Lans et Villard:
« *Heureusement il y a le PPR qui s'impose. Tout le plateau entre Lans et Villard est en partie inondable. Donc, il est inconstructible. Heureusement, on va être bloqué par le PPR C'est une chance (…). Pour nous c'est une barrière naturelle qui va bloquer l'urbanisation entre Villard et Lans* » (entretien, 25/6/2).

En résumé, l'espace agricole est protégé par une législation nationale de prévention des risques qui n'a rien à voir avec une volonté communale.

La montagne se protège seule contre divers types de développement ce qui contribue à préserver les espaces agricoles. Mais la pression urbaine s'y fait malgré tout sentir, surtout autour des hameaux parsemant le Val de Lans dont la création est antérieure au PPR.

Une zone d'activité artisanale s'est ainsi installée dans le Val de Lans à la limite sud de la zone inondable près du hameau Ville-Vieille au milieu d'un champ où paissent des vaches (au premier plan), non loin des montagnes (en arrière-plan), où se trouvent des stations de ski.

Le PPR bloque le foncier de Lans en Vercors à la limite sud du dernier PAE (Plan d'aménagement d'ensemble) de la commune. En fait, le Val de Lans sert de bassin de réception d'eau provenant en amont des Quatre-Montagnes et des Montagnes de Lans avant de se jeter en partie dans les rivières Furon et Bourne. L'analyse synthétise la problématique de l'eau dans le Vercors: elle arrive des montagnes, transite dans le Val de Lans où il y a de l'agriculture (pollution) et où il y a de plus en plus de résidences (pollution), une partie de cette eau s'infiltre directement dans le calcaire du massif sans passer par des traitements adéquats.

À l'instar de la Chartreuse, la forêt progresse pour « remplir » la vallée entre les monts Néron et Rachais de manière dispersée. Ainsi, la forêt pousse ça et là le long de la route principale pour donner un sentiment réel de fermeture paysagère. La superficie d'espaces forestiers était de 1 339 ha en 1974 et de 1 478 ha en 2000. Il s'agit d'une progression de 10,4 %. La déprise agricole, la plantation, la régénaration naturelle expliquent en majeure partie cette progression de la forêt.

À l'image de la progression éparse du bâti, la forêt progresse dans le village de Quaix pour créer une plus grande intimité, voire pour produire des espaces incognitos privés avec des maisons récentes qui se font de plus en plus discrètes dans le paysage.

Par ailleurs, la progression de la forêt a été plutôt lente entre 1975 et 2000 dans le Val de Lans passant de 882,7 à 989,5 ha (+12,1 %). La vallée semble résiter à la fermeture paysagère sous les forces conjuguées du dynamisme agricole et de la présence du PPR. L'habitat et la forêt progressent souvent aux mêmes endroits comme le montre les photos (1904 et 2002) en encadré. Ceci peut témoigner du désir de verdure des nouveaux résidents en plus d'une volonté consciente ou non de créer des espaces privés « incognitos ».

La dynamique de fermeture paysagère y est aussi à l'œuvre puisque la forêt progresse précisémment vers l'aval des Quatre-Montagnes et des Montagnes de Lans.

Illustration 3 : Fermeture du paysage à Val de Lans

Une nouvelle végétation se discerne le long des pistes, derrière des bâtiments (forêt de type timbre-poste) et aux environs du hameau Le Peuil. La déshérence de l'agriculture peut être, bien malgré elle, tenue responsable de la progression des surfaces forestière et bâties.

Par exemple, il y a en fait des tensions entre le désir d'habiter la montagne qui concurrence l'agriculture et le recul structurel du monde agricole dans les pays occidentaux. Aux environs de Quaix les surfaces bâties ont crû de 39,2 % (de 29,2 ha à 40,6 ha) avec l'ajout de 11,4 ha en surfaces bâties entre 1975 et 2000.

En Chartreuse, il y a une extension sensible de l'urbanisation autour de noyaux urbains existants tel que visible aux hameaux de La Frette et de Clémencières. Cette extension évolue surtout de manière dispersée, notamment au nord de Quaix.

Cette urbanisation concorde avec la production de routes secondaires et principales afin de relier les constructions à la route principale. Cette évolution pose des problèmes d'alimentation en eau potable et en financement d'infrastructures, relate un élu de Quaix (entretien, 3/7/2), vu les difficultés techniques à relier des maisons dispersées à un système de traitements des eaux ou autres équipements. Il est intéressant de comparer cette évolution urbaine avec les orientations du POS (datant de 1986) de Quaix-en-Chartreuse.

Le POS de Quaix insiste sur la sauvegarde des espaces naturels et agricoles de bonne qualité ainsi que sur le renforcement et la revitalisation des différents hameaux existants. Le POS de Quaix stipule:

> *« il s'agit de veiller à l'insertion des constructions dans le site par la définition de directives architecturales adaptées Du point de vue quantitatif, c'est le choix d'un développement prgressif et maîtrisé de l'urbanisation tenant compte des faibles ressources communales tant en*

équipements que financières, n'entraînant pas des charges insoutenables pour le budget de la commune ».

De plus amples enquêtes seraient nécessaires pour mieux valider l'écart entre ce que propose le POS et la réalité mais à partir de cette analyse cartographique, il y a certainement des incohérences. La contradiction va un peu plus loin puisqu'en fait, la volonté du Conseil municipal est de porter « *les efforts d'équipement sur les différents hameaux existants* » ce qui conduit à regrouper les zones d'urbanisation autour de ces hameaux et en particulier Le village, la Jars, Montquaix et La Frette. Cette orientation d'aménagement est justifiée «*par un souci d'intégration des nouvelles constructions dans le site privilégié de Quaix, mais aussi des habitants dans la vie communautaire* » de manière à créer « *une cohésion entre la population autochtone et les nouveaux résidents* ».

L'attrait des lieux est tel que des promoteurs peuvent rentabiliser des investissements immobiliers en créant à Quaix des lotissements dans ces secteurs où les interventions doivent être importantes afin de viabiliser le site. Un lotissement de 14 maisons (à 670 000 FF le terrain ou à 2 000 000 FF l'ensemble) « en train de se faire » aux portes de Grenoble (en contre-bas) et avec le Vercors en arrière plan.

Particulièrement autour du village de Quaix, la construction résidentielle est active. Elle se fait surtout, non en taches d'huile pour reprendre une métaphore des études sur le périurbain, mais bien en « saupoudrage » tant les maisons apparaissent ici et là sans lien routier apparent entre elles.

Contrairement à la Chartreuse, la topographique du Vercors favorise mieux la construction d'un plus grand nombre de lotissements. L'iconographie montre le Plan d'aménagement d'ensemble de Lans à la frontière avec l'agriculture près des Montagnes de Lans en arrière-plan. Une pancarte publicitaire (en premier plan) suggère aux automobilistes de s'arrêter afin d'acheter du miel directement du producteur, témoignant d'un changement de mode de commercialisation des produits fermiers. Aussi les photographies permettent d'apprécier les transformations de Lans entre 1902 et 2002 avec l'accroisement du village à partir du clôcher, mais aussi la progression de la forêt sur les collines en arrière-plan. C'est surtout l'apparition de petits hameaux dans le Val de Lans qui caractérise l'urbanisation de cette aire d'étude.

Dans le Val de Lans, la progression des surfaces bâties a été impressionnante, avec une augmentation de 109,1 % des zones urbanisées. Il y avait 118,2 ha de surface bâties en 1975 et 247,1 ha en 2000. En y regardant de plus près, on note effectivement l'arrivée de nouveaux lotissements en continuité (faible densité) au village de Villard. Cette illustration expose aussi l'apparition de constructions diffuses passant presqu'incognito sous un couvert forestier. La densification est encore possible aux côtés de lotissement pavillonnaire où il y a des friches agricoles et une désserte routière.

Illustration 4 : Lotissement pavillonnaire à Villard-de-Lans
Cliché: L. Allie (2001)

Face aux Montagnes de Lans et de l'autre côté du village de Lans-en-Vercors, on apperçoit des constructions (« Les Ruches » de Lans) dont l'architecture à fait couler beaucoup d'encre au début 1970 (Illustration 5, page suivante). Il s'agit de chalets « montagnards » construits à flancs de montagne et dont les formes architecturales ne respectent pas la culture architecturale locale. Des arbres ont été plantés parmis l'ensemble de chalets dans l'espoir de préserver l'intimité des occupants et de les dissimuler dans le paysage...

Illustration 5 : Chalets « Les Ruches » de Lans-en-Vercors
Cliché: L. Allie (2000)

Du côté des acteurs PNR, les menaces réelles concernent la présence de plusieurs types d'architecture se côtoyant sur quelques centaines de mètres (les fermes traditionnelles, les maisons Phoenix, les chalets « montagnards » et les condos. Comment (re)donner une meilleure identité architecturale au massif?

1.3.2 Emprise foncière grandissante

La taxe foncière sur les propriétés non bâties indique avec précision à l'échelle communale les coûts qui sont associés au désir d'habiter la montagne. L'évolution du produit de cette taxe, rend compte de la charge financière aux agriculteurs et autres propriétaires terriens en plus de mieux comprendre les politiques communales.

La taxe foncière sur les propriétés non bâties est établie annuellement à raison de la détention des propriétés non bâties de toute nature situées en France, à l'exception de celles qui font l'objet d'exonération permanente (les propriétés publiques) ou temporaire (les mesures diverses d'encouragement à l'agriculture ou au reboisement).

Le revenu cadastral servant de base d'imposition est fixé à 80 % de la valeur locative cadastrale telle qu'elle résulte des évolutions foncières mises à jour par l'Administration. Comme pour les autres taxes locales, le montant de la taxe foncière sur les propriétés non bâties est obtenu en multipliant le revenu cadastral de chaque propriété par les taux votés par chacune des collectivités locales bénéficiaires, pour l'année considérée.

La caractéristique principale des terrains d'étude est la forte augmentation du produit de la taxe foncière sur les propriétés non bâties entre 1982 et 1990 (+60,1 % en Chartreuse et +40,6 % en Vercors); alors qu'à l'inverse, il a diminué de 18,9 % en Chartreuse et de 22,7 % en Vercors entre 1990 et 2000 (Tableau 2). Globalement, cette taxe foncière sur les propriétés non bâties a progressée de 29,8% en Chartreuse et de 8,6% en Vercors.

Valeurs arrondies en million en FF	1982	1990	2000	82-90 (%)	90-00 (%)	82-00 (%)
Haute-Charteuse	1,7	2,8	2,5	67,7	-11,2	49,0
Cœur	0,6	0,7	0,8	29,4	10,8	43,4
Moyenne Chartreuse	2,5	3,7	3,2	45,5	-13,0	26,5
Vallée	0,9	1,4	1,4	51,5	-4,1	45,5
Région Urbaine	3,7	6,4	4,3	73,7	-32,4	17,3
Total Chartreuse	9,4	15,1	12,3	60,1	-18,9	29,8
Gervanne	0,4	0,6	0,4	31,0	-22,1	2,1
Royans-Drôme	1,5	1,8	1,4	19,1	-25,2	-11,0
Vercors-Centre	1	1,4	1,1	49,7	-23,4	14,6
Diois	0,5	0,7	0,5	48,7	-24,5	12,3
Trièves	1,1	1,8	1,5	48,7	-11,9	31,1
Quatre-Montagnes	2,8	4	2,9	42,5	-26,7	4,4
Isère-Royans	1,1	1,7	1,3	49,3	-20,8	18,3
Total Vercors	8,5	12	9	40,6	-22,7	8,6
Total Chartreuse et Vercors	18	27	21	50,87	-20,6	19,8

Tableau 2 : Évolution du produit de la taxe foncière sur les propriétés non bâties en Chartreuse et Vercors (1982-2000)
Source: DGI (1982, 1990 et 2000)

Afin de contrôler la montée de cette taxe foncière, il y a eu une diminution des taux votés par chacune des collectivités pour encourager l'agriculture et le reboisement et, il y a eu une diminution du revenu cadastral estimé de chaque propriété non bâtie.

Par exemple, à Vassieux-en-Vercors les taux d'imposition étaient de 34,3 en 1982, de 24,2 en 1990 pour ensuite chuter à 24,2 points en 2000. La base quant à elle a successivement montée passant de 236 710 (1982), à 315 470 (1990), à 334 127 (2000). Les taux votés par le département étaient de 32,6 en 1982; 53,6 en 1990 et de 0 en 2000.

Seule la taxe foncière sur les propriétés non bâties du secteur Cœur de Chartreuse a progressé entre 1990 et 2000 passant de 574 328 FF à 823 774 FF (+43,4 %).

Plus particulièrement, le secteur Cœur de Chartreuse est le seul des secteurs de Chartreuse à avoir une eu une augmentation de la taxe foncière sur les propriétés non bâties entre 1990 et 2000 (+10,8 %). Durant cette période, ce taxe a diminué de 32,4 % dans le sceteur Région Urbaine. Cette information témoigne surtout (en plus du changement des taux votés) de la disparition de propriétés non bâties au profit d'espaces bâties.

En Vercors, une double tendance s'observe à savoir une forte augmentation du produit de la taxe foncière sur les propriétés non bâties entre 1982 et 1990 (+40,6 % en moyenne) suivi d'une réduction (-22,7 %) entre 1990 et 2000. Tous les secteurs du Vercors sont dans cette situation. Par exemple, le secteur Quatre Montagnes bénéficiait d'un produit de 2 791 960 FF en 1982, de 3 978 374 FFen 1990 et de 2 915 034 FF en 2000.

La question foncière est étroitement liée au dynamisme des constructions résidentielles. Cependant, la multiplication des constructions résidentielles ne concorde pas nécessairement avec une disponibilité croissante de logements[20] collectifs notamment lorsque la demande dépasse l'offre. Un regard aux données de la Direction régionale de l'équipement (Enquête sur la commercialisation des logements neufs, DRE-ECLN) montre à quel point ces espaces sont convoités. Cet indicateur concentre l'analyse statistique sur les communes de St-Nizier-du-Moucherotte, Lans-en-Vercors, Villard-de-Lans et Autrans dans le Vercors entre 1993 et 2002.

Il y a une offre croissante de logements collectifs à Villard-de-Lans et à Lans-en-Vercors; alors qu'à St-Nizier-du-Moucherotte l'offre stagne et à Autrans elle diminue (sauf au début 1996 où il y a eu 42 logements collectifs construits).

Les courbes de tendance relatives à chacune de ces communes montrent l'évolution de l'offre de logements collectifs dans le temps. Si l'offre de logements collectifs croît à Villard-de-Lans, leur disponibilité par contre chute de façon importante. Cette tendance est générale même à

---

[20] DRE – ECLN ne diffuse pas d'informations publiques sur les logements individuels mais seulement collectifs. En dépit de cette limite, la rareté de l'offre résidentielle est remarquable.

Lans-en-Vercors où l'offre croît lentement[21].

Cette crise du logement, particulièrement sensible à St-Nizier, s'explique par un ralentissement généralisé à la fois des logements terminés, des logements en cours de construction et des logements sur plan. À St-Nizier, dès janvier 2001, il y avait déjà un manque à gagner de logements collectifs, c'est-à-dire la demande dépassait largement l'offre et les logements collectifs étaient, en principe, tous vendus sur plans avant même d'être construits.

Les prix moyens des propriétés vendus, par exemple, à Villard sont de 1 250 euros le mètre carré en 1993 et passent à 1 600 euros le mètre carré en 2002. Ces chiffres soulèvent la question d'une possible ségrégation sociale en moyenne montagne sous pressions urbaine compte tenu des coûts de vie qui y sont grandissants, sans oublier le monde agricole de ce secteur subissant des pressions foncières à la hausse tant spatialement qu'économiquement parce que le sol urbanisée prend de la valeur avec l'avancée du front urbain.

À Autrans, la progression du coût des logements collectifs est encore plus fulgurante passant de 600 euros à 1 550 euros le mètre^2 entre 1993 et 2002. Le logement collectif n'est pas nécessairement d'usage permanent compte tenu de l'isolement relatif de cette commune des centres d'emplois. Il s'agit donc majoritairement d'une demande de type touristique et saisonnière exerçant des prix à la hausse, en comparaison avec St-Nizier qui devient une commune de passage avec un recul de la demande après un boom en contexte des Jeux Olympiques d'hiver de 1968.

L'autre indicateur des pressions urbaines exercées, par exemple en Vercors, concerne le délai d'écoulement des logements collectifs. Or, à Autrans, les logements collectifs se vendent moins rapidement qu'à St-Nizier, Lans ou Villard avec un délai d'écoulement pouvant atteindre trois

---

[21] DRE inclut dans leur fichier statistique ECLN, portant sur le nombre de logements disponibles, les logements terminés, les logements en cours de construction et les logements sur plan.

années[22]. À St-Nizier, depuis 1999, tous les logements collectifs sont potentiellement vendus, et ce sur papier. De toute évidence le profil de l'acheteur en montagne est celui qui a des moyens et habite une maison unifamilliale.

À noter la forte progression du coût des logements collectifs à Autrans associé à un allongement de leur temps de vente. Ceci ne contredit en rien les principes de l'offre et de la demande parce que les vendeurs de logements collectifs désirent parfois attendre (ou spéculer) un maximum de temps avant de vendre sachant que le prix à payer augmente fortement de semaine en semaine.

Bien qu'il soit difficile de connaître avec précision le nombre de logements individuels construits (une limite des données DRE – ECLN), il est possible de pallier en partie cette limite avec la base DRE – SITADEL. Parmi les communes choisies de Chartreuse et du Vercors, Lans-en-Vercors et Villard-de-Lans se démarquent avec respectivement 159 et 131 logements individuels autorisés à la construction entre 1992 et 2001 (Tableau 3).

	Total
Engins	28
St-Nizier	71
Méaudre	97
Lans-en-Vercors	159
Villard-de-Lans	131
Quaix-en-Chartreuse	77
Mont-Saint-Martin	0
Proveysieux	24
Saint-Pierre-de-Chartreuse	36
Sappey-en-Chartreuse	13
Sarcenas	7
Total	643

Tableau 3 : Évolution du nombre de logements individuels autorisés en

---

[22] La DRE calcule le temps de vente du parc de logements collectifs de la façon suivante: Délais = (3 X (logements disponibles + logements réservés) / logements réservés).

Chartreuse et Vercors (1992-2001)

Cette tendance au dynamisme de la construction résidentielle fut largement soulignée lors des analyses cartographiques faites sur les photographies aériennes.

Ensuite, le nombre de logements groupés autorisés (sous forme de lotissements) est surtout actif à Villard où il y a eu 8 autorisations sur un total de 25 pour l'ensemble de communes analysées entre 1992 et 2001.

À Quaix, seuls 3 logements groupés ont été autorisés de construction entre 1992 et 2001; comparativement aux 77 logements individuels autorisés durant la même période. Ceci informe sur la répartition des habitations se faisant beaucoup plus de manière dispersée que groupée. Les tendances lourdes observées sur le thème de la construction résidentielle en Chartreuse et Vercors se résument à une hausse importante du coût des logements collectifs (et individuels), leur faible disponibilité et, principalement à Autrans, une spéculation qui s'aperçoit en croisant l'augmentation du coût des logements avec une augmentation de leur disponibilité.

Enfin, les constructions de logements individuels autorisés représentent une surface totale de 82 603 mètres carrés dans les 11 communes sélectionnées tandis que les logements groupés autorisés comptent une superficie totale de 3 290 mètres carrés. Ces informations exposent succinctement une réalité quant à la forte emprise d'espaces bâtis en moyenne montagne périurbaine.

Total des superficie (m2)	Logement individuel	Logement groupé
Engins	3 796	0
St-Nizier	10 010	0
Méaudre	11 895	813
Lans-en-Vercors	20 287	0
Villard-de-Lans	16 665	1 870
Quaix-en-Chartreuse	9 979	519
Mont-Saint-Martin	0	0
Proveysieux	3 173	0
Saint-Pierre-de-Chartreuse	4 252	0
Le Sappey-en-Chartreuse	1 569	0
Sarcenas	977	88
TOTAL	82 603	3 290

Tableau 4 : Évolution de la surface hors œuvre nette de logements autorisés en Chartreuse et Vercors (1992 – 2001)

La tendance est ainsi à la hausse en ce qui concerne la superficie totale annuelle qu'occupent les logements individuels et groupés. La courbe de tendance de Lans ($R^2= 0,63$) indique une évolution fortement à la hausse des superficies et laisse supposer un dynamisme durable au cours des prochaines années. Par contre, à Villard-de-Lans, bien que le chiffre brut soit important (+2 021 m^2 de SHON) en 2000, la tendance est à la baisse quant à l'évolution des superficies dans la commune. Les communes de Saint-Pierre-de-Chartreuse et de Sarcenas connaissent quant à elles une croissance soutenue de la SHON.

Les résidences neuves construites à Sarcenas et St-Nizier sont les plus spacieuses avec une SHON moyenne de 141m^2.

Le monde agricole est en net recul face à des pressions urbaines croissantes avec d'un côté une baisse du nombre d'agriculteurs et, de l'autre, une arrivée progressive de constructions résidentielles (sans oublier les impacts du la fréquentation touristique). Il existe certes des outils d'urbanisme de type PLU. afin d'en limiter les impacts notamment en classifiant l'espace en différentes zones. Cependant, des dynamiques ayant des conséquences sur l'occupation du sol échappent en grande partie aux conseils municipaux. Une difficulté majeure pour l'APAP vient du fait que les agriculteurs louent leurs terres et les perdent facilement ce qui est difficilement gérable dans les PLU (anciennement les Plans d'occupation des sols):

> « Les propriétaires aujourd'hui ne sont plus agriculteurs. On est locataire, fermier chez les propriétaires terriens. Quand nous, agriculteurs, proposons aux propriétaires de ventre une terre autour de 20 000 F l'hectare et qu'on prend 1 000m^2 de terrain à construire qui se négocie à 400 000 FF, le propriétaire terrien a vite fait son choix » (colloque, 28/10/00).

Le propriétaire terrien décide parfois de vendre sa terre en tout ou en partie; alors que l'agriculteur doit trouver des astuces pour maintenir ses activités (aide précise de la SAFER et de la DDA). Cela dit, le monde agricole peut se développer en tenant moins d'espace (ce qui autorise la construction résidentielle), mais l'adaptation à la nouvelle donne peut prendre plusieurs années que ce soit afin de mettre en place une agriculture tournée vers l'offre de services (de plus en plus populaire) et la transformation plutôt qu'uniquement la production. Mais enfin, se ne sont pas tous les agriculteurs qui veulent et qui ont la capacité de se tourner vers ce type de production fortement compétitive à l'échelle internationale.

Certes, il y a une prise de conscience des collectivités et des agriculteurs quant à la nécessité de canaliser les pressions urbaines (des constructions et des fréquentations de proximité notamment.) Mais à la question « comment l'APAP (avec le Parc) intervient-elle pour faire face aux demandes d'urbanisation? », il répond:

> « À ce jour pas! Le Parc et par conséquent l'APAP aussi puisque qu'elle n'est qu'une organisation entre agriculteurs qui est l'interlocuteur de toute la question agricole du Parc (…) Le Parc et par conséquent l'APAP également ne se donnent aucun pouvoir de contraindre. Il n'a qu'un pouvoir de convaincre, par conséquent, l'intervention sur les demandes individuelles reste en la possession des

communes » (entretien, 9/6/2).

Dans ces conditions, la rencontre des objectifs de développement et de préservation est moins évidente. Les propriétaires sont souvent extérieurs à la région et ne vivent pas les préoccupations locales.

L'APAP se tourne alors vers le Parc afin que ce dernier trouve des solutions pour contrer les conséquences néfastes du mitage de l'espace agricole: « *Le Parc peut, mais à ce jour, ce n'est pas vraiment effectif, inciter les communes à fixer des règles en lien avec le fait d'être dans le Parc* » clame-t-elle.

Parmi ces solutions figure la sensibilisation des élus à définir davantage d'espaces agricoles de qualité dans leur PLU :
« *C'est par rapport aux POS. Il faut que le Parc enfonce le clou sur les élus locaux en leur disant:"nous au niveau du Parc on veut garder une agriculture, alors il faut dans vos POS essayer de classer les zones à construire dans des coins qui sont plus difficiles à exploiter"* » (entretien, 9/6/2).

Cette solution de gestion de l'espace par les PLU est partielle compte tenu de la rareté du foncier mais aussi si elle n'est pas associée à d'autres critères comme ceux d'implantations architecturales, par exemple ou bien à de nouvelles façons d'occuper l'espace agricole.

Les agriculteurs réclament plus de moyens afin d'aider l'agriculture de montagne:
« *Si on veut faire évoluer l'agriculture comme on le souhaite dans le Parc, c'est à dire une agriculture de qualité et garder un territoire ouvert, il faudrait qu'on nous en donne les moyens. En terme d'installation, on est en concurrence avec l'urbanisation (...) Dans les communes on voit des maisons qui se construisent un peu partout et on a des parcelles où on ne peut plus aller ni avec un épandeur à fumier ni avec une*

tonne à lisier. L'APAP essaye de trouver des solutions en faisant du compostage pour essayer de réduire les zones interdites pour éviter la concurrence » (colloque, 28/10/0).

L'outil Parc est d'autant moins pertinent dans la mesure où certains acteurs rencontrés jugent qu'ils outrepassent « *un peu* » leur fonction « *quand ils font de la maîtrise d'œuvre en matière d'urbanisme parce qu'ils n'ont pas à le faire* » dixit le représentant de Villard (entretien, 25/6/2).

En Isère, le CAUE partage sa mission d'urbanisme avec le PNRV lorsqu'il aide à la maîtrise d'ouvrage. Cette mission « *est importante mais le Parc ne l'aborde pas* »:

« *Nous sommes en période de révision du PLU actuellement. Dans le comité de pilotage qui se réunit tous les mois ou deux, on invite systématiquement le PNR et il ne vient pas. On en a pas encore discuté directement, c'est un fait. Je vais leur poser la question directement. Alors que la Communauté de communes y est chaque fois. (…) C'est vrai que ce n'est pas normal, enfin je trouve cela dommage.* » (entretien, 25/6/2).

Une agricultrice souhaite qu'il y ait une prépondérance de l'agriculture sur l'habitat dans les prises de décisions communales (où le Parc s'absente parfois):

« *Il faudrait savoir si les élus prennent l'agriculture en tant que véritable entité économique. Il faudrait dire: "il y a une activité économique, qui est l'agriculture, qui a besoin de foncier et on lui réserve un espace particulier. Et ce qui restera sera pour l'habitat"* » (colloque, 28/10/0).

Voilà les termes du débat tel qu'il se vit sur le terrain avec ses atermoiements, des acteurs plus ou moins présents et des espaces dont le niveau de maîtrise ne fait pas l'unanimité.

Avec la multiplication des hameaux et des maisons dispersées reliées par des routes dont l'emprise grandie, les agriculteurs ont plus de difficultés à accéder à leur terre. L'évolution des réseaux routiers (primaire, secondaire et tertiaire) dans le Val de Lans et l'axe Clémencière / Saint-Égrève en passant par Quaix se résume par de plus en plus de chemins qui deviennent de plus en plus larges au dépens des routes agricoles et des sentiers historiques repoussés dans leur dernier retranchement.

Le réseau de routes secondaires s'est allongé dans l'aire d'étude « Quaix » entre 1975 et 2000 passant de 6,7 à 11 km pour mieux desservir les nouvelles constructions résidentielles autour du hameau de La Jars notamment.

Les routes secondaires sont étroites et peu stabilisées. Des travaux doivent régulièrement y être effectués en fonction des mouvements du sol et de l'ajout d'infrastructures. Par ailleurs, l'ajout apparent d'asphalte s'explique par la nécessité d'enfouir des canalisations d'eau puisque de nombreuses sources se trouvent en amont et doivent alimenter les résidents en aval (de Quaix à Grenoble). Ces canalisations doivent aussi transporter les eaux usées des nouvelles maisons en amont. Ce type de travaux s'inscrit moins dans une réflexion d'aménagement global du territoire que dans la tentative de répondre à des besoins du moment en l'occurrence liés à la distribution de services (eau, électricité et téléphone).

La photographie ci-dessous montre la construction récente de canalisations dont la fonction est de transporter l'eau de source captée en amont. Les travaux, s'ils ne sont pas majeurs comme une autoroute ou un pont, témoignent bien de l'arrivée d'équipements urbains en moyenne montagne où s'enclenche une spirale d'exigences de services de la part de nouveaux résidents et d'offres de services de la part de la commune (à des coûts environnementaux, financiers et politiques importants). Tout cela sous les yeux des PNR.

Illustration 6 : Allongement des infrastructures souterraines à Quaix

Cliché: L. Allie (2001)

L'allongement du réseau tertiaire (de 30,2 à 38,5 km (+27,4 %)) dans l'aire d'étude de Chartreuse marque une hausse d'accessibilité pas tant aux voitures mais aux randonneurs désireux de se rendre, à travers champs, aux sommets des monts Aiguille de Quaix, Néron et Rachais. Cette production routière témoigne du rôle « loisirs » de ces espaces ouverts dont les conséquences la multiplication de stationnements anarchiques, le piétinements d'aires de reproduction des animaux, la cueillettes de plantes rares et les déchetteries sauvages, etc.

Initialement, ces tracés sont des chemins agricoles (en vallée) et des chemins d'accès à certains alpages vers Sarcenas par exemple. Par contre, ces fonctions initiales tendent à disparaître pour faire place à des utilisations citadines souvent pédestres et motorisées à partir des stationnements.

La multiplication du réseau routier tertiaire n'est pas uniquement due à la construction résidentielle de plus en plus en amont au nord de Quaix. La décision du conseil municipal de Quaix de créer un terrain de loisirs à quelques centaines de mètres du village explique aussi comment et pourquoi les petites routes se développent et se consolident. Cette offre d'infrastructure sportive montre bien le changements des demandes de services par les nouvelles populations. Ce terrain de sports typiquement urbain est « perché » à Quais dans une topographie accidentée. Il est commun en vallée tant les terrains de loisirs foisonnent en milieu urbain et périurbain. Cependant, en moyenne montagne dans un PNR, les interrogations surgissent, non qu'il s'agisse d'un problème en soi, mais bien parce qu'il est difficile de comprendre le lien entre les objectifs de développement patrimonial du Parc (visant « l'aménagement fin du territoire ») et l'arrivée d'une culture urbaine là où visiblement l'agriculture peut vivre.

Ce terrain de loisirs aménagé en montagne représente un changement important dans la composition socioculturelle de Quaix et plus particulièrement au sein du Conseil municipal.

En Vercors, le réseau routier aussi a beaucoup évolué entre 1975 et 2000. Premièrement, il s'est allongé de 21,6 km (passant de 96,9 km à 118,1 km) et deuxièement certaines routes ont changé de vocation.

La localisation des routes était globalement décidée en 1975. Leur vocation a changé de deux manières . D'un côté, toutes les routes secondaires sont devenus primaires et oes routes tertiaires sont devenus secondaires s'inscrivant aussi de manière forte dans le paysage. Un ensemble de réseaux tertiaire (à vocation non agricole) a été créé en fonction de la pression exercée par les randonneurs et les petits accès aux véhicules motorisés. Il va sans dire que les emprises de ces routes déstructurent le foncier agricole et forestier. Par exemple, l'analyse montre une route tertiaire en 1975 (chemin de fer à l'époque) qui est dorénavant empruntée par de nombreux automobilistes désireux de passer « à travers champs ».

Les routes menant aux hameaux Bois Noir, Bouilly et Le Peuil ne sont évidemment pas des routes principales de type route nationale. L'important processus à noter est l'emprise spatiale grandissante de cette route qui est passée de 2 mètres de large (1975) à plus de 3,5 mètres (2000) à force d'entretien mécanique et de sécurisation. La multiplication de résidences dans ces hameaux participe à une croissance de la fréquentation de la route par les résidents (de plus en plus nombreux). Or, avec l'élargissement de ces routes, l'espace agricole diminue et l'accès aux parcelles se complexifie avec la multiplication des obstacles (la privatisation des accès et la surélévation progressive des routes par rapport aux champs, par exemple.

Le réseau routier secondaire s'est allongé afin de relier les différents hameaux se multiplant dans le Val de Lans (passant de 27,1 à 32,6 km) entre 1975 et 2000. Ces routes, peu ou pas goudronnées, permettent de relier indirectement plusieurs groupements de maisons et les centre-bourgs de Lans et Villard. Dans ce cas, il s'agit explicitement de la transformation des chemins d'exploitation agricole en routes viabilisées afin de mieux désservir les hameaux. D'autant plus qu'il y a une augmentation de la fréquentation automobile.

Par des jours de fortes fréquentations touristiques de nombreux automobilistes n'hésiteront pas à transiter par les hameaux Les Girards et Ville-Vieille avant de descendre à Grenoble par Saint-Nizier. Ces routes, bien qu'elles ne soient pas complètement viabilisées, transitent par des espaces agricoles typiquement vercusiens.

La régression apparente du réseau tertiaire (de 50,7 à 46,3 km) s'explique par le changement de catégorie de la route. Elle était classée tertiaire en 1975 (il s'agissait d'un chemin de fer) et principale en 2000. En excluant ce segment de route, le réseau routier tertiaire s'est allongé de 8 km (passant de 42,7 à 50,7 km).

La nature de l'évolution du réseau routier tertiaire consiste en la multiplication de petites pistes contribuant à la mise en place d'un réseau de sentiers très intégré.

La progression du réseau routier tertiaire traduit une augmentation importante des accès aux montagnes bordant le Val de Lans. Principalement, il s'agit de pistes forestières et de chemins agricoles, aujourd'hui foulés par de nombreux piétons, quadistes et vététistes. À remarquer la progression de ces sentiers de plus en plus en amont dans la montagne. Cette observation en appelle une autre, à savoir la possibilité que ces sentiers existaient tous en 1975, mais qu'ils n'étaient pas visibles sur les photographies aériennes (en raison, par exemple, de la présence du couvert végétal). Ces sentiers apparaissent dorénavant en 2000 sur les photos aériennes pour témoigner d'une « érosion » de la nature avec un élargissement progressif des emprises et un éclaircissement de la végétation là où il y a une forte présence de randonneurs.

La question métropolisation, dans ce contexte de moyenne

montagne, interpelle l'échelon communal en tant que gestionnaire du foncier à l'aide de leur PLU. Pour le conseil municipal, il est difficile de faire face aux demandes privées de construire. Les propos d'un haut fonctionnaire de Villard sont éclairants:

> *« J'ai travaillé en vrai périurbain en périphérie de Grenoble, avec la vraie pression urbaine, la grosse. Avec les promoteurs qui font la queue dans le couloir. C'était la vraie pression urbaine. En périphérie, il faut 250 000 euros pour acheter un terrain. Les acheteurs montent. Ici, je vois des terrains partir à 100 000 euros. Donc, y'a cette image de commune rurale dans un Parc à 40 km d'une grande ville, maintenant c'est périrural, périurbain. Alors après le grand discours politique c'est de dire: "Il faut stopper l'influence de Grenoble". On ne stoppera rien du tout! On gèrera. On canalisera. On trouvera des astuces pour verrouiller un petit peu cela mais pas trop parce que le verrouillage urbain c'est quoi? (…) Alors, ils y vont avec les sentiments: "M. le maire, c'est pour mes enfants. Quand vous ferez la révision de votre POS...". J'ai 150 dossiers de demandes de propriétaires fonciers qui disent: "C'est pour mes enfants, c'est ma succession. Faut que je les arrange". Quand même bien ils donnent aux enfants, les gens ils vendent aux Grenoblois »* (entretien, 18/3/2).

Cette quête « d'astuces » pour mieux « verrouiller » le foncier face à l'urbain constitue non pas une logique idéale d'action et de décision, mais elle constitue bien davantage la résultante de choix fortement contraints. La pression urbaine, vue selon la perspective de Villard, est une succession d'astuces au terme de laquelle les Grenoblois bénéficient de plus grandes superficies d'espaces de vie en moyenne montagne.

Le développement et la protection de l'agriculture face à l'arrivée d'habitat récent représentent une difficulté pour le Parc de Chartreuse et du

Vercors. Y. Pillet[23] reconnaît le rôle de l'agriculture dans la définition d'un équilibre entre le développement et la protection. À son avis, il appartient plus aux agriculteurs qu'au Parc de définir une politique agricole cohérente en matière de sauvegarde du territoire:

> « *Moins il y aura d'agriculteurs, plus les exploitations seront importantes, moins la démocratie y gagnera. Il faut qu'il y ait de plus petites surfaces, une meilleure valorisation du produit, un plus grand nombre d'installations et que cela pèse dans la démocratie locale. Les agriculteurs ne peuvent pas dire que c'est aux élus de sauver le territoire, son zonage et sa préservation* » (Pillet, colloque, 28/10/0).

Pour le président du PNRV, les élus ont tendance à dire que les agriculteurs sont les premiers à essayer de tirer le maximum de bénéfices des terrains quand ils cessent leurs activités. « *Ceux qui vendent les terrains*, affirme Y. Pillet, *ce sont rarement les maires. Ils ne sont pas toujours des propriétaires fonciers. Les propriétaires sont souvent d'anciens agriculteurs* ».

Dans la même veine, une agricultrice adresse une question : « *Est-ce que nous-mêmes agriculteurs, on a bien tous les mêmes objectifs en matière de foncier et de défense d'un patrimoine?* »[24]. L'avis du président est équivoque: « *Plus il y aura d'agriculteurs, plus il y aura d'installations, moins il y aura d'extensions* ». Pillet note en effet la diminution du nombre d'agriculteurs suivie d'une augmentation moyenne des superficies cultivées[25].

Selon la logique du Parc, les agriculteurs doivent eux-mêmes se

---

[23] M. Pillet est président du PNRV et maire de Pont-en-Royans.
[24] L'association Vercors-Nature ajoute: « (…) *il ne faut pas oublier que même les paysans ont vendu des terres qui sont devenues constructibles. Cela fait un peu n'importe quoi!* » (entretien, 3/3/2)
[25] En Rhône-Alpes, le nombre d'exploitations a chuté de 50 % entre 1970 et 2000 (de 140 000 à 70 000 exploitants). Cependant, la surface moyenne des exploitations augmente: elle a presque doublé en 25 ans et elle se situe actuellement à 26,9 ha dans la région (INSEE – Rhône-Alpes).

défendre face aux pressions touristiques et urbaine. Pour Y. Pillet, l'idéal est de « *cesser cette marche en avant de l'extension des surfaces et de l'augmentation des productions* » pour mieux, à la place, produire en fonction d'une demande de produits de qualité. Dans une perspective de dynamique spatiale, l'image sous-jacente est celle de l'agriculture qui remplit l'espace rural contre l'arrivée de l'urbanisation.

Finalement, Y. Pillet pose la question: « *Est-ce que le rôle du PNR c'est d'être la succursale de la Chambre d'Agriculture ou a-t-il un plus à faire?* » sur le plan de la valorisation de produits locaux de qualité principalement. Cette réflexion l'amène à aborder la concurrence à la fois pour l'accès au sol et l'économie touristique qui reposent en partie sur l'agriculture.

« *Les bâtiments agricoles ont tendance à être très concurrentiels par rapport à la perception touristique. La ferme traditionnelle a tendance à disparaître parce que le nouveau modèle de production standardisée sur lequel on s'est plié oblige à des grands bâtiments, à des modèles qui ne sont pas adaptés au territoire du Parc. Le modèle que devrait défendre le Parc est le modèle de la valorisation du produit par rapport à un produit primaire standard* » (Y. Pillet).

1.4 Art de construire en moyenne montagne

La question de la déshérence de l'agriculture soulève un débat important opposant la manière de valoriser l'habitat traditionnel de Chartreuse et du Vercors face à l'arrivée de nouveaux modèles résidentiels: comment réagir face à l'arrivée de construction résidentielle standardisée comme elles sont visibles à Engins (Photo) lorsque le modèle traditionnel est la maison chartrousaine et vercusienne (Photo ci-dessous)?

La photographie (page suivante) prise à Engins en 2001 témoigne de la préoccupation des Parcs puisqu'elle montre des constructions résidentielles de type « Phœnix » dans Vercors où elles n'ont pas leur place selon des critères patrimoniaux actuels. Aussi, on voit, sur cette photographie, un stationnement « sauvage » au pied d'un point de départ en randonnée menant au Sornin à 1 596 mètres d'altitude.

Cliché: R. Blanchard (1907)

Illustration 7 : Choc architectural à Engins

De quelle identité est porteuse cette architecture exogène face aux pignons lauzés du Vercors et aux maisons à quatre pans traditionnels de la Chartreuse? De quelle utilité sont les outils d'aménagement et de planification afin de gérer un tel glissement de sens?

Une chargée de mission au Parc s'exclame: « *C'est terrible, mais on ne peut rien faire!* » (entretien, 11/7/2) afin de stopper réellement cette progression bien qu'un moyen du Parc soit d'envoyer des avis écrits aux maires dont les actions sur le terrain ne rencontrent pas les objectifs du Parc (Pillet et Clot, 2001a,-b). Il appartient en effet à la commune de maîtriser cette évolution à travers le PLU et ses prescriptions architecturales (article 11). Quoique cet outil atteint des limites à cause, par exemple, de la difficulté d'intervenir suffisamment en amont dans le processus de construction et d'en faire le suivi. Les maires ne sont pas tenus de prendre en compte les avis des Parcs.

Selon un ancien maire de St-Pierre-de-Chartreuse, c'est l'interprétation faite par les élus du cahier de prescriptions architecturales qui peut donner lieu à des problèmes:

> « *Quand on applique à la lettre le cahier de prescriptions architecturales, on arrive à faire du pastiche de cette architecture cartusienne qui est vraiment moche. On est arrivé à faire des trucs vraiment aberrant. Le permis de construire prend en compte l'allure extérieure de la maison. Le client est libre de faire ce qu'il veut à partir du moment où la géométrie, la toiture et les ouvertures respectent les prescriptions* » (entretien, 3/7/2).

L'important et la principale difficulté dans le processus de construction selon un architecte-conseil de St-Pierre-de-Chartreuse c'est d'intervenir suffisamment en amont dans le processus menant à la construction résidentielle. Cet idéal est difficile à atteindre.

> En cours de réalisation du projet de construction résidentielle :
> « *on retrouve des éléments nouveaux alors que ce n'était pas prévu comme cela sur papier. Après, il faut intervenir sur place ou auprès du propriétaire et ça devient compliqué lorsque les constructeurs proposent des matériaux différents, parce qu'ils sont plus facilement disponibles, mais qui n'ont rien à voir avec ceux utilisés localement* » (architecte CAUE, entretien, 9/7/2).

Hormis, cette dérive entre le prévu sur papier et le réalisé, les constructeurs de maisons ou de chalets, préfèrent souvent adapter la maison au site et non l'inverse. « *C'est une inversion totale de l'approche* » qui transforme ponctuellement l'espace vers une forme de « monturbanisation » bricolée exogène au territoire se présentant sous la forme de « pastiche ».

Comment les acteurs locaux peuvent-ils exploiter au maximum les possibilités des outils PNR et le PLU afin de maintenir une identité architecturale patrimoniale dans les massifs de Chartreuse et du Vercors? Ils ont à ce titre un devoir de patrimonialisation, c'est-à-dire le devoir de rappeler l'identité et la mémoire de ces espaces en accord avec leur mandat.

La question de la conservation du patrimoine culturel et naturel passe par le bâti tant dans sa répartition spatiale que dans son apparence: l'attitude par rapport au patrimoine et au paysage se pose à différents niveaux, mais toujours avec un dénominateur commun: comment concilier développement et protection?

Pour le Vercors, comme pour beaucoup de régions rurales jusqu'en 1950, l'exode rural a eu pour effet d'arrêter la construction de bâtiments et de laisser le bâti se dégrader. Tel qu'esquissé par le maire adjoint de Die lors du colloque « Conserver ou créer »[26], les bâtiments d'habitations et les bâtiments agricoles, tous construits en pierres de schiste et couverts de lauzes, étaient en grande majorité groupés dans des villages et hameaux avec un très haut taux d'occupation du sol.

Ces constructions représentaient, dans leur « style millénaire », une unité d'aspect, un patrimoine important. Mais ils avaient eux aussi subi les effets de l'exode et de la déprise avec un nombre très élevé de bâtiments en ruine ou en mauvais état. La politique communale, adoptée depuis bientôt 25 ans (notamment dans le cadre de la création d'une zone d'environnement protégée) dans les années 1970 et d'un POS approuvé en 1992, est de favoriser au maximum la restauration du bâti existant et d'autoriser la reconstruction de l'ensemble des ruines sur la commune avec la possibilité d'augmentation de la surface (comprenant des réserves sur la viabilisation des bâtiments éloignés). Par contre, à l'issue de chacun des nombreux débats sur la possibilité de nouvelles constructions et donc la mise en place de zones constructibles, les Conseils municipaux successifs sont arrivés à la conclusion de se limiter à l'existant, autrement dit d'interdire toute nouvelle construction.

---

[26] Colloque de Die « Conserver ou créer », le 7 octobre 2000 dans le cadre du trentième anniversaire de la création du PNRV.

En ce qui concerne l'apparence extérieure des bâtiments, la position retenue était la proscription de tout enduit. Elle privilégie la maçonnerie traditionnelle en pierres apparentes et la couverture en lauzes ou de tuiles d'une couleur sombre. Ces règles, que certains élus et citoyens trouvent excessives, étaient souvent remises en question à l'intérieur de la commune. Au début des années quatre-vingt-dix, trois courants opposés les uns aux autres s'affrontaient:

> 1. Il y avait ceux qui souhaitent pouvoir construire, comme cela se fait presque partout, des pavillons et petites villas dans un périmètre assez large autour les hameaux existants.
> 2. D'autres défendaient l'idée de « la vie avant tout », pas de pavillons préfabriqués, par contre des cabanes dans toute la montagne, une certaine anarchie joyeuse, où la seule exigence était le fait que ce soit autoconstruit.
> 3. Un troisième courant souhaitait une politique plus restrictive que celle appliquée par la municipalité avec une réglementation intervenant également sur les aspects de volume, d'ouvertures et de menuiseries.

Ces trois visions cristallisent des positions divergentes entre d'un côté le « POS pour les riches », la « commune musée », et de l'autre la « cabanisation » partout, la commune « bidonville ». Mais en fin de compte toutes les propositions de modification n'ont jamais trouvé de majorité au Conseil municipal de Die. Comme d'ailleurs les rares tentatives de créer de nouvelles zones constructibles, qui se voyaient confrontées, entre autres, à la crainte du manque d'eau.

La difficulté à mener des politiques foncières est importante compte tenu de la variété des variables en jeu: les besoins changeants de la population, les ambitions du Conseil municipal et aussi la qualité des services. Dans le cas de la distribution d'eau entre des constructions éloignées, les difficultés techniques et financières font en sorte que des espaces sont préservés par défaut. La préservation se justifie d'elle-même à condition de protéger la nature des abus humains et qu'elle place l'Homme à un pied d'égalité avec le monde biologique.

À Die, la conservation du patrimoine bâti comporte aussi de mauvais côtés tels l'augmentation du prix du foncier nuisible à l'agriculture et le manque de recettes fiscales nécessaires pour offrir des services à la population. À plusieurs égards, cette conservation peut être jugée non équitable envers toutes les catégories sociales.

Il y a donc un recul flagrant de l'agriculture au dépend d'une avancée urbaine faisant dire à plusieurs « Maintenons une agriculture forte pour repousser l'urbanisation » sauf que la marche vers l'avant est déjà commencée et le dynamisme agricole n'apparaît pas être une solution durable

Des logiques d'urbanisation sont déjà à l'œuvre dans plusieurs Conseils municipaux. À tort ou à raisons, ils vont plutôt prôner le développement d'infrastructures au détriment d'un blocage relatif du foncier. Si tous les acteurs s'entendent autour du principe de développement et de préservation, il en va autrement des codes culturels qui doivent le porter. La ligne directrice guidant les principes d'aménagement, de gestion et de planification entre les acteurs des massifs de Chartreuse et du Vercors se démarque difficilement des multiples intérêts qu'ils soient individuels, de groupes ou de massifs. La démocratie y gagne certainement, mais la production spatiale bricolée se poursuit selon une tendance qui inquiète les PNRC et PNRV depuis leur création respective.

1.4.1 Consultance architecturale en Vercors

Les réflexions dans le Vercors sur l'architecture du massif sont aussi vieilles que le Parc lui-même. Nombreux acteurs locaux rencontrés se souviennent du Groupement pour la consultance architecturale qui prodiguait des conseils pour mieux valoriser l'identité du patrimoine bâti vercusien. Les questions soulevées en 1970 sont toujours d'actualité aujourd'hui. Comment construire en moyenne montagne? Comment préserver l'identité architecturale face à l'arrivée d'un type d'habitat plus standardisé?

Qui plus est, les pistes de solutions tracées à l'époque sont ramenées à l'ordre du jour sous des formes renouvelées. Du côté des élus locaux, ce sujet est très délicat à aborder puisqu'il touche des sensibilités locales inscrites dans les esprits.

Il s'agit ici d'approfondir le thème de la construction dans la Chartreuse et le Vercors par le biais d'analyses cartographiques, iconographiques et statistiques, sous l'angle particulier des actions concrètes de la valorisation architecturale.

« *A-t-on des communes musées ou bien des campagnes bidonvilles*, demande J.P. Bravard (colloque, 7/10/0)? *Est-ce qu'on est tenté par la norme, le tout développement ou bien sommes-nous partisan du laisser-faire?* » Cette question est récurrente dans le Vercors avec la création d'un Conseil architectural dès 1975.

> « *Au début de la création du Parc, il y avait eu de la part de la Commission des Sites et de l'Environnement du Parc, la création d'un conseil architectural. J'avais constaté des normes sévères. C'était très strict sur le plan des couleurs des toitures, des crépis, l'utilisation du bois. Il y avait une différenciation microrégionale, des modes d'architecture recommandées ou voire imposées. Le CAUE a pris le relais très rapidement pendant quelques temps et puis tout a basculé au début des années 80, probablement parce que les collectivités ont refusé ces mesures, parce que les habitants ne les voulaient pas* » (Bravard, colloque, 7/10/0).

Selon Bravard, le Conseil architectural du Parc produisait des normes architecturales strictes. Il rappelle l'arrivée du CAUE et le refus des collectivités et des élus de se voir imposer ce type de normes. Puisqu'il en a senti le besoin, dès sa création en 1995, le PNRC a suggéré en vain aux élus l'idée d'embaucher un architecte-conseil qui prodiguerait ses conseils en matière d'architecture et d'urbanisme à l'échelle du massif afin de dégager une cohérence qualitative des constructions. Cependant, les élus ont aussitôt rejeté cette idée préférant bénéficier d'un architecte-conseil du CAUE au sein des intercommunalités.

Voici pourquoi le PNRC ne prend pas position en matière d'urbanisme. Le Conseil Scientifique avait conscience des impacts négatifs de l'urbanisation sur la Chartreuse mais les élus s'en préoccupait peu.:

> « *Le problème s'est un petit peu posé au départ à savoir: "est-ce que le Parc achète du bâti et des terrains? Les élus ont refusé. Je sais que dans le Queyras, ils achètent des maisons pour les retaper en éco-musés. En Chartreuse, non.*
> *Il n'y a aucun positionnement au niveau architectural et foncier (…). Je pense qu'il s'agit plutôt d'un problème de positionnement par rapport aux élus qui portent le syndicat mixte. Il y avait une conscience du fait des pressions de l'urbain qui a tendance à monter de la vallée mais il y a un an et demi, on devait recruter un urbaniste et puis c'est tombé à l'eau. Cela veut dire qu'il n'y a pas vraiment de volonté politique* » (entretien, 23/4/2).

L'idée de la présence d'un architecte donnant des avis sur la qualité architecturale à l'échelle de ces PNR est très mal perçue. Une interlocuteur privilégié rappelle la démarche initiale en Vercors qui laisse encore des traces aujourd'hui:

> « *Par le passé, le Parc avait même des architectes qui donnaient des avis sur la qualité architecturale. Cela a été très mal perçu. Il y a encore des traces. "On voulait faire ça, puis c'est le Parc qui nous l'a interdit"; "On avait envisagé ça et puis c'est le Parc qui n'a pas voulu". À ce jour, on entend encore ici ou là des communes qui, plutôt de dire "Nous on veut pas", disent "C'est le Parc qui ne veut pas".*

> *Alors que le Parc n'intervient plus du tout sur ce domaine depuis au moins 15 ans. Ce n'est pas forcément le cas dans tous les Parcs mais dans le PNRV cette expérience a été un peu malheureuse et du coup la volonté du Parc n'est pas de revenir sur ce terrain. La volonté du Parc c'est plutôt de faire en sorte d'être en lien avec la préservation de l'environnement, la notion de gestion durable du territoire, de le faire comprendre par le biais des communes ou des communautés de communes, une bonne prise en compte des règles qu'elles fixent, mais pas d'aller jouer un rôle de gendarme ni d'imposition des choses* » (entretien, 9/6/2).

Même-si le Parc intervient à l'échelle du massif, il n'intervient pas pour autant sur tout les domaines d'activités de son territoire. Mais à la lecture des propos, il y a des thèmes (dont celui de la construction) délicats à aborder et qui sont complètement hors Parc. À l'époque, cet architecte prodiguait des conseils aux communes du Parc. « *Cela n'a pas fonctionné* » à long terme se souvient cet ancien technicien du Parc :

> « *Les communes n'ont pas voulu lâcher un petit peu ce pré carré de l'urbanisme donc, petit à petit, le Parc a abandonné ce secteur à un point tel qu'aujourd'hui, il n'a plus de secteur urbanisme et architecture dans le Parc* » (entretien, 23/4/2).

Dans ce cas, quels moyens reste-t-il au Parc afin de réguler l'urbanisation? Il œuvre par moyens détournés. Il peut certainement « accompagner » les démarches des partenaires mais n'est pas être témoin dans les faits? Les missions d'éducation et de sensibilisation trouvent un certain écho sur ce thème architectural auprès des élus.

En fait, sur le Plateau du Vercors, en 2002, la Communauté de Communes des Quatre Montagnes a repris cette tâche de coordination de l'urbanisme et du paysage. Elle a mis sur pied une Commission Paysage, structurée avec une personne à mi-temps employée par la Communauté de Communes et qui a pour rôle « *de faire ce que ne faisait pas à l'époque le*

Parc, c'est-à-dire de coordonner un point de vue partagé par les différentes communes pour le développement urbanistique et paysager du plateau des Quatre Montagnes » (entretien, 25/6/2).

L'idée de transférer les compétences de la communes en matière d'urbanisme à un échelon supérieur a été reprise par la communauté de communes :

> « *L'ambition première de la Communauté de communes des 4 Montagnes était de reprendre l'idée du Parc qu'il y ait un architecte-conseil commun pour toutes les communes. Là encore il y a eu blocage. On y arrive toujours pas. Mais par la bande, on va dire, d'une manière plus douce, il y a une volonté de mettre en place une structure d'aide à une vision commune du développement sur les Quatre Montagnes* » (entretien, 25/6/2).

Le blocage empêchant la mise en place d'un architecte-conseil à l'échelle du Parc s'explique en remontant le temps lors de la « consultance architectural ».

Le Parc à l'époque de la commission « Permis de construire » en 1975 ont initié la consultance architecturale, c'est-à-dire qu'il ne se faisait rien dans le domaine. Un ancien du Parc résume le premier cheminement de l'initiative traitant de la consultance architecturale:

> « *C'était une consultance sur le papier, c'est-à-dire il y avait un architecte qui venait, examinait les papiers, donnaient les avis et aidait le demandeur / prescripteur. Ce qui c'est passé est un peu regrettable. À l'époque, c'était encore l'État qui instruisait les permis de construire. Il y a eu un glissement de responsabilités. Au début des années '80, l'État n'a pas joué son rôle. Il a déchargé ses responsabilités sur l'architecte qui était payé par le Parc. Le système a fait que l'architecte conseil devenait celui qui prenait la décision. Et ça, c'était très mauvais parce qu'il était là pour donner un conseil mais*

en fait c'était lui qui décidait. C'est très mauvais. Historiquement, cela a précédé les CAUE au niveau départemental. Le jour où les CAUE se sont créés, les Parcs n'avaient plus besoin de faire ces consultances architecturales parce que leurs expériences ont donné naissance à cela. C'est logique aujourd'hui que les CAUE de l'Isère et de la Drôme aient un réseau d'architectes pour faire la consultance » (entretien, 23/4/2).

Cette présence d'un architecte-conseil qui intervenait à l'échelle du massif marque encore aujourd'hui le paysage socio-politique.

Pour de nombreux élus, le droit de regard direct du Parc en matière architecturale et urbanistique était contraire à la pratique même de la décentralisation de 1982 et de 1983. Encore davantage depuis cette période, la commune (le maire de surcroît) doit et peut lui-même décider de la nature qualitative et quantitative des permis de construire à émettre et cela bien avant une structure intercommunale (communauté de communes) ou supracommunale (PNR).

Qu'en est-il exactement de ce Groupement pour la consultance architecturale dans le Vercors qui suscite aujourd'hui encore des débats? Entre 1975 et 1982, le PNRV avait une politique de construction et d'urbanisme en liaison avec les services départementaux de l'Équipement, la Commission des Sites et de l'Environnement du Parc pour l'ensemble des communes du Parc.

Cette commission, composée d'élus, de représentants des usagers du Parc et des agriculteurs, assistée de membres des DDE et DDA, s'est réunie tous les mois, de 1975 à 1978, pour formuler des avis sur *tous* les projets dont elle avait été saisie par l'Équipement. Après, ce contrôle des projets de construction a été transféré au nouveau CAUE (créé en janvier 1977). En 1975, la commission a créé un service de conseil architectural constitué de 12 architectes consultants, travaillant par groupes de 2 dans chacune des régions du Parc du Vercors. Ces ressources techniques et professionnelles – jusqu'à aujourd'hui inégalés – sont imposants bien que la fin justifient les moyens. Ces architectes étaient regroupés dans un Groupement d'Intérêt Économique: le Groupement pour la Consultance Architecturale dans le Vercors et étaient rémunérés à la vacation.

Le service conseillait les candidats à la construction au stade de l'élaboration de leurs projets, à l'occasion de permanences mensuelles gratuites dans les mairies; informait et sensibilisait le public et les professionnels aux problèmes d'architectures, par des réunions, des projections, des expositions, des publications spécialisées; et apportait son concours technique à la commission pour la formulation des avis qu'elle était appelée à donner sur des projets.

Bien que cette Commission des sites et de l'Environnement issue des premières années du Parc visait l'objectif légitime soit de veiller à la qualité architecturale, les réactions sur le terrain étaient mitigés à un point tel que le Parc crû bon de s'expliquer dans son journal, soit quelques années après la création du Parc :

> *« Bien sûr, certains ne manquent pas de clamer à la cantonade que c'est encore un " truc " pour interdire la construction, que le Parc n'apporte que des contraintes aux habitants du Vercors (…) Le Syndicat mixte ne tend à rien d'autre dans le cadre des objectifs qui lui assigne la Charte, qu'à donner aux habitants du pays les moyens de réaliser un aménagement harmonieux pour leur permettre de façonner et d'organiser un pays où il fera bon vivre dans un cadre agréable. Il est là pour les aider, non pour les contraindre ou brimer (…) Non, le Parc n'est pas un organisme de répression! (…) Le développement des constructions est nécessaire et souhaitable à condition qu'il ne se fasse pas au détriment d'autres activités économiques comme l'agriculture et sauf dans certaines zones particulières comme les Hauts-Plateaux. (…) Mais, sous prétexte de développement*

économique, nous n'allons-nous pas encourager le laisser-aller en laissant construire n'importe quoi, n'importe comment, n'importe où, au risque de détruire irrémédiablement notre beau Vercors! (...) Construire? Oui, bien sûr! Mais à condition de ne pas parsemer le territoire de constructions disparates qui reconstitueraient, dans le Vercors, les hideuses banlieues urbaines » (PNRV, 1975 - 2e trimestre).

Cette explication du PNRV expose tous les termes du débat qui sont aujourd'hui encore totalement d'Actualité. Ces explications sont au cœur du processus de monturbanisation observé. La suite montre le retrait du PNRV (et qui influence le PNRC dans le même sens) de ce champ d'action au profit de chacune des communes ce qui forcément laisse une large place de mettre en place leurs politiques selon les besoins de taxes locales, notamment.

Le rôle du Parc est d'aider et non de contraindre. Certes, mais il s'agissait certainement de l'approche la plus durable et directe ou lei ude laisser cette prérogative « ça et là » parmi des dizaine des communes. Il est de prévenir les erreurs architecturales puisqu'il subodore l'irréversibilité des atteintes aux paysages traditionnels. Le Parc désire rassurer les lecteurs, en espérant que ce soit les membres des différents Conseils municipaux qui achètent cette idée, mais elle fut et elle est toujours rejetée.

Cette Commission des Sites et de l'Environnement avait le mérite de soulever des débats importants entourant la construction dans le Vercors. Une première figure (sur trois) (Illustration 3) synthétise le travail du groupement où sont exposés succinctement les points de vue d'acteurs concernés par la construction résidentielle (l'acheteur de terrain, le voisin, le maire et le promoteur).

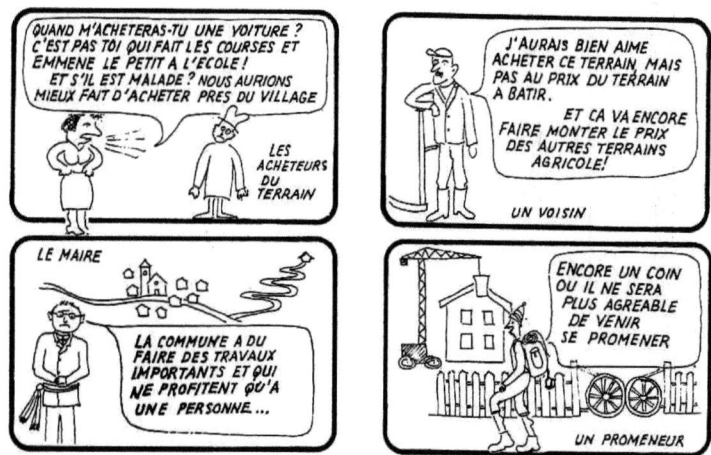

Illustration 8: Points de vue divergents sur la construction en Vercors
Source: PNRV (1978: 4)

Cette figure, produite en 1978, prend aujourd'hui tout son sens avec la multiplication des flux automobiles et la hausse du coût du foncier. Mais cette approche d'aménagement fin du territoire fut mise au rancart. Les enjeux de transport, de la proximité des services, de l'augmentation du prix du foncier, l'efficience des travaux et la protection du cadre de vie sont abordés. La deuxième illustration sur le même thèse (Illustration 9) vise particulièrement à sensibiliser l'acheteur potentiel quant à l'importance de bien choisir le terrain à construire (la dimension, l'entretien, la pente, l'exposition, la tranquillité et les services).

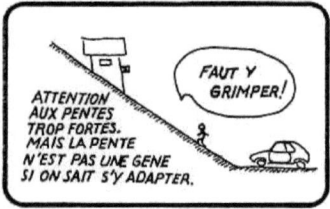

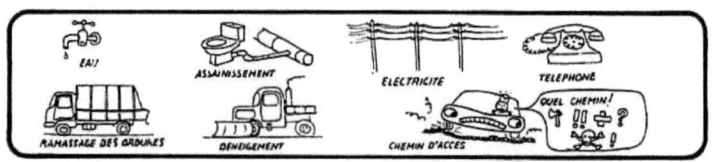

Illustration 9 : Sensibilisation à propos des terrains à construire
Source: PNRV (1978: 4)

Ces illustrations, produites en 1978, gardent aujourd'hui toute leur pertinence en présentant le point de vue des acheteurs de terrains plus ou moins conscients de l'importance de la mobilité et de la proximité des services, le point de vue du voisin-agriculteur qui se plaint de la hausse des prix du foncier, celui du maire qui semble regretter des autorisations de construire loin du village, et finalement le point de vue du randonneur qui rencontre dorénavant des maisons dans « ses » sentiers... L'idée centrale demeure l'intégration architecturale et urbanistique dans le milieu d'accueil.

Illustration 10 : Sensibilisation des acheteurs de maisons
Source: PNRV (1978: 4)

La troisième illustration ci-dessus met en scène d'autres acheteurs de maisons qui réfléchissent chacun à leur manière, à la meilleure stratégie de construction à adopter. À l'origine, le PNRV insistait afin d'éviter des erreurs, de réfléchir sur les qualités du terrain, l'architecture de la maison, la qualité des plans et à l'intégration de la maison dans son environnement. Cette production iconographique visait des objectifs clairs d'éducation, de sensibilisation sur un ton critique et sarcastique. Faut-il se rappeler qu'à la même époque les « ruches » (les résidences de type chalets-suisses) venaient d'être construites à Lans-en-Vercors?

La commission de consultance architecturale émettait des avis sur les permis de construire pour l'ensemble du Vercors et examinait exhaustivement chacune des demandes.

Dans une grande majorité des permis de construire étudiés, l'avis de la Commission des Sites et de l'Environnement était favorable mais l'était moins dans les Quatre Montagnes où 15 % des demandes de permis recevaient un avis défavorable. De 1975 à 1977, la Commission a examiné un nombre impressionnant de 1 400 projets (principalement dans les cantons de Villard et du Royans); et elle a dû émettre un avis défavorable sur 12 % d'entre eux. Voici une note de la Commission de consultance architecturale rédigée en 1978 (PNRV#17 : 32) concernant la dynamique résidentielle:

> *« Bien que la construction de résidences secondaires prenne de l'importance dans toutes les régions, ce sont quand même les constructions de résidences classées "principales" qui dominent partout, à l'exception du Vercors Central, mais principalement dans le Royans et le canton de Villard de Lans. Sans doute un signe de vitalité pour ces deux régions, tout en sachant que la région de Villard-de-Lans et même le Trièves tendent à devenir des cités-dortoir de Grenoble et que la région du Royans est la zone de résidence des travailleurs de la basse vallée de l'Isère. Les restaurations d'habitations existantes deviennent partout très nombreuses; résidences secondaires pour la majorité, elles redonnent vie, pour le temps des vacances et des fins de semaines, à des hameaux désertés »* (PNRV, # 17, 1978: 33).

Vingt ans plus tard, le même processus est à l'oeuvre, sauf que depuis l'échelle d'intervention en matière d'urbanisme n'est pas jugée cohérente... Cette explication du PNRV garde aujourd'hui toute sa pertinence car elle rappelle les questions de la construction de résidences secondaires et principales et de l'avenir paysager des cantons du Royans et de Villard-de-Lans.

1.4.2 Urbanisme décentralisé contre Parc

La décentralisation de 1982-1983 a entraîné la disparition de la Commission des sites et de l'environnement du PNRV en raison de l'autonomie décisionnelle communale nouvellement accordée aux maires.

Beaucoup de maires de voulaient plus s'afficher comme étant membre d'un Parc. Le discours de Jean Faure, maire-sénateur d'Autrans, tranche:

> « *Si le Parc n'est pas signalé, c'est parce que les communes ne le veulent pas. Il serait suicidaire pour un élu de se réclamer du Parc, alors que, dès l'origine, celui-ci est apparu comme une supermairie qui allait empiéter sur les droits locaux* » (Faure *in* Cans, 1988).

La tendance que subodorait la Commission des sites et de l'environnement du PNRV à savoir l'augmentation du nombre de résidence principale et secondaire s'est poursuivie par la suite à l'exception près d'une nouveauté majeure à savoir la transformation du bâti existant (une résidence secondaire et un corps de ferme) en résidence d'habitation permanente.

La disparition de la Commission des sites set de l'environnement se penchant sur chacun des permis de construire était vécue comme un réseau autoritaire et hégémonique sur le territoire du PNRV explique ce dirigeant du CAUE.

> « *Ce réseau distillait la parole professionnelle comme étant la seule voie possible avec une certaine intransigeance*

> *désagréable, très naïve, très magistrale qui n'a absolument pas été supportée par les élus. Il y a eu un très gros conflit. Des élus ont décidé de ne plus jamais tremper dans cette chose* » (entretien, 3/9/2).

Cette « chose » dans laquelle les élus ont décidé de ne plus jamais tremper consistait à autoriser le Parc du Vercors (et par extension de Chartreuse peu de temps après sa création) à porter le dossier des affaires « monturbaines ».

La fonction du CAUE est de donner un avis de technicien qui donne un point de vue « sans aucune concession ». Après la commune peut suivre ou pas cet avis ce qui distingue cette approche initiale plus « dure » du PNRV. Les structures de gouvernance du CAUE (très peu politisée) font en sorte qu'il est toujours externe à la sphère décisionnelle des communes.

> « *On est dans une relation de dialogue, pas dans un dialogue de donneur de leçon. Ce qui est assez différent de l'époque, assez hégémonique avec le feutre rouge* « *Recommencez* ». *On est dans une recherche de qualité concertée en essayant d'intervenir très en amont dans le processus de construction* » (entretien, 3/9/2).

À travers cette expérience de la Commission des Sites et de l'Environnement, il est possible de mieux comprendre comment et pourquoi les acteurs tentent tant bien que mal de maintenir l'identité architecturale de la Chartreuse et du Vercors.

Bien que le problème soit identifié à l'échelle pertinente des massifs, la question des périmètres d'intervention et du partage des compétences reste posée. L'urbanisation profite de cette multiplication des lieux de décisions locaux au dépens d'une réelle approche régionale cohérente, ce qui fait dire à plusieurs intervenants qu'ils « bricolent » en attendant un redressement de situation.

L'analyse cartographique qui suit montre une nette progression du nombre de résidences secondaires en Chartreuse et en Vercors.

Entre 1982 et 1990, dans le Vercors-Centre, le nombre de résidences secondaires est passé de 638 à 756 unités soit une augmentation de 18,5 %. Le nombre de résidences secondaires dans le secteur Quatre-Montagnes a bondi de 27 % passant de 5 231 à 6 644 unités. Durant la même période 1982-1990, le Vercors dans son ensemble passa d'un total de 9 255 résidences secondaire à 11 055 (+19 %); alors que cette augmentation atteint +15,8 % en Chartreuse avec un total nombre total de résidences secondaires passant de 3 771 à 4 366 entre 1982 et 1990 (Tableau 5).

	1982	1990	1999	82-90 (%)	90-99 (%)	82-99 (%)
Haute-Chartreuse	931	1240	1166	33,2	-6,0	25,2
Cœur	614	744	716	21,2	-3,8	16,6
Moyenne Chartreuse	974	987	787	1,3	-20,3	-19,2
Vallée	355	359	297	1,1	-17,3	-6,0
Région Urbaine	897	1 036	521	15,5	-49,7	-41,9
Total Chartreuse	3 771	4 366	3 487	15,8	-20,1	-7,5
Gervanne	367	385	417	4,9	8,3	13,6
Royans-Drôme	383	385	353	0,5	-8,3	-7,8
Vercors-Centre	638	756	773	18,5	2,2	21,6
Diois	794	865	873	8,9	0,9	9,9
Trièves	1 424	1 563	1 769	9,8	13,2	24,2
Quatre-Montagnes	5 231	6 644	6 574	27,0	-1,1	25,7
Isère-Royans	418	452	396	8,1	-12,4	-5,3
TotalVercors	9 255	11 050	11 155	19,4	1,0	20,5
Total Chartreuse et Vercors	13 026	15 416	14 642	18,35	-5,02	12,4

Tableau 5 : L'évolution du nombre de résidences secondaires en Chartreuse et Vercors (1982-1999)
Source: INSEE-RGP (1982, 1990 et 1999)

Durant la première période intercensitaire, les secteurs Haute-Chartreuse (+33,2 %) et Quatre-Montagnes du Vercors (+27 %) ont connu la plus forte augmentation du nombre de résidences secondaires. Dans les autres secteurs, le nombre décroît avec des taux pouvant atteindre -30 %. Évidemment, ces résidences secondaires en moins n'ont pas disparus du paysage.

La diminution du nombre de résidences secondaires se généralise partout en Chartrsue, ce qui témoigne de leur reconversion en résidences principales. Ainsi, en Chartreuse 879 (-20 %) résidences secondaires se sont transformées en résidences principales entre 1990 et 1999; tandis que le Vercors en a gagné seulement 105 (+1 %) (sur les 11 050 unités en 1990). Cette reconversion est particulièrement visible dans le secteur Région Urbaine où le nombre de résidences secondaires est passé de 1 036 à 521 unités (-49,7 %) au profit d'un classement en résidences principales.

Un phénomène particulier à signaler est la vague, partant du centre urbain grenoblois vers le cœur des massifs, de transformation de résidences secondaires en résidences principales signifiant par là l'augmentation de population permanente au besoin bien particulier.

Les seuls secteurs pour le moment à l'écart de ce processus de reconversion reconversion sont la Gervanne, le Vercors-Centre et le Diois avec des taux oscillant entre 0 et 15 % d'augmentation du nombre de résidences secondaires. À ces endroits, du fait des plus grandes distances des lieux d'emplois, la reconversion se fait plus lentement et les lieux continuent d'offrir un cadre propice. En Chartreuse, où il n'y a pour ainsi dire aucun secteur isolé de bassins d'emploi le nombre de résidences secondaires chute au profit des résidents permanents. Le nombre de résidences secondaires en Haute-Chartreuse (en principe le moins accessible) passe de 1 240 (1990) à 1 166 unités (1999).

Dans le Vercors, le secteur Quatre-Montagnes continue de regrouper le plus grand nombre de résidences secondaires même si le nombre d'unités diminue peu (-70 unités entre 1990 et 1999) passant de 6 644 à 6 574 unités. Cette tendance indique une demande s'orientant vers les résidences principales à ces endroits et que les acheteurs de résidences secondaires préfèrent les secteurs de plus en plus reculés. Par exemple, dans les secteurs Diois, Gervanne et Trièves, le nombre de résidences secondaires continue de croître de l'ordre de 1 à 15 % lors de la période intercensitaire 1990-1999.

Ces observations mériteraient de plus amples investigations à des échelles plus larges. Il semble se profiler la formation d'une 2ᵉ couronne de résidences secondaires autour de Grenoble avec, dans un premier temps (1982-1990), la croissance de résidences secondaires dans la proche périphérie de Grenoble (l'exemple du secteur Région Urbaine en Chartreuse est éloquent), suivi d'une phase de décroissance. Cette première croissance se projette ensuite dans une périphérie plus éloignée comme le sud du Trièves (où la la clientèle provient de Valence aussi)[27].

La diminution du nombre de résidences secondaires corrobore d'autres changements dans les fonctions des habitations puisque cette diminution est proportionnelle à l'augmentation de résidences permanentes.

Au Sappey, un phénomène intéressant est le changement de vocation des résidences ainsi que des locaux commerciaux. Les résidences secondaires sont devenues des résidences privées; alors que tous les locaux d'activités sont devenus des appartements. « *Chaque fois qu'une résidence secondaire est vendue, elle se transforme en une population permanente* » confie ce haut fonctionnaire (entretien, 5/10/2). Des couples ou des

---

[27] Au cours des années 1990, la croissance du nombre de résidences secondaire a nettement ralenti en Rhône-Alpes. Elle s'est concentrée principalement sur la Savoie et la Haute-Savoie. Le sud de l'Ardèche et de la Drôme restent recherchés mais moins l'Isère. En zone périurbaine, la forte demande de logement est à l'origine d'une transformation de résidences secondaires en résidences principales, note Mercier. Depuis 1990, le nombre de résidences secondaires a augmenté dans la région Rhône-Alpes de 21 600 soit près de 7 % de plus (9,6 % en France). C'est moins que l'augmentation de l'ensemble des logements (+11 %). Le rythme d'augmentation a nettement baissé en Rhône-Alpes au cours des trente dernières années: +5 % en moyenne annuelle dans les années 1970, +3 % dans les années 1980, +1 % lors de la dernière décennie. Selon l'INSEE, cette évolution est due en grande partie au ralentissement de la progression des résidences secondaires dans les zones touristiques hivernales (Mercier-INSEE-R-A).

personnes seules vendent à des ménages de quatre personnes.

« On doit absolument dégager des locaux commerciaux parce qu'on arrive plus à fixer une boulangerie. Elle a fermé et la personne a gardé la maison. Il faut que le village continu à vivre et qu'il ne se transforme pas en village musée pour que seuls des cadres supérieurs puissent s'offrir le luxe de l'espace » (entretien, 5/10/2).

Ainsi, l'accès à l'espace tend à devenir un luxe en moyenne montagne périurbaine tel qu'il sera de surcroît détaillé plus loin.

Les statistiques rendent compte du phénomène de la reconversion des résidences secondaires en résidences principales. Elles rendent cependant difficilement compte du taux de reconversion des corps de ferme en résidences principales et secondaires alors qu'il s'agit d'un phénomène réel aux multiples impacts socioéconomiques, politiques et paysagers. La population agricole, à la moyenne d'âge élevée, forme de petits ménages en comparaison avec la population plus jeune qui achète des fermes pour les convertir en résidences principales et y fonder une famille.

En parrallèle, le nombre de résidences principales bondi pour l'ensemble des secteurs du PNRC et du PNRV (Tableau 6 page suivante). Depuis 1982, l'augmentation atteint 57 % dans le secteur Quatre-Montagnes (ajout de 1487 résidences permanentes).

La très forte progression du nombre de résidences principales (+25 %) dans les secteurs du Trièves, Quatre-Montagnes, Haute-Chartreuse et Vallée s'étire sur plus de vingt ans, traduisant une demande très forte ce situant dans un cycle de grande croissance de la demande.

Ces observations s'imposent pour comprendre les inquiétudes du Parc de Chartreuse, qui constate l'impuissance des barrières naturelles (les cols de Porte et du Granier ainsi que les montées de Sassenage et de Seyssins) et de sa Charte, à freiner dorénavant l'arrivée de l'urbanisation au cœur du massif.

	1982	1990	1999	82-90 (%)	90-99 (%)	82-99 (%)
Haute-Charteuse	1731	2 307	2 806	33,3	21,6	62,1
Cœur	438	496	602	13,2	21,4	37,4
Moyenne Chartreuse	4 547	5 292	6 239	16,4	17,9	37,2
Vallée	1 510	2 039	2 759	35,0	35,3	82,7
Région Urbaine	23 792	29130	34 099	22,4	17,1	43,3
Total Chartreuse	32 018	39264	46 505	22,6	18,4	45,2
Gervanne	457	551	618	20,6	12,2	35,2
Royans-Drôme	2 016	2 154	2 294	6,8	6,5	13,8
Vercors-Centre	671	705	777	5,1	10,2	15,8
Diois	2 018	2 204	2 492	9,2	13,1	23,5
Trièves	1116	1 406	1 631	26,0	16,0	46,1
Quatre-Montagnes	2 605	3 130	4 092	20,2	30,7	57,1
Isère-Royans	1 761	1 951	2 260	10,8	15,8	28,3
Total Vercors	10 644	12 101	14 164	13,7	17,0	33,1
Total Chartreuse et Vercors	42 662	51 365	60 669	20,4	18,1	42,2

Tableau 6 : Évolution du nombre de résidences principales en Chartreuse et Vercors (1982-1999)

Au total, en Chartreuse et Vercors plus de 18 000 nouveaux bâtiments se sont ajoutés au stock de résidences principales entre 1982 et 1999 (+42,2 %)! Le nombre de résidences principales en Chartreuse, hors secteur Région Urbaine, a progressé de 2 270 unités entre 1990 et 1999 (43,3%). Or, les impacts environnementaux, économiques, sociaux, paysagers et politiques, suite à l'arrivée rapide de ces nouvelles unités de logement, sont très importants dans un massif de petite taille.

Les propriétaires de ces résidences s'attendent à recevoir des services communaux à la hauteur des services collectifs urbains (eau potable, égouts, traitement des déchets et autres). Aussi, en calculant 1,5 voiture par ménage, il y a donc 3 405 voitures qui se sont ajoutées au parc existant du fait de l'arrivée de résidents permanents qui font la navette entre les vallées urbaines périphériques et leurs nouveaux domiciles permanents. Globalement, ces « néoruraux » sont porteurs de valeurs et des modes de vie différents.

En Chartreuse, la progression résidences principales a été exceptionnelle dans le secteur Vallée avec une augmentation +35 % (passant de 1 1510 à 2 759 unités entre 1982 et 1999).

Dans le Vercors, les taux à l'échelle du massif sont légèrement inférieurs à la Chartreuse bien que le secteur Quatre-Montagnes se démarque encore une fois. Ce secteur comptait 2 605 résidences principales en 1982 et 4 092 en 1999, soit une augmentation impressionnante de 57,1 %.

Le phénomène urbain en Chartreuse et en Vercors, s'avère une réalité quotidienne pour l'ensemble des acteurs locaux qu'ils soient agriculteurs, élus ou citoyens. Ce que subodorait le PNRV, dès sa création en 1970, à savoir la production d'une cité-dortoir est en passe de franchir la capacité maximale de rsupport des massifs alors que les réponses cohérentes, faute de stratégies adaptées, se résument par des débats de structures.

1.4.3 Feignons d'organiser l'urbanisme cohérent

Avec la consolidation de la Communauté de communes des Quatre-Montagnes, une Commission Paysage s'est progressivement mise en place à partir de 1995. Elle se veut une version édulcorée de l'ancien Groupement pour la consultance architecturale des années 1970 précédant l'adoption des lois sur la décentralisation et sur l'intercommunalité.

Dans un premier temps, les enjeux touristiques ont motivé la création de cette commission (Prax *in* District, 1999-2: 2-3) et non le phénomène d'urbanisation. Suite aux premiers travaux de la Commission Paysage de la Communauté de communes des Quatre-Montagnes, les communes redécouvrent l'importance « symbolique » d'encourager la rénovation et la réhabilitation des pignons lauzés (District, # 18):

« *Au mot Vercors, tout le monde pense à la silhouette*

crénelée des pignons de maisons anciennes, lauzés et surmontés d'une "couve". Ce symbole est si fort, si caractéristique du Vercors, qu'il est fort judicieux, dans le cadre du Contrat Stations Moyennes d'aider les privés à lui redonner toute sa place. Si quelques lauzes sont à changer, attention. Il n'est pas question de les remplacer par des éléments flambant neuf. Il faudra utiliser des lauzes anciennes de récupération: architectes et artisans vous donneront de précieux conseils ».

Dans le cas d'une intervention sur les pignons lauzés, tous s'accorde pour dire qu'il s'agit d'une initiative « symbolique » modifiant potentiellement la forme architecturale et pas particulièrement le fond du problème lié à la transformation paysagère et la métropolisation.

Le Contrat Stations Moyennes du Vercors part du principe que le paysage dont l'architecture occupe forcément une place centrale est un atout économique majeur à préserver (District #16 1998: 4-5). En Vercors, les débats sur l'architecture locale portent immanquablement sur l'importance du pignon lauzé dans l'identité et l'architecture locale.

Le pignon lauzé représente un trait identitaire fort du Vercors: « *Quels outils se donnent-t-on aujourd'hui pour développer cette identité avec des matériaux plus modernes? Quitte à utiliser même le pignon lauzé comme signal* » confie ce haut fonctionnaire. Cette insistance sur le pignon lauzé à toute les apparences d'initiatives « zigzaguants » à la marge d'un réel projet cohérent pour le massif comme l'était le Groupement pour la consultance architecturale.

Ce haut fonctionnaire d'une commune du Vercors renchérit : « *On pense que le pignon lauzé, c'est un signe identitaire et qu'il faut arriver à le développer. Il ne s'agit pas de reproduire; faire du faux pignon lauzé. Il faut repenser le pignon lauzé avec des matériaux modernes* ».

Le problème pratique dans ce débat est le manque de disponibilité de la lauze dans le Vercors. Or, la lauze fait-elle encore figure de proue lorsqu'elle doit être importée d'ailleurs ou si elle est faite de béton? Ne vaudrait-il pas mieux faire des pignons lauzés en béton comme cela se fait d'ailleurs à Villard-de-Lans et à Lans-en-Vercors depuis 50 ans? En voulant intervenir délibérément sur l'architecture, comment éviter de produire des pastiches à partir de modèles réels anciens? Le bricoleur se comporte de la même façon : il y a toujours des écarts entre les projets qu'il rêve de réaliser et les projets qu'ils réalise. Mais n'est-ce pas là le prix à payer pour innover?

Le district de Villard mentionne qu'en matière de tourisme, la cohérence, le charme et la spécificité du bâti sont des atouts majeurs. Ainsi, l'architecture et l'urbanisme sont considérés importants par « ricochets » en étant au service d'une stratégie de marketing territorial. La Communauté de communes des Quatre-Montagnes a ainsi lancé l'Opération Façade en partenariat avec le CAUE Isère qui est subventionnée par la Région, le Conseil Général, le Parc et les communes.

Pour réaliser cette opération, ils ont fait appel à l'École d'Avignon dans le but de retrouver des savoir-faire sur les enduits traditionnels. L'École a fait une étude de repérage du patrimoine des bâtiments sur le plateau. Ces vingt dernières années, pour des raisons économiques diverses et sous la pression de l'immobilier, la notion d'identité Vercors s'est fragilisée d'où l'importance du pignon lauzé. Voilà une belle redécouverte qui rappelle la démarche première du bricoleur qui se retourne vers son coffre à outils et ses matériaux pour mieux définir le projet à venir. Il faut donc tout à la fois « guérir » et « prévenir ».

Plusieurs objectifs ont été définis et seront, avec le temps, progressivement menés à terme dont protéger les secteurs caractéristiques; amener les secteurs banalisés à participer à un environnement caractérisé; isoler les zones altérées et préparer leur transformation; et développer une culture locale sur le paysage Vercors. Nous assistons donc à une bureaucratisation et une politisation du projet de territoire parce que les communes ne lachent pas leurs « pré carré ».

— Ecurie-grange à Saint-Hilaire-du-Touvet. Maison au 2ᵉ plan.

— Logis et granges aux Cottaves (Saint-Pierre-de-Chartreuse).

Illustration 11 : Architectures typiques de Chartreuse

— Maisons à Autrans.

— Maison de Lans agrandie et exhaussée.

Illustration 12: Architectures typiques du Vercors
Source: Blache (1924: 424-435)

Ce mandat s'inscrit dans un contrat mènant à la création de ce qui est appelé un guichet unique Quatre Montagnes « Paysage-Urbanisme-Architecture », une sorte de « gardien du temple » chargé de veiller au respect et à l'harmonisation des opérations. Dans un deuxième temps, c'est la volonté d'élargir le débat sur « Comment construire en moyenne montagne » qui motive la Communauté de communes. Cette réflexion s'insère dans une logique de recherche voire d'imitation des modèles d'architectures de Chartreuse et du Vercors (illustrations ci-dessus).

L'habitat de Chartreuse et du Vercors appartient à deux côtés bien distincts (Blache, 1924). Dans le Vercors règne la maison élémentaire, dans la Chartreuse, l'habitat est en ordre lâche. D'une part, l'homme, le bétail et les récoltes sont abrités sous le même toit et les bâtiments que l'on compte sur une carte détaillée sont autant de sièges complets d'exploitation; d'autre part, l'homme, le bétail, les récoltes se voient affecter des bâtiments distincts et isolés :

> « *La plupart des bâtiments sont bâtis sur le modèle ancien, à peine modifié. La persistance séculaire de la maison élémentaire est attestée par la survivance de quelques chaumières, parfois datées du XVIIIe siècles et conforme au type décrit. On a aujourd'hui augmenté les dimensions des bâtiments: les granges ont été agrandies, les toits surélevés sans changer l'aspect général de la maison. Quelques rares propriétaires victimes d'incendies ont rebâti, mais c'est une fantaisie récente de gens qui ont voyagé* » (Blache, 1924: 434-435).

La démarche de la Communauté de communes des Quatre montagnes du Vercors en matière d'architecture se résume en trois temps :
1. les élus se présentent à la commission de la Communauté de communes pour avoir son avis. Elle n'a pas d'autorité particulière, mais c'est simplement pour échanger avec différents élus qui font partie de la commission urbanisme.
2. la Communauté de communes fait un travail de pédagogie et de sensibilisation par le biais d'articles publiés dans leur bulletin au sujet du paysage et de l'identité. Elle fait un travail pédagogique « important » selon un interlocuteur.
3. La Commission Paysage visite l'ensemble des communes de son territoire avec des élus pour pratiquer *in situ* des analyses critiques sur l'architecture intéressante de manière à avoir un discours partagé sur l'architecture et le paysage de différentes communes.

Leur démarche s'ouvre à d'autres partenaires (CAUE et PNR) en cours de cheminement et n'est pas délibérément planifiée. Le moteur de cette marche collective est « la prise de conscience d'enjeux communs » entourant le thème de l'habitat.

À partir de cette constatation, les acteurs emboîtent facilement le pas en théorie, même s'il peut y avoir des divergences de point de vue. Il s'en suit des « montages », des « articulations » et autres projets « construits » *a posteriori*. Par exemple, les CAUE de la Drôme, de l'Isère et de la Savoie mènent finalement aussi une réflexion similaire sur « Comment construire aujourd'hui en moyenne montagne » conjointement avec les PNR de Chartreuse et du Vercors « *suite à une prise de conscience d'enjeux communs* ».

La Communauté de communes de Villard, le PNRV et le CAUE Isère constatent:
    a)   dans la plupart des communes des deux Parcs, les recommandations architecturales étaient destinées à éviter les constructions de styles exogènes et s'inspirent du bâti ancien (Document de travail, Commission Patrimoine et Paysage, PNRV);
    b)   des territoires ne sont pas couverts par des outils de planification et d'urbanisme, si ce n'est à l'échelle communale, à travers leur PLU (donc, sur cette question, les PNR ne sont point des acteurs directs);
    c)   le renchérissement du foncier conduit à un transfert des budgets de construction vers la charge foncière qui risque de s'opérer au détriment de la qualité architecturale. Il génère également une demande importante de logements locatifs.

La démarche de la Commission Paysage de la Communauté de communes de Quatre-Montagnes vise l'objectif louable consistant à éviter la banalisation du paysage bâti des territoires en sortant des standards banlieusards; de susciter une demande d'architecture de qualité proche de la nature; et, de favoriser une appropriation par les élus locaux et les différents acteurs du territoire de réflexions et de démarches de projet dans le domaine de l'architecture autour de nouveaux modes d'habiter. Ces objectifs se rapproche de ceux du Groupement pour la Consultance Architecturale dissout 25 années plus tôt, mais les moyens sont largement en deça.

Le document de travail édité en 2002 par le PNRV résume le programme d'actions portant sur la question « Comment construire en moyenne montagne ». Il n'a pas pour finalité de définir des prescriptions en matière d'urbanisme ou d'architecture (parce que les communes ont un mauvais souvenir du Groupement pour la consultance architecturale) mais de mener un travail de sensibilisation « en profondeur » pour fournir des moyens de réflexion et des méthodes d'analyse. Sont prioritairement ciblés les élus locaux et les maîtres d'œuvre, avec un élargissement au public scolaire et au grand public par le biais d'« outils » de sensibilisation adaptés. Les actions menées sont de quatre ordres:

i) constituer un référentiel de projets avec l'analyse d'une vingtaine de cas sur les Parcs incluant des visites d'habitations contemporaines et quelques cas de restauration;

ii) organiser un voyage d'étude sur un territoire de référence à l'étranger (organisation des contacts, rencontre avec les élus et les administrations et visite de réalisation);

iii) organiser des journées de sensibilisation / formation grand public et scolaire, à partir des matériaux constitués, des exposition, des vidéos, des présentation de projets par des architectes et des témoignages d'acteurs;

iv) en concertation avec les CAUE (Drôme, Isère et Savoie), chaque Parc proposera sur ses programmes opérationnels des actions d'expérimentation avec des communes volontaires.

Les actions menées par le Parc (2001-02) sont notamment :
- Inventaire patrimoine rural et patrimoine climatique
- Réalisation d'une matériauthèque
- Observatoire de l'évolution des paysages
- Documents de référence et cahier de charges Opération façades
- Journées de formations et d'information auprès des artisans.
- Conception d'itinéraire de découverte
- Création de classes découverte Parc "Patrimoine"

- Porter à connaissance dans les communes
- Mettre en place des outils de restitution pour l'appropriation par le grand public: débats publics, plaquette de sensibilisation, etc.
- Soutien financier aux études globales d'aménagement

Les initiatives de la Commission Paysage de la Communauté de communes des Quatre-Montagnes illustre en retour le fonctionnement du Parc post Groupement pour la consultance architecturale t post loi sur la décentralisation. Le moteur de cette marche est dorénavant la conscientisation quant à l'importance de la conservation du patrimoine comme la rénovation de chapelle et de lavoir en chanvre. Le Parc, comme la DDE et les délégués de communes, interviennent ainsi dans la Commission Paysage en participant à un travail d'analyse critique de l'architecture, et ce, lors de missions spécifiques.

Il est possible de penser que le PNRV assiste à la Commission Paysage, à titre de témoin, puisque les thèmes abordés sont au cœur de la mission des CAUE et que le fantôme du Groupement pour la consultance architecturale rode toujours. Ainsi, sur les questions architecturales et urbanistiques, le Parc est dans une logique d'accompagnement ou de « faire faire ». Cependant, en la matière, il est tout de même précurseur puisque la démarche Paysage est une pâle copie réactualisée (essentiellement à la lumière des recompositions territoriales) de la démarche du Groupement pour la Consultance Architecturale de 1975. Les esprits ont évolué pour mieux lentement accepter cette idée.

Avant de clore ce chapitre, il importe de retenir l'ampleur que prend l'arrivée de résidences (+ 18 007 bâtiments ajoutés au stock de résidences principales) en Chartreuse et en Vercors entre 1982 et 1999. Il existe des initiatives locales visant à limiter les impacts paysagers comme l'Opération Façades, les interventions sur les pignons lauzés et les sorties d'évaluation critiques des bâtiments. Ces projets demeurent marginaux face à la montée réelle de l'emprise urbaine. Cependant, la portée de ces actions ne dépasse pas les limites de quelques communes ou intercommunalités de Chartreuse et du Vercors alors que les transformations se produisent dans l'ensemble de ces massifs. C'est ainsi que de nombreux intervenants avouent être à court de moyens, d'appuis et de dessins communs.

Cette première partie de l'ouvrage était construite autour de l'idée de monturbanisation, ou de la moyenne montagne sous pressions touristique et urbaine. Il s'agissait de montrer au moyen d'une analyse de discours d'acteurs, d'images aériennes, de statistiques et de documents iconographiques comment l'urbanisation et l'affluence touristique se font sentir, tant directement qu'indirectement et comment elle sont considérées sur le terrain.

La monturbanisation n'apparaît pas d'un trait, mais elle se fait quotidiennement avec l'arrivée de formes architecturales exogènes et la dissémination de l'habitat dans l'espace parfois autour de noyaux existants et parfois de manière saupoudrée dans les pentes.

L'agriculture est en net recul mais les acteurs locaux (APAP) exercent une pression sur le Parc et sur les conseils municipaux afin qu'ils intègrent plus fortement leurs préoccupations dans des politiques agricoles actives. C'est surtout l'arrivée de la population (les touristes, les vacanciers, les visiteurs et la population permanente et temporaire) qui suscite le plus de questionnement parce avec elle multiplie les impacts tant négatifs que positifs. Il y a un apport financier indéniable du touriste urbain dans les commerces, les chambres d'hôte et les stations de ski mais à l'opposé les massifs atteignent rapidement un seuil critique d'absorption compte tenu de leur fragilité environnementale et de leur faible capacité relative à produire du développement patrimonial.

La résistance de l'outil Parc en moyenne montagne périurbaine est testée à son maximum face à l'ampleur (nature et rapidité) des mutations spatiales en cours. La recherche d'initiatives de valorisation patrimoniale par l'éducation et la sensibilisation du public produit des résultats difficiles à évaluer même sur une période de 25 années, comme en témoignent les actions du Groupement pour la consultance architecturale en 1975. Il s'agit là d'une initiative qui répond réellement à un besoin dans la mesure où la Communauté de communes en a repris les principes (25 années plus tard) pour mieux (re)donner une identité paysagère au canton de Villard parce que le Parc est plus, dans ce cas, dans une logique d'accompagnement.

PARTIE 2 GESTION MÉTROPOLITAINE DURABLE ET SES CONTRADICTIONS

Cette section traite du développement durable qui est fondamentale à l'outil PNR Il a été précurseur du développement durable en privilégiant, dès 1967, le respect de la nature tout en valorisant le développement de l'homme pour reprendre leur formule. L'analyse précédente sur l'arrivée du front urbain en moyenne montagne sous gestion de PNR montre un glissement entre les intentions d'un côté et les résultats de l'autre. Cette partie, sans faire l'apologie du développement durable, montre et explique les relations profondes (voire l'impossibilité) de la société marchande qui soumet l'environnement naturel.

Avant même l'apparition tambour battant de la doctrine développement durable, il est pourtant apparu que le développement allait fondamentalement à l'encontre de la protection de la nature dans la mesure où il puise son essor à partir les ressources naturelles. D'un autre côté, le plus optimiste croit fermement à l'apport positif des technologies permettant de limiter les contrecoups du développement sur la nature. Le discours PNR se positionne entre les deux lorsqu'ils abordent l'aménagement, la gestion et la planification territoriale visant tout à la fois le développement et la protection.

Dans quelle mesure produisent-ils du développement durable si, par exemple, leur image de marque attire de nombreux touristes qui contribue à la banalisation du paysage à des fin urbaine? Il s'agit là, certes, d'une question théorique à la portée réflexive infinie, mais le temps qui passe donne raison aux plus réalistes.

Ces pages abordent le développement durable à la fois comme un discours politique et technocratique nécessaire dont les finalités se matérialisent difficilement en gestes concrets ce qui somme toute ne respecte pas le principe d'équité sociale et de préservation de l'environnement. Il y a certes des exemples porteurs de projets de développement durable réussis mais en moyenne montagne péri-urbaine sous pressions touristique et urbaine n'est-ce pas le développement quantitatif qui l'emporte sur le développement qualitatif?

2.1 Espace rural entre aménagement et planification

Les PNR s'inscrivent depuis 1967 dans une logique de planification issue d'une politique de la Délégation à l'aménagement du territoire et à l'action régionale (DATAR) qui créèrent ainsi des espaces de détente à proximité des villes, pour les citadins.

Plus tard, en 1972, les PNR ont été qualifiés « d'outils d'aménagement fin » du territoire pour finalement devenir des lieux d'expérimentation de gestion de l'espace. Ils sont porteurs à la fois de principes d'aménagement, de gestion et de planification. Le paradoxe est aujourd'hui le suivant: les PNR participent originalement d'une logique de planification pour finalement devenir des territoires de projets sans pouvoir planificateur direct réel, mais à fort potentiel de mobilisation.

Parler de gestion de l'espace rural c'est implicitement faire référence à l'espace rural à petite échelle. Le *Courrier de la cellule environnement* (titre de la revue jusqu'au n°18 inclut) et le *Courrier de l'environnement* (titre depuis le n°19) de l'Institut national de recherche agronomique proposent (depuis ces douze dernières années) plus de 75 articles sous le thème de gestion de l'espace rural alors que l'aménagement et la planification ne sont point mentionnés[28].

---

[28] Ce classement est disponible sur le site: http://www.inra.fr/dpenv/cr.htm#espace_ru

Toulemon, (1990 : 51) résume les défis de la gestion des milieux ruraux :

> « *Parmi les nombreux problèmes que pose la protection de notre environnement naturel et qui sont en passe de devenir un enjeu politique majeur, celui de la gestion de l'espace rural est un des plus difficiles et des plus controversés. Les uns voient dans les agriculteurs les meilleurs gardiens de la nature tandis que d'autres dénoncent les agressions qu'ils lui font subir. Longtemps voué quasi exclusivement à l'agriculture et à la forêt ainsi qu'à la chasse et à la pêche, le territoire non urbanisé est l'objet de demandes sociales nouvelles nées du développement des loisirs et de la facilité des communications* ».

La gestion de l'espace pose la question des rapports entre l'Homme et la Nature, l'Homme étant le « gestionnaire » d'un Espace-Nature. Comme l'exposent Godard *et al.* (1992), la gestion présuppose que le devenir de l'objet Espace-Nature soit soumis aux projets, usages et préférences du sujet. Forcément ici l'Espace-Nature Vercors et Chartreuse ce en territoire non-urbanisé en voie d'être complètement soumis aux préférences des citadins.

Le domaine traditionnel d'application de ce concept d'espace rural (ou territoire non-urbanisé) est celui des biens matériels, meubles ou immeubles, résultant d'une activité de production ou nécessitant un travail pour être maintenus dans leur état utile par l'agriculture en l'occurence (Godard *et al.*, 1992: 324). Mais récemment, l'émergence de la notion de gestion se situe entre les thèmes de l'aménagement et de la protection, c'est-à-dire que la gestion de l'espace se définit comme une manière de faire qui veille tout à la fois à l'aménagement et à la protection du patrimoine culturel et naturel.

La gestion de l'espace se veut une façon de faire qui soit plus humble et moins sommaire du rapport au milieu physique que la philosophie aménagiste des années 1950. Elle se veut moins rationaliste que sa traduction anglaise *management* s'appliquant aux grandes organisations.

La gestion de l'espace telle qu'elle se conçoit en environnement part du principe que certains milieux ne doivent pas faire l'objet d'aménagements destructeurs de leur équilibre et de leur qualité, mais être gérés au moyen d'un ensemble d'interventions légères et ciblées. Cette conception idéalisée met en scène, par exemple, l'agriculteur en plein contrôle de ses moyens financiers, techniques et matériels, et ce, à un point tel que son activités première devient une activité ludique.

Il ne suffit pas d'aménager les milieux pour résoudre les problèmes. Il importe de mettre en place une gestion globale des milieux aménagés, faute de quoi déséquilibres, dégradations, dysfonctionnements et effets pervers viennent vite altérer le bilan de l'aménagement. Justement, faute de gestion globale et cohérente, la métropole Grenoble monte dans le Vercors et la Chartreuse. Ensuite, la gestion prend appui sur l'importance de privilégier davantage la préservation de l'environnement par rapport à la conservation. La préservation fait une place plus importante aux interventions humaines sélectives visant à réguler les dynamiques naturelles à protéger. Cependant, les analyses sur l'emprise croissante des routes en Chartreuse et Vercors montrent a contrario des interventions qui encouragent la monturbanisation au dépens des espaces naturels à protéger.

La gestion de l'espace quoi qu'elle ait un sens moins rationaliste et techniciste, demeure proche des expressions anglo-saxonne de « *land management* », de « *land management planning* » ou de « *land-use planning* » qui font aussi directement référence à des actions concrètes sur l'utilisation du sol à l'échelle communale (ou municipale)[29].

---

[29] Halseth (1996) et Allie (1999) montrent comment des groupes de citoyens sont parvenus non seulement à renverser des décisions des conseils municipaux face à des projets de développements urbains importants dans leur environnement proche, mais ont aussi proposé des options d'aménagement plus consensuelles et valorisant davantage l'environnement sur de petites surfaces.

Le *land management* passe par des procédés formels de gestion de l'espace tels qu'inscrits dans les lois sur l'architecture et l'urbanisme. La notion de gestion de l'espace insiste plus sur les aspects informels comme les échanges tacites de parcelles entre des agriculteurs. Dans les deux cas, il est question des multiples liens entre les sujets et les objets de la gestion (les objectifs visés, la perception des lieux et la volonté). Le concept d'espace (dans l'expression gestion de l'espace) prend un sens particulier d'objet géographique inerte mis au service d'une vision anthropocentrique qui tente de ne pas abuser de l'environnement selon la doctrine du développement durable.

Tous les objets spatiaux (eau, forêt, plantation, refuge, sentier et autres) contribuant à caractériser et à définir l'espace géographique sont susceptibles d'être gérés et ce, peu importe la terminologie employée: gestion de l'environnement, gestion du milieu, gestion du patrimoine et gestion du paysage. Ce qui varie essentiellement ce sont les champs sémantiques employés[30] au service d'une expression particulière puisqu'en définitive, ce qui change et est géré dans l'environnement, le milieu, le patrimoine et le paysage... c'est l'espace géographique!

Roux (1999: 30) explique les rapports entre les gestionnaires et leurs territoires d'interventions:

1. Les responsables de la gestion disposent de biens matériels à gérer (terres agricoles, forêts, sentiers...):. Ils peuvent en être, par exemple, propriétaires, locataires ou bénéficiaires.
2. Dès lors qu'il s'agit de gestion, les biens sont objet de

---

[30] Les différents champs sémantiques bien qu'ils concernent tous les rapports entre l'Homme et la Nature renvoient aussi à des rivalités entre disciplines académiques. Par exemple, les différences entre une gestion écologique des milieux naturels et une gestion patrimoniale des ressources naturelles sont minces et ces deux écoles de pensées constituent deux versions de préoccupations communes: l'épanouissement de la nature et de son utilité pour l'homme dans le respect de l'histoire passée, présente et future. Ce qui peut toutefois les distinguer ce sont les finalités des travaux. Les premiers militent pour une plus grande prise en compte de l'écologie dans les décisions publiques (passage d'un anthropocentrisme à un écocentrisme) (Dubos, 1972; Dorst, 1970) alors que les autres proposent une méthode d'analyse et d'aide à la décision (Mongolfier, 1984, 1987, 1990).

représentation, de préoccupation, d'attention particulière, de soucis et d'intérêt.
3. La gestion implique également une recherche d'avantages ou de convenances pour ses bénéficiaires.
4. L'obtention de cet avantage, suppose préalablement de la part des auteurs ou des commanditaires, une réflexion prospective conduisant à la définition d'objectifs, impliquant des choix et des pratiques à mettre en œuvre (en fonction de résultats escomptés ou fixés).
5. Il est possible de les gérer soi-même ou de les faire gérer.

Il existe en quelque sorte une gestion qualifiée de directe et d'indirecte D'un côté, l'instigateur, l'auteur et le bénéficiaire sont la même personne. De l'autre. l'instigateur, l'auteur et le bénéficiaire sont des personnes différentes, la gestion est alors déléguée. Entre les deux, une vaste de gamme de partenariats se conclue et ouvre la voie au bricolage de la monturbanisation.

L'espace se gère donc à partir des propriétés visuelles et d'apprentissages méthodologiques qui le caractérisent: par exemple, un agriculteur gère directement sa parcelle de terre en semant à certains endroits des plantes fourragères selon une méthode précise (parfois le seul à la connaître); et en laissant la friche gagner du terrain à d'autres endroits lorsque nécessaire. Un conseil municipal peut gérer l'utilisation du sol de sa commune en autorisant certaines implantations industrielles à un endroit plutôt qu'à un autre, de même qu'il maîtrise concrètement l'évolution de l'occupation du sol en privilégiant certaine densité d'habitation (encore faut-il que la commune voisine adopte une approche similaire en vue de créer une cohérence globale à une échelle d'intervention qui finira par devenir pertinente.

La planification concernera une phase de la gestion pendant laquelle il y a production d'un plan graphique. L'idée de gestion sous entend une participation active quotidienne (quasi spontanée) aux processus de transformation spatiale. La gestion se dit directe lorsque l'acteur agit lui-même sur l'espace pour son propre compte, et est, par conséquent, indirecte lorsque l'acteur fait agir quelqu'un d'autre à sa place pour atteindre l'état désiré selon des règles déterminées. Il est maître d'œuvre ou d'ouvrages ou alors il participe à l'un et à l'autre dans des proportions variables. Dans tous les scénarios conceptuels et théoriques, la figure de Prométhée domine.

En principe, la gestion ne se fait pas indépendamment de l'espace auquel elle se rapporte. Sauf que l'espace de référence n'est pas forcément le même pour tous. En ce sens, l'espace à des caractéristiques prédéterminées qui restreignent ou élargissent le champ des possibles de la gestion selon les propriétés du milieu et selon l'aire d'influence des gestionnaires. Certains espaces nécessitent plus d'énergies et de ressources pour être transformé selon les attentes et les besoins. Par exemple, l'entretien de terres agricoles peu riches à des fins de productions commerciales nécessite des infrastructures d'irrigations et des moyens de fertilisations extérieurs. La consolidation d'un sol argileux à l'aide de béton pour mieux accueillir des aménagements lourds nécessite aussi des investissements importants. Pour Véron (1996), l'espace géographique est « *une ressource à double facette* » qui offre des potentialités mais aussi des contraintes:

> « *En situation d'abondance, son utilisation ne pose d'autre problème qu'une éventuelle adaptation de ses caractéristiques à l'activité qu'il supporte, afin d'améliorer la production économique: nivellement, accès, réseaux... pour un espace bâti, remembrement, défrichage, drainage ou reboisement. Lorsque l'espace devient plus rare, notamment en milieu urbain ou périurbain, on voit émerger un souci de maîtrise de sa consommation* (…) » (Véron, 1996. 55).

Véron (1996) distingue ainsi l'espace-support de l'espace-fonction.

Dans le premier cas, il s'agit de l'objet inerte « espace », « doté de certaines caractéristiques, et dont la valeur dépend de l'usage qui peut en être fait en tant que support d'une activité économique »; dans l'autre cas, il s'agit d'une conception de l'espace qui « met l'accent sur l'existence de propriétés fonctionnelles spécifiques et intrinsèques à l'espace considéré ». Pour lui, ces caractéristiques peuvent être de nature biologique ou être le résultat d'exigences sociales à l'égard de l'espace: conservation d'un paysage ou prévention de risques naturels.

L'horizon spatial et temporel de la gestion de l'espace est celui d'acteurs qui font (directement ou indirectement) plus qu'ils ne projètent de faire. La gestion de l'espace s'inscrit la plupart du temps dans des pratiques ancestrales - l'*habitus* de P. Bourdieu dont il sera question plus loin - évoluant sur le long terme et qui sont fortement intériorisées. L'action apparaît ainsi automatisée et spontanée par rapport à la finalité du geste. Un des fondements théoriques majeurs de la recherche sur cette thématique est la pratique gestionnaire individuelle. Il correspond à un ensemble de pratiques et de tâches courantes relatives à leur domaine d'expertise inscrit dans des procédures routinières.

Certaines pratiques agricoles (savoir-faire et organisation du travail) survivent d'elles-mêmes de génération en génération par apprentissage et ces pratiques tendent à disparaître lorsque des populations nouvelles s'installent en campagne. À cet enjeu complexe, la réponse forcément simpliste consiste à maintenir en vie ces pratiques menacées de disparition. Elles sont importantes parque elles contribuent activement à la gestion de l'espace, mais aussi elles contribuent sinon davantage à devenir un produit touristique...

2.1.1 PNR et gestion concertée de l'espace

Les PNR préconisent « une gestion concertée de l'espace » (FPNRF, 1997-f: 37, -h: 29; Fuchs, 1999: 4). Ils sont à la fois les gestionnaires directs et indirects de leur espace, ou plutôt des fragments d'espaces sur leur territoire parce qu'ils n'ont pas vocation à agir sur chacune des parcelles de leur territoire ni sur toutes les thématiques.

Leur mandat consistant à veiller au développement et à la protection du patrimoine culturel et naturel légitimise leur démarche en ce sens. Les PNR planifient d'où le paradoxe suivant: ils ont progressivement évolué pour devenir des « territoires de projet », sans pouvoir planificateur réel, mais à fort potentiel de mobilisation.

Selon les textes de loi fondateurs des PNR, ces derniers ont l'obligation de gérer l'espace. Il s'agit « *de protéger le patrimoine, notamment par une gestion adaptée des milieux naturels et des paysages* ». Les PNR « gèrent » du patrimoine parce qu'ils interviennent pour assurer la pérennité du caractère pittoresque des territoires les plus fragiles (zone de piémonts, estuaires et rivages lacustres, forêts et bocages qui sont autant d'objets spatiaux susceptibles d'être gérés) (Pontavice, 1984).

Dans la perspective des PNR, l'espace géographique constitue, à ce titre, un patrimoine à part entière pour plusieurs raisons d'une part, en tant que superficie ou étendue sans laquelle des activités patrimoniales ne pourraient exister et, d'autre part, en tant que support ou surface à la création de paysages patrimoniaux pour ne nommer que celles-ci. Pontavice (1984: 7-8) constate que ces territoires requièrent à cette fin, une intervention humaine permanente et que cela passe par le maintien d'une population agricole en activité « *pour pouvoir assurer sainement la gestion de ce patrimoine naturel* ».

Les PNR appliquent aucune réglementation contraignante sauf celles librement consentie par les signataires de leur charte constitutive d'où l'expression de gestion concertée de l'espace rural. Cette philosophie rejoint à plusieurs niveaux la gestion informelle de l'espace en orientant les pratiques plus qu'en en instituant de nouvelles (MMED, 1997). Selon le discours propre aux PNR, toutes les actions de protection doivent être préparées et soutenues par une campagne de sensibilisation et d'initiation des jeunes, des adultes et de tous les décideurs dont les Administrations et les élus.

Par exemple, le rôle essentiel de l'équipe technique d'un PNR est d'être en permanence sur le terrain pour parer à l'émergence des dangers et en faire comprendre à tous les conséquences à long et moyen terme (d'où la thématique de gestion de l'espace dans les PNR).

2.1.2 Mise en marché patrimoniale

Pontavice (1984) soulève un point essentiel: le développement et la protection ne doivent pas être opposés. Ils doivent plutôt contribuer à trouver des alternatives au tout développement.

Lorsqu'il n'y a pas d'alternative, « *c'est toujours le développement qui l'emporte sur la protection* » pense Pontavice (1984). L'alternative en faveur de la gestion du patrimoine a une tonalité économique: Quel développement? À quel prix? Pour combien de temps? Avec combien de personnes? La philosophie de gestion des PNR est de prouver aux décideurs (élus locaux notamment) que la qualité du milieu naturel peut être un facteur important de développement économique et que l'exploitation « en bon père de famille » des ressources naturelles est un placement sûr.

La gestion de l'espace par truchement de sens devient la gestion du patrimoine susceptible d'être mis en marché. Cette gestion patrimoniale ne passe pas par la création de législation ni de réglementation nouvelles. Pour Pontavice, il « suffit » de créer un état d'esprit à partir des moyens législatifs et réglementaires en vigueur pour entraîner une dynamique de gestion du patrimoine qui converge vers le double objectif de développement économique et de gestion du patrimoine naturel.

Dans la philosophie Parc, la gestion passe par une sensibilisation des élus locaux sur lesquels repose l'autorité décisionnelle. La gestion passe ainsi par des actions concrètes s'inscrivant dans l'espace comme la valorisation du savoir-faire populaire lié à l'architecture traditionnelle, l'agriculture, l'eau et la foresterie. Ce savoir-faire populaire devient le produit qui fait vendre et attire les touristes selon les conditions de succès du marketing territorial.

L'arme principale est la parole et les compétences de l'équipe du Parc et cela, soit pour faire eux-mêmes des actions en partenariat avec les acteurs locaux, soit en « faisant faire » les acteurs locaux après discussions sur le caractère bien fondé des actions. Chacun tire ainsi son épingle du jeu.

Pontavice (1984) cite la création de Réserves Naturelles dans les PNR de Bretonne, de Corse et du Vercors comme un exemple de volonté des collectivités locales de gérer et d'assurer la pérennité d'un biotope d'intérêt national. Pour lui, ces diverses actions s'inscrivent « *dans le contexte plus général de l'aménagement global d'un PNR planifié par une charte constitutive* » à laquelle adhèrent des élus locaux. Ces volontés de « sensibilisation » et « d'initiation » et la présence permanente sur le terrain risquent fort souvent de rester au stade de vœux pieux si le dialogue est difficile avec les signataires de la Charte et les usagers.

Les actions de gestion émanent ainsi d'un pouvoir local (élus, associations, groupements locaux et résidents) que sensibilisent les PNR à l'aide de moyens d'information et de formation au moins en théorie.

La Région Rhône-Alpes, (1994) réaffirme son attachement à ce que les PNR oeuvrent à une gestion patrimoniale du territoire. Le Parc du Vercors, par exemple, fonde sa politique sur le principe de la gestion patrimoniale soucieuse de la conservation de la biodiversité, des paysages et des patrimoines culturels[31].

---

[31] Les trois autres principes de la politique du PNR du Vercors sont: une politique globale de développement durable qui répond aux besoins de la population et se fonde sur la mise en valeur de son patrimoine d'exception; une politique solidaire favorisant la coopération entre collectivités membres du Syndicat mixte, s'ouvrant aux échanges; et une politique d'essaimage et de participation active au réseau régional des PNR ainsi qu'à la FPNRF.

La Charte du PNRV (son document 1) définit des plans de gestion en vue d'une maîtrise d'ouvrage Parc pour des zones majeures d'intérêts écologique et biologique (zones de nature) définies au Plan de Parc (art. 5: Gérer le patrimoine naturel, pp. 26-27). Dans les autres espaces remarquables[32], hors zones majeures d'intérêts biologique et écologique[33], les orientations de gestion des milieux sont conseillées par le Parc aux gestionnaires et par convention dans les cas d'intervention de fonds publics (mesures agrienvironnementales, sylvo-environnementales...) avec les propriétaires.

En ce qui à trait à la gestion des espèces, le Parc du Vercors s'engage à réduire les nuisances que peuvent apporter certaines populations animales (surpopulation de chevreuils) et de conforter certaines populations par des modifications de pratiques. Cet engagement se traduit par une volonté de gestion « coordonnée » des activités humaines comme la gestion des milieux, les prélèvements d'espèces et le contrôle des fréquentations ayant un impact sur les populations animales.

Par ailleurs, dans le Parc du Vercors, la gestion passe par une meilleure connaissance du milieu (article 9 de la Charte constitutive 1996: 29-30) mise en place au moyen de projets de recherche.

Parmi ceux-ci, il y a le programme Eau, préparant le Plan Eau du Vercors (la création des cartes hydrogéologiques); l'étude des pâturages d'altitude et le plan de gestion de la réserve naturelle; l'inventaire et la

---

[32] Ces autres espaces remarquables, stipule la Charte du Vercors, sont les biotopes d'espèces remarquables (galliforme de Montagne, avifaune des falaises), le milieu souterrain, les biotopes liés à l'eau (zones humides, ripisylves de la Bourne, cours d'eau riches en espèces comme l'écrevisse à pieds blancs...), les zones à grande richesse d'espèces végétales protégées, rares ou endémiques du Vercors.

[33] Les zones majeures d'intérêts biologique et écologique sont les Hauts-Plateaux du Vercors en Réserve naturelle et les crêtes orientales et méridionales du Vercors, le plateau de Sornin à l'extrémité septentrionale du massif du Vercors, les gorges de la Bourne, les plateaux du Vercors occidental formant des pelouses orchidées et lisières, les pelouses et habitats rocheux du rebord méridional, les sources et habitats rocheux de la vallée de la Vernaison et des Goulets incluant les reculées de Combe-Laval et du Val Sainte-Marie.

cartographie du milieu naturel menant à une définition et une application de mesures agrienvironnementales et à la création d'un plan de gestion d'espaces sensibles relatifs notamment au plateau Sornin; et enfin, l'inventaire du patrimoine iconographique ainsi que de la mémoire orale du Vercors.

2.2 Charte : boîte à outils des paysages

La Charte contient un ensemble d'autres mesures destinées expressément à la gestion du patrimoine culturel et naturel de son territoire se rapportant à des objets spatiaux comme les milieux agricoles et forestiers. La gamme des domaines touchés est vaste: agronomie, écologie, foresterie, géologique, urbanisme ... tout comme les objets spatiaux à gérer (bâti, déchet, eau, faune et flore.).

La finalité de la gestion, à savoir assurer le développement et la protection du patrimoine culturel et naturel, mérite une discussion sur les moyens de la gestion à l'œuvre particulièrement dans les PNR Or, il existe une très grande variété de moyens économiques, législatifs, politiques et techniques selon les objets spatiaux de la gestion.

À ce sujet, la FPNRF (1999) propose une « boîte à outil » destinée à « *tous ceux qui veulent agir en faveur d'un paysage de qualité* » dans les PNR particulièrement. On y retrouve une vingtaine de problèmes paysagers à traiter allant des « Boisements intempestifs », aux « Ruisseaux et fossées abandonnés » en passant par la « Parcelle agricole menacée d'abandon ». Différentes méthodes proposées informent sur les moyens de gestion des espaces agricoles, boisés, bâtis et les paysages du « dimanche ». Par exemple, l'ouvrage propose d'entretenir les espaces ouverts en apportant une aide financière directe aux agriculteurs avec la mise en place « d'opérations locale » (p. 10). De l'aide financière est disponible grâce aux « opérations locale », maillon important du programme agri-environnemental (en application du règlement UE 2078/92 du 30 juin 1992).

Dans ce cadre, l'objectif poursuivi est d'encourager des modes de production plus économiques, d'améliorer l'occupation et la valorisation de l'espace rural, de réduire les sources de pollution agricole, de préserver la diversité des espèces et la qualité des paysages.

Ce dispositif implique la participation active des agriculteurs auxquels il apporte une rémunération complémentaire pour un service rendu à la collectivité, à savoir l'entretien de l'espace montagnard. Ces opérations locales font suite à l'article 19 du règlement U.E. 797/85 que plusieurs PNR (dont celui du Vercors) ont expérimenté à partir de 1989. À cet égard, les partenaires techniques sont, en plus des PNR, la DDAF, la Chambre d'agriculture et diverses associations concernées. Les partenaires financiers sont l'Union Européenne, l'État, les Conseils régionaux, les Conseils généraux et les communes dans des proportions variables selon les ententes fixées[34].

Les objectifs poursuivis sont de maintenir le maximum d'espaces ouverts et entretenus, de préserver ou reconstituer les paysages typiques, de préserver les milieux naturels intéressants et de rémunérer les agriculteurs qui assument ces missions.

Ce type d'opérations qui mériteraient de plus amples investigation témoigne des montages financiers et organisationnels possibles entre différentes structures administratives et politiques afin de mettre en œuvre des actions de gestion patrimoniale qui apparaissent comme autant de plaquettes promotionnelles. Le rôle du PNR peut être d'accompagner les communes et leurs groupements dans une démarche de qualité des aménagements (p.ex. la Commission Paysage de la Communauté de communes des Quatre-Montagnes). Ces exemples pourraient être multipliés mais serviraient peu le propos qui est de montrer comment et

---

[34] Ces opérations locales se déroulent sur des terrains propices à leur mise en œuvre initialement déterminés par la réalisation d'une étude préalable. Le choix des terrains repose sur des critères précis: difficulté d'exploitation à cause de la pente et de l'humidité notamment, de l'intérêt biologique et paysager.

pourquoi la gestion de l'espace se situe à une petite échelle (celle des pratiques gestionnaires sur le terrain) ou infraterritoriale, c'est-à-dire, se situant en deçà des limites géographiques du Parc.

2.2.1 PNR: outils d'aménagement fin

La notion de gestion de l'espace et du patrimoine naturel et culturel se réfère explicitement à des micropratiques sur le terrain. Celle d'aménagement se réfère, quant à elle, à l'organisation ou à la réorganisation des objets jugés susceptibles d'améliorer les conditions de vie de la population à l'échelle régionale à moyen terme. Les domaines d'interventions abordés sont aussi vastes que l'éducation, la santé , l'habat, l'environnement et le transport).

Cette volonté d'aménagement suppose une certaine philosophie de l'agir, et non du laisser-faire (Merlin, 1988) comme en témoigne la volonté de la DATAR d'inventer le concept d'aménagement PNR visant:

« [À] *équiper les grandes métropoles en aires naturelles de détente; animer quelques secteurs ruraux, notamment ceux qui seront le plus difficilement adaptables aux exigences d'une agriculture moderne; et, protéger enfin la nature et les sites, sur des ensembles suffisamment vastes* » (Guichard, 1966: 5).

En effet, *Les Journées nationales d'études sur les Parcs naturels régionaux*, ont eu lieu en 1966 sur l'initiative de la DATAR dans une volonté de définir les PNR comme une politique d'aménagement pour les espaces ruraux en difficulté tout en étant moins rigide que les Parcs nationaux.

Ainsi, la DATAR a constitué un groupe de travail interministériel d'étude des Parcs naturels et régionaux dont les missions étaient premièrement de concevoir un nouveau type de parc adaptable aux régions non concernées par les Parcs nationaux; et deuxièmement de dresser un premier inventaire des possibilités de création de Parcs en France et de suivre et enfin d'animer certains projets témoins[35].

Dès ces premières réflexions formelles, l'idée de PNR comme outil d'aménagement du territoire est retenue. Pour Guichard, le rôle des collectivités locales se devait d'être primordial dans l'établissement des PNR (Actes du colloque de Lurs, p. 10-11). « *Il s'établira tour à tour au niveau des consultations et de l'exécution* ». Aussi, le concept d'aménagement ne devait « *pas tomber dans le mini-parc* »[36] à l'image des parcs d'attraction bien qu'il soit « *possible que des réalisations locales s'insèrent dans d'autres de plus grande importance* ».

De plus, la DATAR souhaitait que « *plusieurs villes aient en*

---

[35] La création de la DATAR s'insère elle-même dans un courant de réforme administrative basée sur la reconstruction de la France avec son prédécesseur le Commissariat au Plan (créé par décret le 3 janvier 1946) dont il sera question au prochain point. Le Plan de modernisation et d'équipement 1947-1950, soumis à l'examen du Conseil des ministres a essentiellement pour objet: d'assurer un relèvement rapide du niveau de vie de la population, et notamment de son alimentation; de moderniser et d'équiper les activités de base (houillères, électricité, sidérurgie, ciment, machinisme agricole et transports); de moderniser l'agriculture; d'affecter à la reconstruction le maximum de moyens, en tenant compte des besoins des activités de base et en modernisant l'industrie des matériaux de construction et celle du bâtiment et des travaux publics; de moderniser et de développer les industries d'exportation pour assurer en 1950 l'équilibre de la balance des comptes. La base de départ sera ainsi créée pour entreprendre, dans une seconde étape, la transformation des conditions de vie et notamment du logement.

[36] Un maire, qui adhère à un PNR, a la possibilité de créer des mini-parcs dans sa commune. Le maire de Lans-en-Vercors réfléchit sérieusement à faire un parc animalier sur 100 hectares de type Zabruze comme en Italie. Il est clôt et cela ne correspond pas à la philosophie du Parc. Les animaux ne sont pas véritablement en liberté. Mais le Parc ne peut pas interdire. Ils disent: « *Nous ne sommes est pas d'accord. L'idée du Parc animalier est à l'étude. Il risque d'y avoir plusieurs désaccords entre nous et les vététistes, les randonneurs, etc. Nous sommes allés visiter le Parc des Zabruze et on pense attirer une clientèle importante. Il y a beaucoup d'amateurs qui vont sur les Hauts-Plateaux pour voir certains de ces animaux en vain. D'autres qui veulent voir ces animaux en liberté peuvent et pourront utiliser les services d'un guide (accompagnateur). Pour les autres, il y aura notre parc animalier. Je préfère que le parc [animalier] soit près de notre commune plutôt que perché dans les montagnes. Le Parc Zabruze est à quelques mètres des habitations. Il s'agit d'un parc national où il y a des lynx. C'est un concept qui ne coûte pas très cher. Pourquoi pas?* » (entretien, 25/6/2).

commun un PNR: Ce fut le cas, affirma Guichar, *pour Lille, Roubaix et Tourcoing: ce sera le cas pour Nancy et Metz, le futur Parc régional devant vraisemblablement se trouver entre ces deux métropoles. De toute manière, nous négocierons toujours avec les grandes agglomérations, les communautés urbaines, les syndicats intercommunaux, les districts* »[37]. Une autre idée centrale du concept est l'absence d'espace privatif créé par un Parc régional: « *celui-ci est ouvert à tout le monde* ».

L'absence d'espace privatif est une caractéristique à noter: le PNR n'est pas propriétaire de foncier ni ne peut envisager de clôturer des espaces. Enfin, une distinction fondamentale entre aménagement et gestion dans les PNR repose sur la place accordée au parc dans une logique d'emboîtement des échelles:

> « *La gestion de chaque Parc sera, selon le cas, remise à l'organisme le plus compétent. L'aménagement du territoire ne saurait être considéré comme gestionnaire. En matière de parc forestier, par exemple, nous comptons faire appel à l'Office national des forêts* » (Guichard, 1966: 11).

L'approche de gestion des PNR fut définie, à la lumière des points fondamentaux de la création des PNR, comme une répartition des rôles entre l'État, les Parcs et les acteurs des territoires Parcs.

Les propos de Guichard sont équivoques: dans une optique d'aménagement du territoire, l'État remet la gestion de chaque Parc à un organisme compétent (un Syndicat mixte obligatoirement). Le PNR se « territorialise » à travers l'aménagement. Ce n'est pas à l'État de gérer directement ce qui se passe dans les Parcs mais c'est à eux de s'autogérer en fonction de leurs particularités environnementales et techniques.

---

[37] Les PNR auxquels Guichard fait référence sont ceux de Scarpe-Escaut (créé en 1968, localisé à proximité de Lille) et de Lorraine (créé en 1974, localisé entre Metz et Nancy).

2.3 État aménageur pour PNR gestionnaires

La façon de gérer les PNR (et l'espace dans les PNR) fut conçue par l'État et cela avant même leur création officielle par décret.

Théry (1966: 179-184), auditeur au Conseil d'État à Lurs, a voulu faire en sorte d'assurer au PNR « *l'unité dans l'inspiration* » et « *la souplesse dans la mise en œuvre* ». Dans un premier cas, il fut nécessaire de recourir à deux types de précautions: « *d'abord, ne pas couvrir n'importe quelle action du « label » de PNR;* dans un deuxième cas, « *garantir, sinon l'autogestion, du moins la prise en compte du Parc par ses usagers* ».

Ces positions soulèvent la question de l'instance de gestion du Parc au sein même du gouvernement. Pour lui, la création d'un Parc concerne de multiples administrations et non uniquement un seul ministère qui puisse déterminer l'entière responsabilité d'une opération de création d'un P.N.R[38]. La meilleure solution était, à son avis, celle de confier à un comité interministériel le pouvoir d'accorder ou de refuser le « label ».

Le concept de PNR a été défini dans les hautes sphères de l'Administration française par un aréopage sensible au besoin de maintenir dynamique l'inspiration initiale des PNR Théry affirma:

> « *Mais il ne suffit pas de s'assurer, au départ, de l'orthodoxie du projet de parc pour lequel l'agrément est sollicité. Il faut encore faire en sorte que l'inspiration initiale se maintienne au cours des années. Il ne s'agit certes pas de la figer, de paralyser une évolution qui peut être bénéfique ou simplement nécessaire, il s'agit seulement de contrôler cette évolution* » (Théry, 1966: 180).

Les concepteurs des PNR ont senti l'obligation de dicter des structures de contrôle dépassant l'échelle du Parc en créant une culture et un discours

---

[38] Les évolutions subséquentes en décidèrent autrement: le renouvellement du label est bel et bien la responsabilité d'un seul ministère, le ministère de l'écologie et du développement durable.

Parc.

Si les finalités et la philosophie des Parcs furent clairement définies dans les premiers jours du colloque de Lurs, il restait à imaginer des moyens pour exercer ce contrôle.

L'idée d'un « fonctionnaire-tuteur » pour chaque Parc fut avancée mais laissée sans suite à long terme. Il s'agit d'un fonctionnaire d'Administration centrale, *intuitu personae* qui serait parrain de chaque PNR et qui veillerait à ses besoins financiers et techniques dans les moments opportuns. Le fonctionnaire-tuteur serait choisi en fonction des caractéristiques dominantes du Parc: Parc à richesse forestière confié à un fonctionnaire-tuteur forestier; Parc à richesse architecturale ou culturelle confié « à un administrateur civil des affaires culturelle ». C'est lui qui aurait la responsabilité de veiller à ce que le Parc respecte la philosophie du label. En définitive, c'est le ministère de l'Écologie et du Développement Durable qui incarne aujourd'hui la figure du fonctionnaire-tuteur.

Une seconde idée émise au moment de la création des Parcs par Théry a traversé trente-cinq années pour témoigner de la logique aménagiste en amont du concept PNR: « (…) *pour garantir la permanence d'un parc naturel régional, il est indispensable d'en organiser la prise en charge par les usagers eux-mêmes* » (Théry, 1966: 180). Il s'agit là de l'État aménageur pensant à des façons de faire afin que les PNR se gèrent par eux-mêmes au quotidien à l'échelle de leur territoire pertinent.

Les points importants de l'autogestion sont de ne pas imposer la création d'un parc depuis un bureau parisien; la nécessité de naître de la volonté consciente et éclairée des collectivités locales, d'un véritable choix politique local sur une méthode de développement; de vivre que de l'effort et de la foi des habitants et des usagers qui devront donc être étroitement associés à la gestion du Parc.

Il suggérait une prise en charge du Parc par ses usagers qui pouvait passer par différentes organisations locales regroupées dans une Association d'amis du Parc (avec divers représentants d'associations, des sociétés locales, des savants, des élus, des particuliers, des mouvements ou groupes de jeunes, *etc.*). Selon Théry:

> « *Ces précieuses structures locales pourront d'ailleurs prendre en charge elles-mêmes, avec une large initiative, la réalisation de telle ou telle partie du plan d'aménagement de leur Parc, et imaginer les moyens d'y insérer leur activité* ».

Théry insiste d'une part, sur la nécessité d'assurer une autogestion des PNR et, d'autre part, sur l'idée de plan d'aménagement. Initialement et encore aujourd'hui le Plan du Parc peut se concevoir comme un schéma d'aménagement des espaces ruraux.

Il n'a toutefois pas les moyens législatifs d'un Schéma de Cohérence Territoriale (SCOT) des agglomérations. Cet état d'esprit, visant la décentralisation des compétences et la délégation des tâches, était palpable lors d'une réunion du Groupe de Travail « Parc Naturel du Vercors » tenue en novembre 1969 (PNRV, 1969).

2.3.1 Avant-projet du PNRV

Quarante-cinq personnes d'horizons divers étaient présentes afin d'examiner l'avant-projet de Charte constitutive du Vercors : chef DDE Isère, représentant de la Chambre de commerce de Valence, directeur DDA Isère, président de la Fédération Départementale des Chasseurs, un lieutenant colonel, le chef du service académique de la Jeunesse et des Sports de Grenoble...

Des questions soulevées concernèrent l'Organisme Directeur du Parc. Initialement, un groupe d'étude visant à créer le PNRV a été formé par l'Administration. Il est vrai que le Vercors était un site pilote de la DATAR pour mener la politique Parc à la fin des années 1960. Lors de cette rencontre, Simonnet (Conseiller Général du Vercors) fit remarquer:

« (...) *il n'existe pas de syndicat mixte d'étude. Il y a un groupe d'étude qui a été organisé par l'Administration, mais il n'existe pas de syndicat représentant les collectivités locales (...) Les communes si elles sont informées, ne participent pas. En conséquence, des communes n'ont pas adhéré; or, on ne peut accepter que des communes se plient à la discipline du Parc, alors que d'autres la refusent. Le Parc ne peut vivre que s'il est un ensemble cohérent* » (PNRV, 1969-a: 4-5).

Le rôle de l'État aménageur a été déterminant dans la création du PNRV Par exemple, Patault, Préfet de la Drôme, rétorque au commentaire précédent: « *le syndicat mixte d'étude, s'il n'a pas eu de réunion constitutive, existe puisque ces statuts ont été approuvés par un arrêté du Ministre de l'Intérieur en date du 17 septembre 1969* ».

Le chapitre I art. 2 de l'avant-projet de Charte constitutive du PNRV daté d'octobre 1969 explicite les objets du Syndicat mixte de réalisation et de gestion du Parc. L'avant-projet de Charte du PRNR stipule (p.4) :

« *Le Syndicat mixte de réalisation et de gestion du Parc naturel régional du Vercors, maître de l'ouvrage, a pour objet de procéder à l'aménagement, à l'équipement, à l'animation et à la gestion du Parc selon le programme et dans l'esprit défini par la présente Charte qu'il s'engage à respecter et à faire respecter* ».

Cet avant-projet de Charte est signé par la Circonscription d'Action Régionale Rhône-Alpes et il semble que M. Simonnet, pourtant Conseiller Général du Vercors n'était pas informé de l'existence d'un Syndicat mixte dans le Vercors!

Dans son intervention au colloque de Lurs sur la création des PNR, Théry (1966: 182) aborde, pour terminer, les moyens juridiques des PNR naissants. Selon lui, les PNR devront « *avoir les armes suffisantes pour réaliser le plan d'aménagement prévu et protéger les sites qu'il renferme* ». On le constate, la notion de plan organise et structure le discours de l'État aménageur alors que sur le terrain du Vercors, les communes craignent devoir se plier à la discipline du Parc.

Pour parvenir à la réalisation d'un plan d'aménagement, Théry voit deux alternatives possibles: inventer une nouvelle législation ou appliquer la législation existante. Après quelques mises en garde, il opte pour une utilisation de la législation existante. Dans le premier cas, il imagine mal en vertu de quel princpe il serait nécessaire de créer une nouvelle législation afin d'instituer une planification spécifique aux PNR Selon lui, en effet, toute nouvelle loi viendrait générer des contraintes « *à une législation déjà fertile en ce domaine* (…) *la législation de l'urbanisme peut nous rendre de grands services* ».

En retraçant l'origine des PNR, il appert quel'idée de planification est antérieure à leur création ou plutôt que la logique gestionnaire s'est appuyée sur une certaine idée de planification en filigrane. Par exemple, avant les lois sur la décentralisation de 1982-83, le PNR pouvait se concevoir comme un groupement d'urbanisme.

Le décret du 31 décembre 1958, dans son article 8, confiait au préfet le soin de fixer les communes ou groupes de communes tenus d'avoir un plan d'urbanisme: les communes promotrices pouvaient donc, par arrêté, être inscrites sur la liste des collectivités en question. Elles pouvaient ainsi élaborer un plan et un règlement d'urbanisme pour leur groupement, en liaison avec le comité interministériel qui pouvait les guider dans le choix des dispositions à retenir. Théry (1966: 183) à Lurs envisageait même la rédaction d'un certain nombre de dispositions à insérer dans le règlement d'urbanisme des PNR.

Ce plan pouvait d'ailleurs prendre la forme d'un « plan sommaire d'urbanisme » institué par le décret du 13 avril 1962, et le Parc être constitué en zone sensible, où le permis de construire est en toute hypothèse obligatoire. Il s'agit là d'un vaste débat aujourd'hui non résolu. Le plan sommaire d'urbanisme et le Groupement pour la consutance architecturale du Vercors s'inscrivent ainsi dans un contexte de montée en puissance de la DATAR mais aussi avec, en parallèle, la montée des loi sur la décentralisation de 1982 et 1983.

2.3.2 Planification territoriale dans les PNR

Pour Friedmann, « *la planification représente, à l'extrême, l'action de la raison dans l'histoire* » (Intro. R.I.S.S., 1959). Or, les PNR étaient conçus, dès leur invention, comme un moyen de planifier l'aménagement du territoire français en priorisant leur proximité aux villes.

La planification est avant tout un exercice matérialisé de réflexion par un plan graphique et ensuite, d'action rationnelle (en l'occurrence l'aménagement). Elle passe par la création d'un plan signifiant à l'origine « dessin d'une contrée ».

Le sens retenu du mot planification, sous l'influence du mot italien *pianta* (désignant un espace occupé), est le « dessin d'un espace occupé » projetant de ce fait autant dans le temps et dans l'espace les propriétés attendues. La Charte constitutive contient un plan graphique destiné à spatialiser les orientations sur le territoire à l'image du bricoleur qui projete ses plans sur papier.

Ce plan des orientations du Parc sert donc en principe de référence aux autres documents d'urbanisme dans le Parc comme le stipule la *loi Paysage* de 1993 (il en sera question plus loin). Nizard (1972) distingue deux critères qui donnent un sens à la planification, la décision-plan et les pratiques planificatrices.

> « *L'élaboration de la décision-plan met l'accent sur la "rationalisation" d'un processus décisionnel qui peut être le fait d'un seul décideur alors que parfois les moyens et les objectifs rendus cohérents relèvent de plusieurs décideurs (le*

plan national étatique). Les pratiques planificatrices ainsi désignées sont elle-mêmes plus ou moins complexes: l'une est constituée par l'ensemble des politiques économiques étatiques effectivement mis en œuvre: cette pratique ne trouve que partiellement son principe explicatif dans la décision-plan» (Nizard: 1972:369).

L'expression anglo-saxonne *land planning* synthétise les deux idées principales sous-jacentes au concept de planification en cause ici à savoir:
    a) La production d'un plan graphique sur un support matériel (papier). Au minimum, deux couches d'informations s'y retrouvent. La première couche décrit l'état actuel de l'espace et la deuxième représente l'état souhaité dans le futur sous forme de symboles graphiques.
    b) La rédaction d'engagements qui explicitent les moyens envisagés pour passer de l'état actuel de l'espace à l'état souhaité. Cette phase implique nécessairement la production d'un échéancier afin de coordonner les actions.

Les engagements représentent une solution parmi d'autres privilégiées pour atteindre les indications du plan-graphique. Deux aspects de la planification sont fondamentaux: la visée spatiale et temporelle (comment et à quel endroit fixe-t-on des limites spatiales, quels sont les objets et objectifs de ces limites?); ensuite, puisqu'il s'agit d'un espace habité, il y a la question des moyens (comment opérer les modifications souhaitées?) dans le respect des principes démocratiques. Entre les visées et les moyens, il existe de multiples ruptures fondées sur des problèmes tenant aux techniques de planification (Barthelemy, 1973: 34). La prévision du futur, l'articulation des divers documents à des horizons différents, la traduction du système de valeurs et la mise en œuvre des choix se rapportent aux techniques de planification. Les ruptures quant à elles peuvent en particulier être fondées sur des problèmes tenant aux structures de pouvoir: notion d'« intérêt général » et rôle des administrations, partage des responsabilités entre les diverses autorités, distorsion entre aires de planification et autorités concernées pour ne nommer que celles-ci.

D'un point de vue technocratique, si le résultat escompté de la planification diffère de ce qui était prévu et bien c'Est forcément à cause... d'une défaillance technique. C'est ainsi que Certeau explique les ruses et les arts de faire des individus qui forcéement font dévier les plans initiaux.

Une ambiguïté des plans graphiques accompagnant les Chartes des PNR repose sur leur niveau de précision tant dans le graphisme que dans les orientations proposées. Pourquoi réaliser ce plan graphique si, non seulement, il est moins précis que les PLU mais qu'en plus il reprend les zonages fixés par les différentes collectivités tout en les réécrivant dans un autre langage?

2.3.3 PNR au sein de la planification à la française

Pour Nizard (1973:201), l'expérience française de la planification présente trois aspects principaux soit:

a) le processus de production d'un cadre de référence (unifié pour l'élaboration de décisions économiques et sociales);

b) le processus d'influence sur les principaux acteurs du système à réguler;

c) l'effort d'institutionnalisation politique des deux processus précédents.

Tant la création de la DATAR que la création des PNR par la DATAR s'inscrit dans dans les volontés de Paris de rééquilibrer le territoire français. Ainsi, la planification passe par un processus prédécisionnel (la production d'un cadre de référence, en l'occurrence le plan) et un processus d'influence (les moyens de mettre aux normes) (Nizard, 1972-a,-b, 1973).

Lors du processus prédécisionnel (la phase de détermination des problèmes cruciaux sur le schéma), « *la planification rassemble et tend à centraliser l'information disponible sur le système à réguler; elle provoque d'importantes quêtes d'informations nouvelles* » (Nizard, 1973: 201).

La planification crée des outils intellectuels (modèles, et indicateurs) afin de rendre l'information utilisable par le décideur (la phase Définition des normes générales pour l'action sur le schéma). Cette approche contribue à définir et à légitimer le cadre de référence et à expliquer les rapports entre les objectifs visés et les moyens à privilégier pour les atteindre.

De cette manière, les objectifs visés dépendent en partie de la nature des informations recueillies (de l'éclairage) et en partie de l'objet de la planification (il en est de même pour l'aménagement et la gestion).

Pour Nizard, le cadre unifié (que le Plan incarne) fait tout au plus suggérer une orientation aux actions :

 « *Le cadre unifié ainsi construit, est trop général pour prétendre orienter immédiatement la plupart des décisions des acteurs, il peut cependant tenter d'affecter la stratégie en fonction de laquelle ces décisions sont prises ou même la rationalité qui la sous-tend. C'est la fonction du processus d'influence que de faciliter une adhésion au modèle ainsi proposé* ».

Confrontés à ce nécessaire processus d'influence pour atteindre les objectifs fixés, les PNR ont choisis l'approche consistant à « convaincre et non contraindre ». Ainsi se synthétiser la question du niveau d'appropriation des Chartes par les élus locaux. De leur point de vue, quels sont les arguments qui expliquent la force d'un plan? Serait-ce leur PLU ou la Charte des PNR? La Charte (et son plan graphique) ne fait pas autorité sur le terrain face au PLU bien que la *loi Paysage* place la Charte au-dessus des PLU.

La logique gestionnaire des PNR, en dehors de la rhétorique du développement local, repose sur l'idée d'une planification des aménagements et des développements spatiaux dans le temps (sur une périodicité de 10 ans en lien avec le renouvellement de la Charte) sur leur territoire. « Tout cela est bien joli sur papier » s'exclament certains élus et techniciens de Parcs.

Sur le terrain, cependant, la portée du plan graphique de Charte a peu à voir avec la précision et la force légales d'un PLU ou d'un SCOT. Les principaux moyens sont contenus explicitement dans la Charte à savoir des engagements moraux des signataires s'engageant à promouvoir leur mission de développement socioéconomique et de protection du patrimoine.

L'emboîtement des échelles spatiales et temporelles suppose une gestion de l'espace (entre aménagement et protection) à l'échelle pertinente; des aménagements (entre développement et protection) à l'échelle territoriale du périmètre d'action du PNR; et une planification (entre aménagement et développement) à l'échelle supraterritoriale en rapport avec les dynamiques dépassant les limites géographiques du PNR comme, en l'occurrence, les métropoles périphériques.

La philosophie d'action des PNR recouvre les principes d'aménagement, de gestion et de planification. Ils ont initialement été conçus par la DATAR (1967) dans la droite ligne du Commissariat au Plan (1946) avec des principes de planification à l'échelle nationale (les PNR en guise de plan d'aménagement) et locale avec le plan graphique accompagnant chacune des Chartes.

Ensuite, la DATAR a favorisé les aménagements régionaux. Il a, à cet effet qualifié les PNR « d'outils d'aménagement fin du territoire » pour insister sur leur capacité d'intervenir à la parcelle près. Finalement, les PNR se sont rapidement aperçus qu'il était dans leur intérêt de valoriser les pratiques de gestion locales qui entretiennent le paysage par des savoir faire uniques difficilement reproductibles.

Une question se pose à savoir quelle place occupe les PNR au sein de l'administration française?

Est-ce vrai, en définitive, que leur vocation serait de s'occuper « des petits oiseaux » pour mieux laisser la place à d'autres collectivités territoriales? Dans ces conditions, la logique de planification encore à l'œuvre dans les PNR serait officiellement disparue. Certes, le plan graphique existe sur papier mais moins dans la vie quotidienne des élus. Quant à la logique d'aménagement, elle ne serait qu'une faible réécriture d'un large consensus et donc les orientations des Chartes suivraient les politiques communales plus que l'inverse à savoir les Chartes qui influence les politiques communales. Pour finir, à quoi participe la logique de gestion de l'espace plus récemment à l'œuvre dans les PNR?

La 1re version de la Charte PNRC, celle antérieure à la loi *Paysage* de 1993, était beaucoup plus directive et précise sur le thème « Urbanisation ». Son article 8 stipule:

> « *Les documents d'urbanisme (schémas directeurs et de secteur, POS) sont des outils d'aménagement du territoire qui peuvent modifier profondément la physionomie des paysages à court, moyen et long terme. En Chartreuse, il est impératif que les documents d'urbanisme organisent et gèrent, avec raison, l'équilibre entre les espaces naturels et ceux affectés à l'urbanisation.*

Les schémas directeurs et de secteur et les POS seront compatibles avec le Plan du Parc. Celui-ci décrit l'ensemble des orientations et mesures s'appliquant à l'urbanisme. Le syndicat mixte sera consulté lors de l'élaboration, la modification ou la révision de tout document d'urbanisme concernant son territoire.

Les documents d'urbanisme portant sur des espaces considérés sensibles à l'urbanisme (se reporter au Plan du Parc) devront faire l'objet d'un soin particulier quant au traitement du paysage.

Les permis de construire pourront être refusés ou n'être accordés que sous réserve de l'observation de prescriptions spéciales si les constructions sont de nature par leur localisation, leur aspect ou leur destination, à compromettre les orientations et les mesures de la Charte.

Les risques de perte d'identité architecturale liés à la pression urbaine existent: c'est le rôle de chaque collectivité de protéger et de sauvegarder un tel patrimoine. Le Parc préservera la création architecturale. L'architecture traditionnelle sera le moteur et source d'inspiration des architectures contemporaines :

> « *Des actions de conseil, de sensibilisation et d'information des différents publics (élus, particuliers, professionnels du bâtiment et de la construction...) seront engagées à cet effet, en liaison avec les CAUE. Elles se traduiront par la mise en œuvre de moyens humains (constitution d'un collège d'arcitectes-conseils " Chartreuse ", par exemple)* » (PNRC, 1995: I-33).

Cet article de la charte du PNRC reprend les obligations de la loi *Paysage* que tous les élus partageaient bien qu'ils n'aient pas voulu « entendre parler » de la constitution d'un collège d'architectes-conseils.

Le Plan du Parc auquel se réfère l'article 8 qui stipule: « Les dispositions d'urbanisme contraires à la protection du patrimoine naturel sont exclues » (PNRC: II-24-26). Mais sont cependant autorisés:
a) les activités, pratiques et équipements agricoles et forestiers permettant de pérenniser les pratiques actuelles et visant l'entretien du milieu;
b) les équipements légers d'accueil du public pour l'observation du milieu, de manière exceptionnelle, les équipements d'accueil léger (type refuge);
c) les travaux d'amélioration des équipements routiers sur les itinéraires existants (CD 30 par exemple) avec étude au cas par cas des enjeux d'environnement et prise en compte des impacts éventuels;
d) le tracé et les ouvrages prendront en compte les enjeux

biologiques de ces zones;

e) la réalisation d'équipements, d'aménagements ou de travaux permettant une protection contre les risques naturels est autorisée (chutes de pierres, glissement de terrain, crues...);

f) les zones ayant une justification paysagère, esthétique ou un aspect récréatif ainsi que les terres nécessaires au maintien et au développement des activités agricoles, forestières et pastorales seront préservées;

g) l'urbanisation se réalisera en continuité avec les bourgs et hameaux existants. Si la protection des terres agricoles, la préservation des espaces et du patrimoine ou la protection contre les risques naturels l'imposent, de nouveaux hameaux pourront être délimités. Ils s'intégreront alors dans l'environnement.

Ces autorisations corroborent nos observations en Chartreuse et en Vercors de la monturbanisation. Parmi ces orientations du Plan de Parc, la dernière est la plus délicate puisqu'elle est soumise à de multiples interprétations de la part du maire. Sa formulation est judicieuse dans la mesure où le maire ne se sent dorénavant aucunement contraint ni menacé dans son pouvoir décisionnel. Cette formulation a pris son sens avec l'adoption de la loi *Paysage*.

Au-delà d'une rhétorique séduisante, les PNR périurbains (et montagnards) ont-ils les moyens de leur ambition ou sont-ils condamnés à être des outils d'aménagement « fin » du territoire oeuvrant avec les moyens du bord? L'éducation, la sensibilisation et la mobilisation sont des façons d'influencer les pratiques sociales qui participent à la gestion mais puisqu'il y a consensus quant au contenu de la Charte, les PNR semblent suivre les dynamiques urbaines génératrices de mtropolisation plus qu'ils ne les influent.

2.4 Opposition entre développement et préservation

Les PNR visent l'objectif noble d'associer les impératifs de développement socioéconomiques et la protection des patrimoines. Si l'être humain est fondamentalement anti-naturel comme le défend Ferry (1992), alors le développement l'emporterait donc toujours sur la protection et ainsi progresserait l'habitat pavillonnaire?

Le sens du concept de développement a longtemps reposé sur une l'idée du progrès à l'image du monde biologique (le développement d'un embryon, le développement intellectuel et de développement végétal) évoluant sur un temps linéaire. Dans cette optique, selon les contextes sémantiques d'utilisation et les aspects qualitatifs et quantitatifs privilégiés, il est synonyme de croissance, de grandir, d'expansion, d'essor et de tout ce qui peut prendre une importance mesurable.

La définition du développement, entendu au sens des PNR, se situe à la frontière de l'écologie pour former l'écodéveloppement que Sachs (1993) définit selon les critères de la justice sociale, de la prudence écologique et de l'efficacité économique. Cette conscience d'un développement raisonné n'est pas récente. Il y a eu le rapport Founex de juin 1971 qui voyait dans « *l'environnement et le développement, les deux faces d'une même médaille* ». Cette dénomination fut dégagée lors de la conférence de Stockholm (1972) sur l'environnement humain de l'ONU pour explorer l'étroite relation entre le développement et l'environnement[39]. Une voie centrale fut alors définie entre les approches écologistes intransigeantes et l'économisme étroit, « *à égale distance des propositions extrêmes des malthusiens et des chantres de l'abondance illimitée de la Nature* » (Sachs, 1993: 14).

---

[39] La première proclamation de la conférence de Stockholm prône un écocentrisme: « *L'Homme est à la fois créature et créateur de son environnement, qui assure sa subsistance physique et lui offre la possibilité d'un développement intellectuel, moral, social et spirituel. Dans la longue et laborieuse évolution de la race humaine sur la terre, le moment est venu où, grâce aux progrès toujours plus rapides de la science et de la technique, l'Homme a acquis le pouvoir de transformer son environnement d'innombrables manières et à une échelle sans précédent. Les deux éléments de son environnement, l'élément naturel et celui qu'il a lui-même créé, sont indispensables à son bien-être et à la pleine jouissance de ses droits fondamentaux, y compris le droit à la vie même* ».

Pour les uns, le monde est déjà surpeuplé donc condamné au désastre, soit par l'épuisement des ressources, soit par la surexploitation des ressources non renouvelables. Les autres font confiance à une capacité fondamentale des Hommes à vaincre, par la technique, les raretés matérielles et les effets destructeurs des déchets de la biosphère. D'un côté, il y a effectivement la vallée de Grenoble saturée et cintrée de montagne avec, en guise de conséquence, les épisodes de pollution et la congestion automobile et, de l'autre, il y a les massifs du Vercors et de Chartreuse qui font de moins en moins office de remparts.

La déclaration de Stockholm et celle de Cocoyoc (PNUE et CNUED,1974,) lança effectivement un message d'espoir adopté par un ensemble d'organisations internationales.

En reprenant cette dichotomie, il y a d'une part, les tenants d'une approche qui considèrent l'Homme comme étant un débiteur de la Nature (donc selon leur conception, la Nature n'est pas à même de fournir indéfiniment à l'Homme les ressources nécessaires à sa survie); d'autre part, il y a les tenants d'une approche opposée selon laquelle le génie de l'Homme permet de surmonter les difficultés qu'il se crée en puisant des ressources à même la Nature.

En effet, la Déclaration de Cocoyoc de 1974 (soit 7 années après la création des PNR qui visait déjà l'équilibre Homme / Nature) lança les jalons du discours « Développement Durable » en soulignant la nécessité mais aussi la possibilité de concevoir et de mettre en œuvre des stratégies de développement socioéconomique équitables et respectueuses de l'environnement.

> « *The task of a statemanship is thus to attempt to guide the nations, with all their differences in interest, power and fortune, towards a new system more capable of meeting the "inner limits" of basic human needs for all the world's people and of doing so without violating the "outer limits" of the planet's resources and environment. It is because we*

believe this enterprise to be both vital and possible that we set down a number of changes, in the conduct of economic policy, in the direction of development and in planetary conservation, which appear to us to be essential components of the new system » (Déclaration de Cocoyoc, 1974).

Ce passage de la Déclaration de Cocoyoc souligne, dans un élan d'espoir, la finitude des limites terrestres quant à l'impossible croissance (entendue en particulier dans un sens quantitatiif) égale pour tous.

Qui plus est, cette déclaration de Cocoyoc définit la finalité du développement: développer les Hommes pas les choses, c'est-à-dire veiller à satisfaire les besoins essentiels à la vie dans le respect de la Nature et des générations futures. Toute forme de croissance qui n'atteint pas cette finalité n'est pas du développement. Les signataires de la déclaration rejetèrent l'idée selon laquelle la croissance économique doit se faire avant la distribution « judicieuse » des bénéfices.

À l'avis des signataires de la déclaration de Cocoyoc, l'important n'est pas tant la signification du mot développement que sa finalité: assurer une qualité de vie à toutes et à tous avec une base productive « *compatible avec les besoins des générations futures (...) moins exploitantes de la Nature, des autres et de soi* ». Sous cet angle, les PNR sont une réussite... comparativement à la réalité des pays en voie de développement. Le consensus règne quant à la nécessité d'harmoniser le développement économique et social avec la protection du patrimoine culturel et Naturel. Il existe des matériaux, des méthodes et des outils pour y parvenir comme la construction de maisons bioénergétiques utilisant des ressources renouvelables. Mais la question de l'utilisation généralisée de ces actions exemplaires locales reste posée aux générations futures et présentes.

Le débat opposant (et intégrant) développement et protection est lui-même insoutenable pris ensemble de front. Le recul historique et scalaire montre des rapports inégaux entre l'Homme et la Nature où le développement du premier se fait à partir du second. Ces deux mots développement et protection cachent des tensions économiques, politiques et sociales sous-jacentes qui orientent et structurent les débats en Chartreuse et en Vercors.

M. Faure[40] aborde de front les oppositions entre développement et protection particulièrement dans le Vercors où l'histoire joue un rôle important:

> « *Quand on rentre dans un territoire comme celui-ci* [le Vercors], *il conviendrait de remercier les ancêtres qui nous ont légué un territoire fabuleux, qu'ils n'ont pas dénaturé, qu'ils ont façonné. Les journées de Lurs quand elles ont définie en 1967 les thèmes des Parcs, était d'en faire des territoires d'exception, des zones pilotes, un endroit où l'on pouvait prouver que le développement économique et la protection de la nature pouvait se faire en harmonie. Aujourd'hui il convient de s'en rappeler et de se rappeler que les premières chartes des Parcs avaient été faites dans cet esprit de prouver que le France pouvait aménager son territoire comme elle avait pu le voir faire dans les Parcs. Il faut se rappeler de ces anciens qui ont disparus. (...) C'est-à-dire, cet immense territoire de 17 à 20 000 hectares où il n'y avait rien et qui était menacé de stations de ski... C'est cette association de sauvegarde des Haut Plateaux qui a donné naissance à Vercors Nature, avec la rencontre des agriculteurs qui ne voulaient pas se laisser déposséder de l'avenir de leur territoire, avec cette création de l'APAP. C'est vers cette action de consensus de gens qui venaient de l'extérieur avec des visions plus protectrices et puis des gens sur le territoire qui avaient des visions plus de développement que s'est créée cette notion de Parc* » (Faure, colloque, 16/12/0).

---

[40] Tiré du colloque du samedi 16 décembre 2000 à Autrans: Quel devenir pour le Vercors?. M. J. Faure est Sénateur et maire d'Autrans.

Les « visions plus protectrices » auxquelles se réfèrent J. Faure se rapportent à une ruralité conservatrice dans un espace d'exception où la présence du Parc participe à l'aménagement durable du territoire. La dynamique induite par les pressions touristique et urbaine vient jouer les trouble-fête: elle déstructure les territoires d'exception et questionne l'avenir même des PNR dans leur mandat et fonction en zone métropolitaine.

Les réflexions de Harribey (2003) sur les rapports du marxisme à l'écologie permettent d'éclairer la confrontation du développement et de la protection. Pour lui, cette question est avant tout écologique et sociale « *dans la mesure où la production capitaliste s'insère nécessairement dans un environnement matériel Naturel* » (p.6). Il est vrai que le phénomène de la métropolisation est un produit capitaliste. Dans cette perspective, la question écologique doit plus s'intégrer à la transformation des rapports sociaux capitalistes.

2.4.1 Développer contre la Nature

Marx et Engels sont les partisans d'un humanisme « prométhéen » qui oppose l'Homme à la Nature. Dans *La dialectique de la Nature*, Engels (1968) fait référence au « contrôle », à la « maîtrise » ou même à la « domination » de la Nature :

> « *Les faits nous rappellent à chaque pas que nous ne régnons nullement sur la Nature comme un conquérant règne sur un peuple étranger comme quelqu'un qui est en dehors de la Nature, mais que nous lui appartenons avec notre chair, notre sang, notre cerveau, que nous sommes dans son sein et que toute notre domination sur elle réside dans l'avantage que nous avons sur l'ensemble des autres créatures de connaître ses lois et de pouvoir nous en servir judicieusement* » (Engels, 1968: 180-181).

La Nature possède de ce fait une valeur d'usage; elle participe dans la formation de richesses comme dans le cas des agriculteurs qui en tirent une plus-value tout comme le spéculateur foncier qui attend la bonne occasion.

« *Le travail*, écrit Marx, *n'est pas la source de toute richesse. La Nature est tout autant la source des valeurs d'usage que le travail (…)* » (Marx, 1950: 18). L'idée est la production de valeur d'usage implicite à la satisfaction des besoins humains. Pour le marxiste l'accumulation du capital, des richesses et des marchandises comme but en soi tel est la source de l'exploitation de la nature.

Marx (1967: 366-367) avance que le capital contribue activement à créer une appropriation universelle de la Nature:
« *(…) la Nature devient un pur objet pour l'Homme, une chose utile. On ne la reconnaît plus comme une puissance. L'intelligence théorique des lois Naturelles a tous les aspects de la ruse qui cherche à soumettre la Nature aux besoins humains, soit comme objet de consommation, soit comme moyen de production* ».

La mise en scène de la nature participe à ce processus d'appropriation marchande de la nature. Cette appropriation contribue à rompre l'équilibre métabolique entre les sociétés humaines et la Nature en la débitant de ces éléments constitutifs (p.ex. les minéraux et les matières premières). A contrario, la réintroduction, par exemple, du vautour consiste à retourner à la nature ce qu'elle avait perdue, mais avec une valeur-ajoutée puisque cette réintroduction permet de vendre une nouvelle attraction touristique.

Marx se concentre sur l'agriculture et la dévastation des sols pour illustrer la rupture dans le système des échanges matériels entre les sociétés et l'environnement qui sont devenus contradictoires avec « les lois naturelles de la vie ». L'industrialisation de l'agriculture a accéléré cette rupture :
« *La production capitaliste (…) trouble encore la circulation*

matérielle (Stoffwechsel) entre l'Homme et la Terre, et la condition naturelle éternelle de la fertilité durable (dauernder) du sol, en rendant de plus en plus difficile la restitution au sol des ingrédients qui lui sont enlevés et usés sous forme d'aliments, de vêtements, etc. (…) En outre, chaque progrès de l'agriculture capitaliste est un progrès (…) dans l'art de dépouiller le sol; chaque progrès dans l'art d'accroître sa fertilité pour un temps, est un progrès dans la ruine de ses sources durables de fertilité » (Marx, 1969: 363).

Cette citation annonce l'agriculture productiviste qui place l'Homme au-dessus de la Nature en lui tirant des ressources productives. Après l'épuisement des sols, l'autre exemple de catastrophe écologique suggéré dans les textes de Marx et Engels est celui de la destruction des forêts.

Il apparaît souvent dans le *Capital* l'idée suivante: « *le développement de la civilisation et de l'industrie en général (…) s'est toujours montré tellement actif dans la dévastation des forêts que tout ce qui a pu être entrepris pour leur conservation et production est complètement insignifiant en comparaison* » (Marx, 1969, III: 630-631).

Les deux phénomènes (la dégradation des forêts et des sols) sont d'ailleurs étroitement liés dans leurs analyses. Dans un passage de la *Dialectique de la Nature*, Engels cite la destruction des forêts cubaines qui encourage la désertification des sols. Il s'agit pour lui de l'attitude immédiatiste et prédatrice de l'Homme envers la Nature. Cette exploitation s'inscrit dans l'« *actuel mode de production* » qu'il qualifie d'indifférent envers les « *effets naturels* » nuisibles de ses actions à plus long terme. Dans le *Capital* (vol. I: 566-567), Marx écrit: « *La production capitaliste engendre elle-même sa propre négation avec la fatalité qui préside aux métamorphoses de la Nature* ».

Si l'on accompagne Marx jusqu'au bout de sa pensée, le

développement économique basé sur un environnement de qualité (p.ex. le tourisme dans les PNR) produirait sa propre négation, c'est-à-dire la destruction de l'environnement en cause. Selon cette pensée, l'hypothèse est vraie à l'effet que la monturbanisation est un produit du développement économique qui tire sa richesse d'un environnement de qualité qui prend une réelle valeur foncière.

Selon Marx, « *la socialisation du travail et la centralisation de ses ressorts matériels arrivent à un point où elles ne peuvent plus tenir dans leur enveloppe capitaliste.* ». Il laisse ainsi entendre que les sociétés pré-capitalistes assuraient « spontanément » (*naturwüchsig*) l'équilibre entre les groupes humains et la Nature.

En ce sens, le marxisme prône déjà le principe de responsabilité (Jonas, 1992): l'obligation de chaque génération à respecter l'environnement, condition d'existence pour les générations humaines à venir:

> « *Même une société toute entière, une nation, enfin toutes les sociétés contemporaines prises ensemble, ne sont pas des propriétaires de la terre. Ils n'en sont que les occupants, les usufruitiers doivent, comme des boni patres familias, la laisser en meilleur état aux futures générations* » (Marx, 1969, III: 784, 820).

Cette fois, l'objectif de gestion « en bon père de famille » (expression chère aux PNR) insiste sur la façon dont l'Homme doit se comporter avec la Nature.

Le développement s'est effectué « à partir de » et non « en fonction de » la Nature. La satisfaction des besoins de l'Homme passe par son interaction avec l'environnement naturel et représente une caractéristique transhistorique de la condition humaine ».

La position du développement contre la Nature se réclame des

« limites naturelles » terrestres, c'est-à-dire de la capacité limitée d'extraire de la Terre des ressources non renouvelables selon une pensée malthusienne. L'étalement urbain en campagne se conçoit de la même façon soit à la manière d'une tache d'huile qui fait reculer la nature. Marx et Engels, situent le lien Nature / Société à des époques historiques et à des formes de société données sans jamais contredire leur idée première selon laquelle le développement de l'Homme se fait à partir de la Nature[41]. À cet égard, une réflexion empirique et théorique sur les limites naturelles du développement découle nécessairement d'une opposition entre la société et la Nature.

En ce sens, inspiré de Marx et d'Engels, Benton (1989) prône une position mitoyenne entre les « stratégies d'émancipation » sociales du développement et les limites naturelles de la protection. Le pouvoir conféré aux acteurs par un rapport social à un mécanisme ou à une condition naturelle se voit également imposer des bornes par cette même relation... à moins d'inventer l'eau en poudre.

Un approvisionnement en eau donné naturellement sous la forme d'une rivière est utilisé par une population humaine à la fois pour irriguer en agriculture et pour pêcher, et représente une condition de réalisation pour les deux pratiques, dans la mesure où ces deux pratiques satisfont des besoins ou des visées humaines. La combinaison d'une technologie

---

[41] Le journal *Le Monde* titrait (édition du 28 mai 2001): « Pollution: la croissance contre l'environnement » et donnait raison à Engels et Marx. Dans sa publication *Les Perspectives de l'environnement* présentées en mai 2001, l'OCDE tranche la question de savoir si la croissance économique, dans les pays développés, favorise l'aménagement de l'environnement. La réponse est non: « *La dégradation de l'environnement a généralement progressé à un rythme légèrement inférieur à celui de la croissance économique* » résument les experts de l'OCDE. Selon eux, « *les pressions exercées par la consommation sur l'environnement se sont intensifiées au cours de la deuxième moitié du XXe siècle et durant les vingt prochaines années, elles devraient continuer de s'accentuer* ». Comment expliquer ce phénomène, demande H. Kempte du journal *Le Monde*, qui contredit l'idée encore répandue selon laquelle la richesse favorise le respect de l'environnement? Et bien, « les effets en volume de l'augmentation totale de la production et de la consommation ont plus que compensé les gains d'efficience obtenus par unité produite. Ainsi, les nouvelles technologies contrent difficilement ces évolutions négatives.

socialement établie et de la condition naturellement donnée peut être considérée comme émancipatrice. Sauf qu'une fois ce schéma d'interaction établi, il ne peut continuer à s'appliquer que dans des conditions de limitation bien définies, par exemple en fonction de la quantité de poissons pêchés et de la nature des activités agricoles en amont de la rivière.

Dans cette perspective, les limites naturelles sont théorisées comme fonction de combinaison de pratiques sociales spécifiques et de complexes spécifiques de conditions, de ressources et de mécanismes naturels. Sauf que les avancées techniques elles-mêmes dans une approche capitaliste et politique concourent tout de même à rompre les équilibres naturels.

Selon Benton, les combinaisons de pratiques sociales en fonction de conditions matérielles constituent une véritable limite naturelle pour telle forme de rapport Nature / Société mais, pas nécessairement pour telle autre. En effet, comme l'expose Matthew (1976: 16-17), les différents rapports Nature / Société ne puisent pas tous également dans les limites naturelles:

> « *Les limites ne sont pas dans tous les cas - ou même dans la plupart des cas - des seuils explicites, prévisibles, discrets, qui, si on les dépasse, produisent des résultats catastrophiques, quelle que soit la manière dont on les aborde. L'image mentale ne devrait pas être celle du bord d'une falaise où un seul pas de plus nous fait plonger dans l'abîme. Le concept est beaucoup plus complexe et demande que l'on prenne pleinement en considération le rôle que l'Homme joue, en mettant des limites, puisqu'elles sont déterminées de deux façons: a) par la quantité de ressources existantes et les lois de la Nature; mais aussi b) par la façon dont l'Homme conduit ses activités au regard de la situation naturelle* ».

Ces limites structurelles peuvent être dépassées notamment par l'utilisation généralisée du recyclage et des ressources renouvelables en lieu et place de matières premières non renouvelables. La question est de prédire quand précisément cette utilisation va-t-elle se généraliser?

La « consommation » de l'espace rural à des fins d'urbanisation montre bien le caractère fini des ressources, en l'occurrence ici l'espace. Avec l'étalement urbain, l'espace vient à manquer pour installer diverses fonctions utiles à la vie quotidienne comme la production agricole, les aires de loisirs, les espaces ouverts et autres.

Depuis la publication du rapport Brundtland (1987), de nombreuses analyses ont montré les implications de la soutenabilité en termes biophysiques, éthiques, politiques et culturels avant les considérations économiques. Ces publications ont soulevé des ambiguïtés, des limites et des contradictions de ce concept tenant principalement à l'impossibilité physique d'une croissance économique planétaire perpétuelle.

2.4.1.1 Protection la culture et la nature contre le développement

Au sein des PNR, la perspective de la conservation intégrale à l'américaine peut être proposé en guise de solution à la vision marxiste des relations Homme – Nature.

L'idée de protection diffère de celles de conservation et de préservation synonymes quant à eux de « mettre sous cloche » (en réserve) des espaces où la présence de l'Homme est peu souhaitable et contrôlée afin de créer de véritables musées de la Nature sur le long terme. L'idée de protection sous-tend une philosophie de l'agir basée sur des principes de sensibilisation de la société et des décideurs à la prise en compte de la Nature et de l'environnement, à l'éco-citoyenneté, à la connaissance des milieux et à l'importance de combattre les pollutions et les atteintes au patrimoine naturel et environnemental. L'Homme est le bienvenu à condition qu'il respecte son hôte, la « Mère Nature ».

Parmi les domaines d'interventions de la protection il y a les milieux naturels, la faune, la flore, l'eau, les sols, l'air, l'alimentation, la santé, l'aménagement du territoire, l'énergie et les transports. Les principes qui régissent cette philosophie mettent en avant-plan une valorisation de la Nature, des milieux et des sites naturels, de la biodiversité et de l'ensemble des écosystèmes puisqu'ils sont considérés comme des patrimoines précieux et irremplaçables.

L'impact des activités humaines doit, selon certains points de vue médians, être mieux maîtrisé pour éviter des effets irréparables comme l'accumulation des déchets nuisibles à la santé. Le développement se mesure ainsi selon des critères de santé, de sécurité, de citoyenneté, de qualité environnementale (et notamment l'accès à une Nature diversifiée, à la tranquillité), de préservation du patrimoine écologique (biodiversité, les zones humides, les écosystèmes forestiers et montagnards, les landes et prairies extensives, les « poumons verts » des villes) et de beauté paysagère. Si des auteurs se retrouvent autour du terme « protection » et des principes généraux qui l'accompagnent, il n'y a pas pour autant consensus au sujet de la place à accorder à l'Homme dans son environnement naturel.

L'écologie radicale constate la nécessité d'une nouvelle philosophie et d'un nouvel ensemble de valeurs: comment établir un rapport avec le monde naturel? Et comment organiser les sociétés humaines face à l'impératif écologique? Ces principes de base sont synthétisés dans l'article tiré *The Shallow and the Deep, Long-Range Ecology Movement: A Summary* (Naess, 1973).

Certains auteurs (dont Naess, 1973) ont inversé l'anthropocentrisme issu de la révolution industrielle et scientifique représentée par Bacon et mieux encore par Descartes qui voulait que les Hommes sont des maîtres et des possesseurs de la Nature. Ainsi est apparut un biocentrisme dont les tenants de cette mouvance se réclament volontiers de la « communauté biotique » prônée par le biologiste Leopold dans son essai intitulé « *The Land Ethic* » paru dans *A Sand County Almanac* dès 1949.

Il en va de même de Serres (1990) qui, dans *Le contrat naturel* dote la Terre d'une personnalité juridique avec laquelle l'humanité serait unie par des liens similaires à ceux d'un contrat de mariage.

La difficulté de reconnaître en quoi le développement et la protection contribuent activement à mettre la Nature en scène se présente d'ores et déjà. En effet, puisqu'un courant d'action et de réflexion se situe entre le développement et la protection, c'est-à-dire protéger pour mieux développer et développer pour mieux protéger, l'Homme adapte la Nature en fonction de ses propres critères. Elle doit être belle et tranquille, soulever des passions romantiques et elle doit être sécuritaire en plus de rappeler l'histoire des lieux. Mais qui doit payer?

« *Il faut maintenant se rendre à l'évidence,* explique Dorst, (1970: 166): *la simple mise en réserve de certaines parcelles ne suffira pas à préserver la Nature. (…) On s'aperçoit en réalité à l'heure actuelle que l'Homme ne peut être dissocié des habitats naturels pris dans leur intégralité. Si l'on veut sauver la Nature sauvage - ou du moins ce qu'il en reste - on ne le fera qu'en intégrant celle-ci dans le théâtre des activités humaines* ».

La solution (que Dorst proposa en 1965) est « l'aménagement rationnel de la Terre » (p.168) faisant une place aux réserves naturelles intégrales où l'ensemble des communautés est conservé dans son état primitif; à l'opposé, des zones entièrement transformées, vouées à l'urbanisation, à l'industrie et à l'agriculture; entre les deux, une large gamme de milieux plus ou moins transformés, mais ayant néanmoins conservé une partie de leur équilibre primitif. « *Ces habitats assurent à l'Homme un rendement économique souvent important tandis que la survie de beaucoup d'êtres vivants y est assurée* » (p.168).

Dans la même veine, Dubos (1972) dans *Only One Earth: The Care and Maintenance of A Small Planet*, milite en faveur d'une gestion de la planète à l'image d'un foyer bien entretenu (le sens premier du mot aménagement) où règne l'harmonie entre les résidents et leur environnement naturel.

La vision de la Nature demeure anthropocentrique, c'est-à-dire un ensemble de relations physiques, sociales, économiques organisés par le prélèvement de ressources, d'usages, de voisinage, d'accès, etc. Ces relations entre l'Homme et le milieu *d*ans lequel il vit peuvent « *s'évaluer en termes d'utilité économique ou de qualité de vie* » (Passet, 1995: 16).

Dorénavant, les facteurs en cause dans l'atteinte des objectifs du développement et de la préservation ne sont plus seulement d'ordre économique ou écologique, mais aussi d'ordre esthétique et paysager qui doivent aussi demeurer d'utilité économique.

2.4.2 Nature mise en scène

Le développement et la préservation doivent certes être jugés acceptables sur les plans économique, environnemental et social comme l'explicite le concept de développement durable déjà en pratique dans les PNR « *Nous travaillons pour le présent, mais aussi pour les générations futures* » clamait M. Crépeau, Ministre de l'Environnement (1982) alors qu'il inaugurait une station d'épuration des eaux à Villard-de-Lans.

M. Crépeau a beaucoup insisté durant sa visite à Villard sur l'importance de telles réalisations, « *encore trop peu nombreuses en France alors qu'elles constituent, pour l'environnement et la qualité de vie, un bon placement pour l'avenir* » (Crépeau *in* Munz, 1982). Il a aussi souligné l'importance des PNR comme facteurs de développement et pas uniquement comme des sanctuaires de la Nature.

D'autres critères, d'ordres esthétique et paysager cette fois, viennent s'intercaler afin d'orienter les actions. Pour beaucoup dont M. Carlin, président de la Commission des Sites et de l'Environnement du PNRV, le premier patrimoine du Parc c'est le paysage. Il appartient à tout le monde, il ne faut pas le défigurer.

> « *Tout candidat à la construction doit avoir présent à l'esprit une règle essentielle: le paysage appartient à tout le monde. Depuis 30 ans, il a fallu loger, transporter, vendre, etc. Et presque toujours, la quantité, la vitesse, la superficialité ont pris le dessus. Le résultat est malheureusement facile à voir avec des constructions de lotissements (l'axe allant de Lans à Villard), des routes délabrées, des bâtiments industriels ou agricoles désolants, des maisons discordantes ou copiées sur d'autres pays. Moult matériaux, couleurs, proportions ou formes qui sont des reproches permanents à la beauté et à la simplicité de la Nature (…) La protection de la Nature certes, mais celle des vestiges de notre histoire, du savoir-faire des Hommes et des valeurs culturelles sont parmi les missions premières d'un PNR (…) Si l'élu ne peut plus considérer la Nature comme un simple support, est-il prêt pour autant à ouvrir la boîte de Pandore et laisser place à l'activisme humain, l'épanouissement dans la destruction et la création économique?* » (Carlin, colloque, 2/10/0).

Il y a d'un côté, la « simplicité de la Nature » comme l'expliquait M. Carlin et de l'autre, l'arrivée de cultures et de valeurs portant atteinte au paysage tant socioéconomique que visuel.

La volonté de réintroduire des espèces animales et végétales traduit bien ce désir de « faire » de la préservation dans des territoires où la présence de l'Homme est importante. La préservation n'est pas un geste passif dans ce cas mais elle est bien en ensemble de stratégies visant à faire de la Nature selon les préférences de l'Homme.

La réintroduction du bouquetin à partir de 1989 et du vautour fauve en 1999 dans le Vercors témoigne de finalités écologiques, économiques et sociales bien précises (ACEIF, 2001: 4):
- <u>Écologiques</u>: Restauration de la faune qui comporte un intérêt patrimonial. Le retour et le maintien du vautour fauve peut favoriser

le retour d'autres espèces disparues comme le vautour moine ou le vautour percnoptère.

- Économiques: Le vautour fauve est une espèce spectaculaire à forte valeur symbolique et elle constitue un atout pour le développement du tourisme Nature par l'observation et la formation de professionnels.

- Sociales: Rassembler les habitants du Parc autour du projet et favoriser une dimension festive entourant sa réintroduction.

Comme l'explique l'ACEIF: « ces *finalités ne sont pas des impératifs de résolution de problèmes locaux existants. La réintroduction du vautour fauve correspond plutôt à une logique de développement de « services » nouveaux* ». L'idée de service est centrale à la mise en scène de la Nature protégée puisque la conciliation d'objectif de développement et de préservation passe souvent par une obligation d'agir en fonction d'une clientèle cible (le touriste sportif). Ici, l'important est l'apparence sauvage d'une Nature authentique aménagée pour le plaisir de l'Homme:

> « *Une motivation particulièrement présente chez les techniciens du Parc initiateurs du projet* [de réintroduction du vautour] *provient du plaisir tiré de l'observation de la Nature et de l'importance symbolique de la présence du vautour fauve. (…) Son vol est donc un spectacle. C'est une image marquante qui peut facilement devenir le symbole d'un milieu naturel perçu comme authentique, d'autant plus qu'une valeur patrimoniale lui est attaché* ».

Ce projet de scénarisation de la Nature nécessite de surcroît un processus de mise en œuvre en arrière-scène comme l'importation de vautours, l'élevage dans les falaises et la collecte de carcasses; la promotion dans les journaux, à la télévision et sur des panneaux aux abords du site; les opérations médiatiques de lâchages de vautour… Il est aussi nécessaire de préparer le terrain en installant des volières, des équipements d'élevage en falaise et pour faciliter l'accès au site pour nourrir les oiseaux.

Cette démarche de réintroduction est par ailleurs expérimentale selon l'évaluation de l'ACEIF, c'est-à-dire qu'elle procède par essais et erreurs, en ajustant chaque fois les pratiques aux nouvelles données issues du suivi des oiseaux parce qu'en effet, les vautours peuvent voyager d'un site à l'autre dans une même journée.

L'idée principale est que la Nature est dans ce cas gérée en fonction d'attendus humains de valorisation du patrimoine; l'espace support et les éléments naturels qui y prennent place jouent à ce titre, le rôle d'objet malléable à l'image d'un acteur-bricoleur qui met en scène cet espace en fonction d'objectifs économiques, environnementaux et sociaux.

Dans cet exemple, l'initiative vise directement la reproduction d'un lieu à partir d'une idée de la Nature sauvage et de laquelle, les instigateurs comptent tirer différents types de bénéfices et satisfactions. Par ailleurs, ce type de service peut effectivement attirer des touristes dans un secteur isolé du Vercors moins pourvu en attraits que la partie nord. Qui sait, peut-être les visiteurs vont-ils allonger leur séjour en montagne et dépenser un peu plus d'argent?

La mise en scène de la Nature protégée peut aussi faire suite à de petits arrangements entre acteurs en réponse à de fortes pressions économiques qui viennent menacer le patrimoine naturel en faveur d'impératifs de développement économique. L'opération doit au mieux être rentable, ou au pire être à coûts nuls pour les partenaires.

Cette fois, la mise en scène de la Nature protégée n'est pas l'objectif principal, mais est plutôt la résultante entre des forces opposant les tenants du développement économique et ceux qui veillent aussi à la protection de la Nature.

Il ne s'agit pas de paysages feints qui se destinent à reproduire la

Nature originale. Il s'agit bien plus de redonner une apparence à la Nature qui soit en accord avec des critères de beauté, de bonté et de sécurité. Indirectement, une Nature mise en scène se produit en fonction d'impératifs humains comme l'activité sportive, le bien-être, le confort, la détente, le dépaysement, le ressourcement, la rencontre et la sécurité auxquels s'ajoutent les impératifs de développement et de protection[42]. Les gens cherchent, dans la Nature protégée et mise en scène, l'illusion du sauvage avec la garantie de sécurité pense Kalaora (1996, 1998).

Non seulement la Nature doit fournir les bases d'un développement économique et social ainsi que conserver sa beauté naturelle, mais de surcroît, elle doit être belle et sécuritaire. Par exemple, selon Kalaora, il faut une mise en scène de la Nature pour aider le public à la voir, « *car la fiction est plus émouvante que la réalité* ». À cet effet, les gens ont une demande pédagogique (dont l'installation de panneaux informatifs) qui semble plus procéder d'un imaginaire institutionnel qu'à leur capacité de se retrouver seuls face à une Nature sans bénéfique mode d'emploi pour la comprendre.

Cet imaginaire institutionnel veut que l'institution, puisqu'elle existe, doive un service telle la pédagogie; et inversement, l'institution fonde sa légitimité en partie sur l'offre de services à la population (ou aux visiteurs dans le cas des PNR). Selon Dubos (1980: 7), la Nature consciemment anthropisée comme la création de paysages apporte un sentiment de confiance parce qu'elle est réduite à l'échelle humaine contrairement à la *wildlife* qui invite à se mesurer à des instances supra individuelles et extra temporelles suscitant de l'inconfort. La moyenne montagne périurbaine est le théâtre idéal de création de cette nature anthropisée.

La Nature mise en scène est aménagée et conçue en fonction de

---

[42] Une raison de mettre en scène de la Nature s'explique par l'essor de l'économie touristique. La demande touristique exige une « commodification » de la Nature, c'est-à-dire de lui donner certaines commodités (p.ex. les aires de repos, les haltes piétonnières et routières, les pancartes pédagogiques et les sites d'observation) afin de rendre l'environnement naturel plus attrayant à des clientèles variées.

critères esthétiques destinés à l'accueil des visiteurs, à la réduction des risques de blessures et au dépaysement sans pour autant reproduire des parcs d'amusement. Toutefois, comme dans les parcs d'amusement, des acteurs œuvrent à réunir des conditions susceptibles de créer un sentiment de voir et de vivre la Nature sans pour autant qu'elle domine le visiteur au sens négatif.

Le développement et la préservation ne sont donc pas pensés directement en fonction du respect ou non de la Nature puisqu'il s'agit d'une cause acquise aux PNR Ils sont pensés en fonction du niveau de bien-être que ressent le visiteur dans un espace naturel, ce qui implique une reconstruction de la Nature selon leurs attentes et besoins.

La rencontre des objectifs de développement socio-économique et de protection de la culture et de la Nature dans les PNR est une approche louable en soi dans la mesure où des efforts de développement durable sont consentis. Entre le tout développement et le tout protection, il y a une vaste gamme d'initiatives et des pistes de réflexions envisageables. Quels secteurs d'activités valoriser? Quels patrimoines promouvoir et à quels prix? Faut-il pour autant exclure l'urbanisation de la réflexion?

Certes, l'avenir dira si la voie du développement durable donne finalement raison aux tenants du libre développement ou à l'opposé aux tenants de l'écologie profonde. Pour l'instant, les PNR de moyenne montagne périurbaine de Chartreuse et du Vercors sont au cœur de la problématique sans panacée en vue, mais uniquement des actions ponctuelles. Ils ont chacun une réserve naturelle témoignant du tout protection et sont tous deux soumis à de fortes pressions touristique et urbaine menant au tout développement.

De ce fait, ils témoignent l'idée de Nature anthropisée entre la Nature sauvage (réserve naturelle) d'un côté du spectre et la nature ordinaire de l'autre côté (friche agricole).

PARTIE 3 MONTAGNE DISNEYLAND

La dialectique du développement et de la préservation dans les PNR sous influence touristique et urbaine soulève, chez les acteurs locaux, des questionnements absolus et pratiques. Vendre son territoire, à des touristes par exemple, est-ce une façon de le valoriser ou de le détruire? Par ailleurs, la meilleure manière de vendre son territoire serait-ce de le protéger?

Confronté à ce questionnement, les acteurs de Chartreuse et du Vercors mettent de l'avant une série de rencontres publiques (dont il est cette fois question) pour mieux rendre compte de la position des acteurs locaux.

3.1 Bon 30e anniversaire PNRV

Une carte vœux résume résume à elle seule l'ambiance de festive, récréo-touristique, éducative, ludique et expérimentale qui règne dans le massif de Chartreuse et particulièrement dans le Vercors.

Cette carte de vœux (2000) du PNRV distribuée à l'occasion de son 30e anniversaire de création représente le sud du massif du Vercors selon l'axe Nord-Sud en regardant vers l'Est du côté de la Réserve Naturelle des Hauts-Plateaux. Le massif de Chartreuse se dresse à la gauche en deuxième plan, le Mont Aiguille à la droite et les Hautes-Alpes à l'arrière plan. Une scène est dépeinte où des personnages vaquent à différentes activités: planche des neiges, escalade, randonnée pédestre, montgolfière, traîneau à chiens et autres. Un géant vert bienheureux, positionné à l'entrée de gorges de la Bourne, expose fièrement une maquette où apparaît l'écriteau « *Architecture Contemporaine en Montagne* »; des marmottes, munies de gigantesques tampons estampillent avec amusement le logo du PNR du Vercors ça et là (dont un au pied du Mont Aiguille); des hôtesses distribuent gaiement des « carto-guides » sous des pancartes fléchées *Info Parc*.

Pendant ce temps, un loup joue à saute-mouton et un vautour apprend à voler alors qu'il est attaché à un parapente... On y voit aussi un agriculteur confortablement assis sur son tracteur arborant fièrement le drapeau de l'Association pour la promotion de l'agriculture; non loin de lui, un mycologue scrute le sol pendant qu'un traîneau à chiens passe à quelques mètres de là; un bouquetin perd pied (pattes) sous le regard mi-étonné mi-ravi de touristes montés à bord d'une montgolfière.

Cette carte de vœux représente l'idée que se fait le PNRV du massif avec des traits de nature sauvage et docile, des actions dédiées au passé (Mémorial de la Résistance), la volonté d'expérimenter des formes d'architectures nouvelles (en référence aux initiatives architecturales du CAUE Isère lors de la réalisation de la Maison de l'eau de Pont-en-Royans), un monde agricole accueillant et dynamique et des activités ludiques et sportives praticables à l'année.

Cependant, cette carte choque la Fédération des amis et des usagers du Parc du Vercors (FAUP) tant elle représente une réalité faisant office d'objectif à atteindre:

> « [La carte représente] u*ne vision de Disneyland plus ou moins naturel du Parc du Vercors où les habitants, les touristes et les acteurs de territoire (…) sont représentés comme une bande de joyeux " schtroumfs " surfréquentant le Vercors* » (Le Lien #4, p.4).

Cette image traduit des initiatives du Parc en matière de développement et de préservation de l'agriculture, du tourisme, du patrimoine et d'expérimentation. L'image le trahit aussi dans la mesure où le massif est perçu comme un espace de « tout et de n'importe quoi » à force de répondre aux diverses demandes d'espaces de tranquillité, de produits agricoles certifiés, d'exemplarité et d'accueil touristique.

Cette affaire de la carte de voeux témoigne des questions insolubles *a priori* que se posent les acteurs locaux en matière de développement et de préservation et elle témoigne aussi des changements spatiaux en cours avec l'arrivée de population externe. La tâche à accomplir consiste à mieux comprendre comment et pourquoi les acteurs locaux bricolent dans de telles conditions même si des réponses forcément partielles émergent.

3.1.1 Devenir de la montagne

À l'automne 2000, le PNRV a organisé cinq conférences dont l'objectif était de réfléchir sur le « devenir du territoire de moyenne montagne », Ces conférences étaient intitulées:

Se vendre ou se protéger?
Marketing touristique et logique culturelle

Conserver ou créer?
Le patrimoine : bâti, paysage, nature, aménagement

S'ouvrir ou se fermer?
Histoire et composantes socio-économiques des populations du Vercors

Standardiser ou innover?
L'exploitation des ressources agricoles, pastorales et forestières

Quel devenir pour le Vercors ?

Ces conférences témoignent de la préoccupation pour le développement et la protection sans pour autant compromettre l'identité culturelle et paysagère.

Cette même année 2000, les Amis du Parc de Chartreuse (APC) et le Parc de Chartreuse organisent une rencontre sur le thème « *Développement durable et dynamiques territoriales* » alors que deux défis se présentaient à eux: le premier avait trait à la traduction concrète dans le massif de Chartreuse des principes de développement durable qui devraient inspirer l'action des Parcs; l'autre était « vraiment spécifique » à la Chartreuse, petit massif entouré d'agglomérations urbaines en plein développement.

Selon les APC, une dynamique de territoire en Chartreuse ne peut se concevoir sans la recherche de complémentarités et de solidarités avec les agglomérations aux portes du massif. La question alors posée consiste de comprendre comment cette solidarité peut-elle s'exprimer dans un projet de territoire équilibré et durable?

Cette autre série de deux conférences(organisées par les APC cette fois) regroupent un ensemble d'enjeux pour les massifs périurbains de moyenne montagne à savoir le tourisme, l'agriculture, les ressources naturelles et les dynamiques territoriales. Comment les acteurs de terrains bricolent-ils de l'espace face à ces enjeux tout en visant des objectifs de développement et de préservation?

3.2 Tourisme: enjeu de développement et de préservation

Des questions essentielles se posent aux acteurs de Chartreuse et du Vercors sont: faut-il vendre les atouts patrimoniaux de Chartreuse et Vercors afin de profiter d'apports économiques importants notamment en matière touristique ou les protéger à tout prix au risque de créer du sous-développement?

En contrepartie la protection ne constitue-t-elle pas une façon de faire du développement à plus long terme? Si la conservation est valorisée, dans quelle mesure cela peut se faire aux dépends de la création innovante? L'ouverture (économique, sociale, géographique...) d'espaces comme la Chartreuse et le Vercors a de bons et de mauvais côtés selon que l'on opte pour la croissance quantitative ou qualitative bien que la convergence des deux soit possible sous certaines conditions.

Ces mêmes questions se posaient déjà en 1977. Le PNRV demandait sous la plume de Pillet[43] si le tourisme était la seule bouée de sauvetage pour le Vercors? « *Presque tout le monde s'accorde pour dire que la priorité des priorités, c'est l'économie agricole et pastorale à sauver, pour des raisons à la fois humaines, économiques et écologiques* ». Cette

---

[43] M. Pillet était président du PNRV à ce moment. Il fut de retour à la présidence du Parc en 1998 et ce jusqu'à aujourd'hui, en plus d'occuper la fonction de maire de Pont-en-Royans.

affirmation garde toute sa pertinence et continue d'interroger quant aux retombées concrètes et aux moyens pratiques de mise en œuvre puisque lors des conférences des 30 ans du PNRV en 2000, les inquiétudes côtoyaient le fatalisme (même s'il y a eu des actions concrètes positives entre temps)[44].

Déjà en 1977, au sujet des moyens de parvenir à la valorisation de l'économie agricole et pastorale, les avis étaient souvent divergeant :

> Pour Pillet, le territoire du Parc est surtout caractérisé par:
> - La discontinuité de l'espace ou sous-occupation de l'espace par les habitants qui engendre des liaisons difficiles et coûteuses par habitant.
> - La discontinuité des actions dans le temps avec les activités saisonnières du tourisme qui n'utilisent que quelques mois des équipements plus ou moins lourds et coûteux et avec le ralentissement des activités agricoles en hiver.
> - La discontinuité dans la population qui se gonfle selon les impératifs de l'actuelle organisation des loisirs: week-end, saison d'été, saison d'hiver et ne s'insère dans la vie locale qu'à travers des rapports de clientèle ou par la pression foncière.

Les tendances actuelles, précisait Pillet en déjà 1977, encouragées,

---

[44] La transformation de fermes en Gîtes Panda (un label nature) est l'une des ces expériences favorisant la pluriactivité dans le monde rural. La pluriactivité en montagne, B. Begou connaît: il est à la fois agriculteur, accompagnateur de moyenne montagne, moniteur de spéléologie, initiateur d'escalade et guide interprète nature. Il a ouvert un gîte / ferme à Choranche, devenu Gîte Panda, un label nature décerné par les Gîtes de France, World Wildlife Foundation et la Fédération des PNR de France (Pelay, 1995). Il y a eu aussi l'opération d'aménagement foncier des Quatre-Montagnes (de 1984 à 1989), « une bonne nouvelle pour l'agriculture des Quatre-Montagnes » agréé par les pouvoirs publics. L'opération visait quatre objectifs: 1- incitation à la libération foncière; 2- incitations aux échanges amiables de parcelles; 3- incitation à l'organisation des propriétaires pour le drainage des vallées de la Bourne et du Méaudret; et 4- aides aux travaux d'amélioration foncière (PNRV, 1984: 3).

subies ou vainement combattues par les forces locales, accentuent le caractère de discontinuité de l'espace géographique et économique:
- Dans le domaine agricole, la transformation des agriculteurs en jardiniers de la montagne non rémunérés ou en spécialistes d'élevage parce que les seules zones pentues où plusieurs seront conservés pour cette spécialité au nom de la rationalité de l'économie agricole.
- Le développement de l'industrie touristique procède d'investissements et de priorités souvent étrangers aux intérêts locaux et présente des impératifs de rentabilité immédiate rarement compatibles avec l'écologie et les équilibres locaux.
- Le tourisme social outre qu'il reste le plus souvent au stade de l'intention en raison d'une rentabilité à trouver, est encore très exclusivement pensé et organisé en fonction de la clientèle et de l'accueil et non de la région d'accueil. Il est rarement intégré à la vie locale en dehors des rapports commerçants.
- On peut faire les mêmes remarques pour les résidences secondaires dont le développement accentue le recul du secteur agricole et la discontinuité du peuplement non seulement dans le temps, mais aussi dans les catégories sociales.

Lors de la première conférence entourant le 30e anniversaire du PNRV, Lyard de l'association *La Grande Traversée des Alpes*, axa son discours sur l'équilibre entre l'offre et la demande de produits touristiques :
« *Le plus beau château du monde n'est pas visité s'il n'y a pas un hôtel à moins de 20 ou 30 kilomètres (…) les ressources naturelles et patrimoniales existent mais il n'y a pas assez d'adaptation de l'offre touristique avec cette ressource naturelle* » (Lyard, colloque, 16/9/0).

De son point de vue, la question difficilement résolvable est de savoir comment construire ces hôtels en fonction de critères architecturaux et de volume? La question comporte plusieurs réponses, mais il craint le nivellement par le bas ou plutôt la banalisation architecturale souvent à l'œuvre lors d'investissements massifs.

D'un autre côté, l'accueil peut rimer avec spirale de déclin des valeurs patrimoniales. Si le tourisme de masse n'est pas l'avenir pour le Vercors, comment apporter des richesses aux secteurs les moins nantis lorsque les touristes (de type contemplateurs de la nature) laissent peu d'argent sur place?

> « *À travers mes voyages, je me suis rendu compte des dégâts considérables causés par le tourisme de masse à la nature et à l'esprit des gens. Le tourisme de masse, ce n'est pas l'avenir pour le Vercors* » (Lyard, colloque, 16/9/0).

Le tourisme recherché et aidé en priorité « *devrait être un tourisme d'équipements légers utilisant au maximum les produits et la main d'œuvre locale, en somme un tourisme maîtrisé par les résidents* » écrivait Pillet déjà en 1977 (Pillet, Bull. # 10, 1977: 1).

Cependant, le projet de tunnel passant sous les gorges du Grand Goulet et du Petit Goulet menant à la commune de La Chapelle en Vercors suscite de vives interrogtaions. Cette première conférence a eu lieu stratégiquement à La Chapelle en Vercors à quelques kilomètres en amont d'une route panoramique - et patrimoniale - longeant les Gorges des Grands et Petits Goulets. La Direction Départementale de l'Équipement projetait de construire un tunnel sous ces gorges depuis quelques années. Ceci était loin de faire l'unanimité. Ce projet ne se réalisera pas finalement. Pour les uns, il s'agissait d'une porte ouverte à l'arrivée massive d'autobus, de stationnements et de restaurants mal-bouffe synonyme de standardisation et d'amplifications des menaces sur l'environnement. Pour les autres, au contraire, il s'agit d'une voie royale pour créer des emplois, décloisonner une région « reculée » du massif, attirer des investissements et des résidents.

Le conservateur du patrimoine de l'Isère interroge quant à lui directement le PNRV:

> « *Est-ce que le Parc n'est pas l'outil de cette coordination des*

acteurs et des partenaires pour maîtriser le tourisme ou est-ce que nous voulons en faire uniquement une agence de communication pour vendre et diffuser le produit "Vercors"? » (colloque, 16/9/0).

Une plaquette touristique (Illustration 13) du PNRV représente bien le propos du conservateur du patrimoine de l'Isère où le Grand Veymont, le plus haut sommet du Vercors à 2 341 mètres d'altitude, domine les Hauts-Plateaux (ou la « *Petite Laponie française* » de G. Taylor[45]) dans une ambiance de nature, de tranquillité et de ruralité authentique.

Illustration 13 : Le Grand Veymont domine le Vercors

Le maire de Saint-Martin-en-Vercors rétorque par des enjeux financiers face à la demande de population permanente, saisonnière ou ponctuelle:

« *Comment financer par exemple notre réseau d'eau potable? Nos finances communales ne suffisent pas. Comment nous empêcher d'être tenté de développer et de vendre n'importe quoi?* » (colloque, 16/9/0).

Certes, le Vercors a peu à voir avec une banlieue et les problèmes de l'eau ne se posent pas dans les mêmes termes.

---
[45] M. G. Taylor est l'un des initiateurs du PNRV

Le propriétaire et exploitant des grottes de Choranche, adresse une question au PNRV:

« *Pourquoi le Parc, depuis sa création, ne s'est-il pas intéressé au tourisme comme il l'a fait pour l'agriculture ? Il y a un secteur agricole important, et il a été aisé de structurer l'agriculture. Or pour le tourisme ça n'a jamais été le cas* ».

Il déplore l'absence de vraie structure touristique fonctionnant avec le Parc. Selon lui, « *les professions du tourisme n'ont jamais su s'organiser. Il faut voir là une raison essentielle du manque de dialogue du Parc avec les professions du tourisme* ».

Y. Pillet, président du Parc du Vercors explique que le Parc n'a pas cette vocation: « *Il y a des organismes nationaux, régionaux, locaux dont c'est la vocation et qui ont gros moyens (CRT (comité régional), CDT (comité départemental) et offices de tourisme). Notre travail est de demander à ces organismes de mieux prendre en compte le Parc et le Vercors, ce qu'ils ne font pas suffisamment, ni correctement* » (*in* colloque, 16/9/0).

Pourtant, soulève le PNRV (1993), « il est temps d'agir » du fait de sa fragilité géologique avec le karst, le massif connaît quelques embarras « intestinaux ». La population se multiplie par deux en période touristique alors que seules quelques communes possèdent un système d'épuration de leurs eaux usées. « *Mais leur rendement épuratoire varie et atteint rarement 90% si bien que le reste est rejeté dans les rivières (Bourne, Furon et Vernaison) ou dans les cialets (...) Résultats, certains captages d'eaux sont menacés* », d'où la judicieuse question : « Faut-il se vendre ou se protéger »?

Lorsqu'il s'agit de « développer et de vendre n'importe quoi », le canton de Villard est souvent pointé du doigt du fait des investissements lourds effectués dans les années 1960 et 1970 en matière de stations de sports d'hivers.

Encadré 1: Demande sociale et offre touristique à Villard-de-Lans
« Avec pour rempart d'un côté les crêtes bleutées du Moucherotte, avec pour manteau les forêts denses du Vercors, le canton de Villard-de-Lans vit sous la coupe de la montagne. Terre de contraste, le pays déroule aussi en pente douce un verdoyant tapis, jusqu'aux confins de Corrençon, où s'amorcent les hauts plateaux. Un insoupçonnable monde souterrain traverse de part en part ce paysage. Adepte de la roche aérienne ou souterraine, amateurs de circuit vélo, golfeurs, simples promeneurs, ou skieurs, le massif des quatre montagnes peut procurer grand air et détente pour tous, à trente minutes de Grenoble. Chacun à sa mesure apprécie » (D. L. 12/6/90).

L'encadré ci-contre, tiré du *Dauphiné Libéré*, aborde le canton de Villard-de-Lans comme un lieu de grande nature ouvert à diverses pratiques sportives (cyclisme, escalade, ski, spéléologie). Les propos du maire de Saint-Martin-en-Vercors plus haut se veulent une mise en garde face à un développement trop important de l'économie touristique au détriment du caractère du village. En effet, il craint la soif insatiable de montagne qui caractérise les Grenoblois.

Cette crainte de défiguration de la montaagne est justifiée à la lecture de cet extrait où le Vercors apparaît grouillant d'individus à la recherche de loisirs en nature:

> *« Le Vercors est une cour de récréation. Des cimes terrifiantes, inaccessibles de l'extérieur, se laissent de l'intérieur, conquérir comme un jeu. Il y a ceux qui y vont à pied, sac au dos; ceux qui accèdent à l'altitude par la télécabine de Côte 2000; ceux qui ondulent de la croupe sur les rollers ou les skis à roulettes; ceux qui vont à cheval ou à dos d'âne; ceux qui "lugent d'été" sur la piste olympique... Ceux qui hurlent de joie dans les piscines à vagues ou à toboggans de Villard ou d'Autrans; ceux qui pêchent à la ligne dans un tout nouveau lac d'altitude, celui du Pré des Preys; ceux qui, clubs de golf à la main, guettent les 18 trous du parcours de Corrençon; ceux qui méritent, par une bonne*

marche d'approche pédestre, le casse-croûte dans les cabanes forestières, et les bergeries devenues auberges, aux Allières, à Gêne, à Malaterre (…) J'ai vu, à la Goule Noire, sortir de terre une douzaine d'enfants casqués et bardés de combinaisons jaunes. Infinie diversité des ambitions estivales dans le Vercors aujourd'hui » (Copin, 2000).

La Chartreuse et le Vercors sont des objets touristiques, à promouvoir de surcroît, soumis au jeu de la compétition afin d'attirer des touristes.

Pour Rosset, directeur de l'Association de Développement Touristique Chartreuse, (ADT) les Grenoblois viennent prendre l'air, faire de la randonnée principalement sur tout le balcon Sud de la Chartreuse jusqu'à Saint-Pierre, encore qu'ils aillent plus spontanément dans l'Oisans ou dans le Vercors l'été (*in* Masson, 1996).

Le Vercors est le jardin des Grenoblois en été, leur terrain de jeu pour deux, trois heures… « *L'hiver, c'est moins évident* », affirme A. Repellin, directeur de l'ADT Vercors en 1996. « *Les Grenoblois, poursuit-il, voient Chamrousse, leur station privilégiée, et sont plus portés vers Belledonne ou la Chartreuse. Ils sont très pointilleux sur la qualité des prestations. Ils viennent pratiquer le ski de fond, mais à l'heure presque* » (*in* Masson, 1996).

Cette analyse montre le rôle d'objets touristiques de ces Parcs et les activités de tourisme doivent offrir des prestations de qualité afin de réponde à la demande et aux comportements des clients. Les PNRC et PNRV aux yeux des ADT un argument commercial supplémentaire pour vendre le territoire.

Le tourisme représente une manne financière indéniable et nécessaire au développement local. Les Parcs doivent poursuivre dans cette voie, mais d'un autre côté, ils doivent gérer les impacts environnementaux de l'affluence touristique et les citoyens payent dont les agriculteurs. Ainsi, par exemple, la coexistence des pratiques de loisirs dans ces PNR pose problème. Les adeptes du plein air trouvent en Chartreuse par exemple « *une réponse idéale*, écrit C. Neyrat (1996), *à leur soif de plein air, de nature* ». Les loisirs de plein air se heurtent parfois aux activités traditionnelles que sont l'agriculture, la chasse, la pêche, l'exploitation forestière. Par exemple, un usager du PNRC a soulevé le problème de la coexistence entre les promeneurs et les chasseurs (*in* Neyrat, 1996).

Se référant à une journée particulièrement ensoleillée de semptembre, un habitant de la commune d'Entre-deux-Guiers se promenant dans la prairie d'Arpizon (commune de la Ruchère), rapporte : « *pendant toute la journée ont coexisté sur le secteur, des chasseurs, des familles de promeneurs avec des enfants, des ramasseurs de framboises et de champignons, des VTT* » et met en exergue la dangerosité de cette situation fréquente.

La solution, très difficile à trouver, passe selon A. Pisot (1ère directrice du PNRC) par la concertation et la bonne volonté de chacun :
« *Nous avons toujours associé les chasseurs aux travaux du Parc et ils ont montré qu'ils étaient tout à fait compréhensifs. S'il y a réellement un problème de cohabitation, je suis persuadée qu'il est possible de trouver avec eux des solutions. En attendant, nous avons saisi du problème les différents responsables d'associations* » (Pisot *in* Neyrat, 1996).

Voici une façon de faire des PNR en « saisissant du problèmes» les acteurs concernés. Dans ce cas, le PNRC informe les responsables des améliorations souhaitées. Ils font le lien entre des interlocuteurs afin de « porter à connaissance » les rôles et responsabilités des acteurs visés.

3.2.1 Tourisme d'hiver menaçants

Les termes du débat portent précisément sur le développement et la protection: comment et dans quelle mesure la bigamie peut-elle être envisagée? Et si la bigamie est consommée, la stratégie de repli se résume-t-elle par la formule de F.Ascher : « Ces événements nous dépassent, feignons d'en être les organisaeurs »?

Le Vercors ne lutte pas à armes égales sur le plan des équipements touristiques en comparaison avec d'autres territoires de hautes montagnes en particulier.

Le massif « *est un territoire en situation dominée* » expose le vice-président au PNRV afin d'insister sur l'ampleur des demandes qui assaillent le massif et sur le fait qu'il lui semble sous-équipé. Selon lui, « *le Vercors ne pourra pas lutter avec les mêmes armes avec d'autres territoires beaucoup plus équipés* » en infrastructures touristiques.

> « *Sans les fonds publics, aujourd'hui les stations de moyennes montagnes ne survivraient pas. Il ne faut pas imiter ce qui s'est fait ailleurs quand on n'en a pas les moyens* » (vice-président PNRV, colloque, 16/9/0).

Par contre les modes de gestion de tels équipements touristiques à certains endroits ne font pas l'unanimité à la lecture d'un papier du Groupe Spéléologique des Coulmes et de St-Marcellin:

> « *Jadis Villard était une station estivale riche d'un site hors du commun, culminant suivant des crêtes prestigieuses (…) le tout dominant un étage d'alpages d'une rare intensité de végétation (…) Nous nous sommes intéressés au secteur de la Grande Moucherolle, pièce maîtresse du domaine skiable des stations de Villard et de Corrençon. Nous découvrions un karst d'une beauté hors du commun (…) De saisons en saisons, notre terrain de jeu se lézardait de profondes entailles: l'industrie du ski grignotait le lapiaz à grands renforts d'explosifs (…) Les employés nous expliquaient que le lendemain, ils dynamitaient toute la zone sur 11 m de profondeur pour une nouvelle piste, et nous conseillaient de*

> vite récupérer notre matériel (...) Ahurissant, stupéfiant, scandaleux: le karst de la Moucherolle – Côte 2000 est détruit! Après avoir dynamité de lapiaz, et aplani au bulldozer, on concasse les cailloux pour obtenir un gravillon de 1 X 2 cm (...) le domaine skiable est sis sur le bassin d'alimentation de Goule Blanche, dans les gorges de la Bourne.; Devinette: quelle est la source d'approvisionnement en eaux de la station (eau courante et canon à neige?)? Vous avez trouvé, c'est Goulet (...) Villard souffrant d'un manque d'eau, comble toutes les glacières et puis à neige, réservoir de leur résurgence, et ne trouve pas mieux que de retenir cette eau si précieuse d'une façon artificielle » (Le Lien, # 4: 6-7).

Mais que peut faire le PNRV lorsque ce genre d'actions va à l'encontre de la Charte? Il doit certes émettre un avis selon les procédures d'enquête public prévues, mais la commune de Villard à un grand poids politique et économique. Les communes peuvent passer outre cet avis lorsque le préfet est aussi favorable au projet. Villard-de-Lans demeure convaincu de l'avenir du développement de sa station de ski.

À Villard-de-Lans, contrairement à Lans-en-Vercors, le domaine skiable est géré par une société privée et non par la commune: « *L'avantage est que la société investie une grosse partie de ce qu'elle gagne dans le ski alpin et elle investie énormément dans l'enneigement artificiel. On est convaincu que c'est une bonne chose* » (entretien, 25/6/20). Cela veut dire une intervention importante sur le paysage.

La commune est entrée en conflit avec le PNRV parce qu'elle a créé un premier lac de retenu et le Parc s'y est opposé dans l'enquête publique.

> « *Notre volonté c'est de dire: "On a notre chance, on a un domaine skiable remarquable. On a un environnement remarquable. Il faut continuer là-dedans". Là on entre en conflit avec le Parc qui a une logique très protectionniste du*

patrimoine naturel » (entretien, 25/6/2).

La société de gestion des stations de Villard a cependant d'autres projets de développer le domaine skiable dû au manque récurrent d'enneigement.

La commune de Villard s'est opposée au projet de la société privé propriétaire de la station de skis qui consistait a permettre aux skieurs de revenir au village en ski: « *Une sorte de boulevard à skieurs sur une piste de 20 m de large qui descend des cimes là-haut jusqu'ici, au village* ». La commune a refusé.

> « *Cela ne va pas dans le sens de protéger notre nature. On veut à la fois conserver le caractère naturel de notre environnement et à la fois développer ce site. À un moment il y a forcément un point de rupture. Là c'en est un* » (entretien, 25/6/2).

La difficulté de faire du développement et de la protection repose sur un point de rupture (ou un seuil de tolérance) fort variable selon les individus et les structures administratives. Un autre projet de la société propose le développement d'une station de ski (avec aires de stationnement) plus haut dans la montagne de Côte 2000 vu le manque grandissant de neige.

> « *Cela peut être intéressant, mais là aussi il faut raisonner avec l'interface naturelle*, explique ce haut fonctionnaire. *Aujourd'hui, on se pose la question: "Comment développer la station sans nuire à la qualité de notre environnement? Pour l'instant, c'est un point d'interrogation* » (entretien, 25/6/2).

La lutte visant à atteindre les objectifs de développement durable n'est pas perdue pour autant comme cela se constate à la lecture de cette citation d'un résidant du Vercors habitant dans un autre secteur du Vercors, celui de La Chapelle :

> « *On n'a pourtant pas de station de ski, ni de plage, ni de belles routes, ni de tunnels, et pourtant ça marche.*

Pourquoi? Parce qu'il y fait bon vivre, on a des innovateurs qui respectent le territoire et le paysage, on a des relations sociales plutôt harmonieuses, on fait du tourisme, on construit des logements locatifs pour les jeunes, on a un territoire de projets, un territoire d'utopie, c'est efficace et ça marche » (intervenant, colloque, 16/9/0).

Cette citation soulève la question des rapports d'influence entre les échelles spatiales d'analyse. À l'échelle d'un petit canton, les enjeux de développement et de préservation peuvent différer de ceux d'un canton voisin voire d'un ensemble de cantons voisins et avoir des influences réciproques tant positives que négatives à différentes périodicités.

Autant dire que les enjeux vécus à La Chapelle-en-Vercors diffèrent largement de ceux de Villard! Aussi, les enjeux du développement et de la préservation sont éminemment politiques dans la mesure où les élus se doivent de répondre aux attentes des électeurs. Des décisions jugées trop libérales ou trop conservatrices risquent d'influencer leurs nombre de votes aux prochaines élections, mais le discours sur le développement durable séduit l'électorat.

Enfin, ces exemples sur le tourisme léger ou lourd ramène la nécessaire conciliation d'objectifs de développement économique et de protection de la nature alors qu'aucun indicateurs n'est fixé pour mesurer le niveau d'atteinte des résultats. Le portrait d'ensemble est laisé au bon jugement de tous. Les plus utopistes croient que tout est possible par des efforts d'imagination, de compréhension, de découvertes; les plus raélistes sont plutôt d'avis que les jeux sont faits et qu'à cet effet, le progrès apparent n'est nul autre qu'un manque de perspective et de recul dans l'espace et le temps.

Mais la Chartreuse et le Vercors se positionnent entre les visions des plus utopistes et des plus réalistes. Sans aucun doute, la démocratie et le jeu politique gagne dans cette quête de progrès lui-même difficile à définir. Il peut s'agir dans ce dernier cas d'un progrès dans l'art de dégrader et la détériorer l'environnement naturel (Löwy, 2003). En effet, le développement ne se fait-il pas à partir de la nature (Engels, 1961)? Ce spéléologue relate la destruction du karst de la Moucherolle Cote 2000 à coups d'explosifs pour agrandir le domaine skiable. Les ressources naturelles ne représentent-t-elles pas la matière première à partir de laquelle le développement peut se faire ou se défaire? Ce haut fonctionnaire du Vercors expose ce problème :

« *Notre territoire est un territoire habité, il ne s'agit pas de mettre sous cloche notre patrimoine. Nous on a à faire vivre un plateau de tout cela. Il ne s'agit pas de mettre sous cloche et donc faire mourir le tourisme. On est conscient que notre patrimoine c'est cette nature, particulièrement aujourd'hui. Il y a 20 ans, on n'aurait pas parlé comme cela. On aurait dit: "L'or on le développe la nature c'est secondaire". C'est pas du tout le cas aujourd'hui. On en est bien conscient. Donc, développer ça veut aussi dire protéger la nature. Mais ça veut dire se développer. Ça ne veut pas dire mettre sous cloche. On est dans cette contradiction* » (entretien, 25/6/2).

Les acteurs de Chartreuse et du Vercors ont pleinement conscience de la spirale enclenchée depuis plusieurs années où la qualité patrimoniale est fondamentale pour le tourisme; mais qu'en retour le prix à payer est peut-être plus grand encore que les profits à court et moyen terme. Le discours pro-développement et pro-protection séduit et rassure parce que chacun y trouve son compte.

Pour conclure sur ce thème du tourisme, rappelons que les PNR doivent agir et décider en poussant la limite de leur capacité à associer des intérêts différents. Les ADT et les Parcs ont-ils réellement la même compréhension et interprétation du développement touristique et de la protection patrimoniale? Ils vendent les massifs et l'image Parc alors que les communes en gère les conséquences négatives sur le terrain. Est-ce bien équitable? Qui a le bon rôle? Qui paye les factures?

3.3 Outil Parc pour valoriser le Guiers Mort

Le PNRC fut confronté à une problématique d'intégration de sa mission de protection du patrimoine culturel et naturel avec celle du développement de l'énergie hydroélectrique renouvelable. Quelle ligne de pensée le Parc suit-il? Cet épisode important des menaces sur la rivière Guiers Mort dévoile comment les acteurs (incluant le PNRV) réagissent face à des menaces concrètes qui compromettent le patrimoine culturel et naturel de la Chartreuse.

Le projet d'implantation d'une microcentrale hydroélectrique met en évidence l'existence d'une certaine ambiguïté dans les principes qui guident l'action et la réactivité du Parc par rapport aux problèmes concrets qui se posent à lui. Comment concilier concrètement, ou mieux intégrer harmonieusement, deux objectifs qui peuvent très bien être antagonistes?

Le projet d'installation d'une microcentrale hydroélectrique sur la rivière Guiers Mort à Saint-Laurent-du-Pont est ancien puisqu'il a été lancé en 1978 par le maire de la commune. Ce projet, tel que l'explique l'ACEIF (2001-b: 5), alimenté par plusieurs études, répondait à la fois à des demandes d'équipements par des sociétés privées et au désir de la commune d'exploiter le potentiel énergétique et économique du site de la rivière Guiers Mort, et de bénéficier de ressources fiscales supplémentaires.

La commune de St-Laurent-du-Pont, ne pouvant pas supporter à elle seule l'investissement transmit le dossier au Syndicat Intercommunal de la Vallée du Guiers, qui décida de faire appel à un exploitant privé pour financer l'investissement et obtenir des reversements financiers sur l'exploitation. Jusque là tout est normal dans la procédure.

La Communauté de communes de Chartreuse-Guiers, créée en 1994, reprit les compétences du Syndicat intercommunal de la Vallée du Guiers et assura le suivi des candidatures. Le projet de deux frères associés, nommés les « frères V », fut retenu.

Ce projet a progressivement pris de l'ampleur en raison du grand nombre de parties prenantes et des enjeux sous-jacents à l'implantation de la microcentrale sur ce site.

En 1996, une autre société présenta à la Direction régionale de l'industrie, de la recherche et de l'environnement Rhône-Alpes une intention de demande de concession pour une micro-centrale d'une puissance maximale brute supérieure à 4 500 kW, seuil dépassant la simple autorisation préfectorale et nécessitant l'établissement d'une concession d'État d'énergie électrique. Les « frères V » avaient jusqu'alors travaillé en dessous de ce seuil pour bénéficier de leurs bonnes relations de travail avec la Communauté de communes.

> Encadré 2: Le PNRC face aux menaces sur le Guiers
> La Charte ne refuse pas le principe d'une microcentrale mais pose des exigences qui portent sur:
> - les débits réservés qui devront être assurés grâce à un moyen physique fixe. Le Parc sera destinataire des relevés limnigraphiques;
> - le cahier des charges qui devra être extrêmement précis pour garantir les milieux contre des dommages irréversibles;
> - l'intégration au site des différents éléments de l'ouvrage qui devra être complète;
> - le Parc s'engage à faire réaliser une expertise énergétique et économique préalable à son avis par Rhônalpénergie »
>
> Le projet de microcentrale n'entre donc pas *a priori* en conflit avec la Charte du Parc (ACEIF, 2001-b: 6).

Le Ministère de l'Industrie lança donc un nouvel appel à des candidatures (première phase de sélection d'un pétitionnaire sur la base d'un avant-projet sommaire, avant la phase d'adoption du projet de concession). Celui-ci fut remporté à nouveau par les « frères V » qui purent présenter leur projet pour 1998. Même si elle suit très attentivement le dossier, la Communauté de commune voit donc son projet lui échapper puisqu'elle n'était plus ni le maître d'ouvrage (l'État), ni le maître d'œuvre (une société privée) basée en Haute-Savoie.

Lorsque le projet prend l'envergure d'une concession d'État, le PNRC interpelle le Ministre de l'Industrie en février 1997 (soit seulement deux ans après la création du Parc) pour rappeler les missions du Parc et revendiquer d'être associé au dossier.

Le Parc a saisi l'opportunité de formuler un avis lors des conférences administratives (demande d'avis par écrit sur le projet de l'entreprise), ce qui lui permet de jouer un rôle dans la procédure (Encadré 2). Le projet de microcentrale hydroélectrique comportait un petit barrage au fil de l'eau permettant de capter l'eau dans un tuyau pour la véhiculer deux kilomètres plus bas jusqu'aux turbines. Une retenue d'eau de 2 200 m^3 est établie avec un barrage de quatre mètres de hauteur sur trente mètres de longueur. Celle-ci n'est pas une réserve, mais un aménagement pour guider l'eau propre dans la canalisation. L'usine en elle-même était enterrée. La canalisation devait passer en rive gauche dans un talus.

Anticipant cette consultation, le Parc a commandé une expertise indépendante (financée par le Conseil régional de Rhône-Alpes) à Rhônalpénergie-Environnement, comme il était prévu dans la Charte. Souhaitant gérer le dossier de façon participative, le Parc avait constitué un groupe de travail pour suivre cette expertise. Le groupe était composé de la DRIRE, de la Région Rhône-Alpes et de la DIREN. Le cahier des charges défini par le groupe suggérait sept points à traiter:
1. La protection de l'environnement et le milieu aquatique.
2. Les conditions d'insertion dans le paysage.
3. La sécurisation des lieux de pêche et de promenades, accès aux ouvrages, chasse d'eau lors de l'augmentation très rapide du débit.
4. Les enjeux pédagogiques sur le fonctionnement d'une micro-centrale hydroélectrique.
5. L'augmentation du nombre de lignes à haute ou moyenne tension.
6. Quantification des retombées et rachat de l'électricité par EDF à la fin de la concession de 50 ans.

7. Arrimages avec les autres démarches contractuelles dont le contrat de rivière.

Progressivement, la mise ne œuvre du projet se complique. Cette demande n'était pas destinée à être une contre-expertise à l'étude d'impact réglementaire: le cahier des charges visait plutôt à produire un outil d'approfondissement du débat autour de différents aspects du site jusqu'alors négligés : il s'agit d'une occasion de mettre en valeur les gorges du Guiers Mort. L'expertise prenait en compte les multiples usages des lieux et encore la compatibilité du projet avec les usages.

Le projet des frères V a été rendu public en 1998 à la suite de séances de travail et de négociations engagées de longue date avec les élus de la Communauté de communes Chartreuse-Guiers.

À l'automne 1999, la DRIRE consulte le Parc dans le cadre des conférences administratives pendant qu'un rapport d'expertise défavorable au projet était présenté devant le Bureau syndical, provoquant de longs débats.

Les débats étaient « très tranchés, voire passionnels ». Les élus du canton de Saint-Laurent, membres de la Communauté de Communes à l'origine du projet, voyaient leur projet remis en question. Au même moment, les techniciens du Parc avaient pris l'initiative d'organiser une sortie sur les lieux en compagnie d'une partie du Conseil scientifique, du Président du Parc et d'élus concernés. La Parc arrivera-t-il a ménager la chèvre et le chou ou alors va-t-il adopter la stratégie de la fuite?

Le projet faisait passer la canalisation en rive gauche sur une zone d'éboulis. Cette visite leur a fait prendre conscience que les travaux auraient des incidences paysagères importantes. Le Conseil scientifique (tout comme le Conseil de massif) rend un avis défavorable puisque selon eux, le projet n'apportait pas d'indications techniques par rapport aux pertes karstiques dans des conduits souterrains existants sous le lit actuel du

Guiers Mort (PNRC, 2001). En outre, le patrimoine historique hérité de l'Ordre monastique des Chartreux, établis depuis 900 ans à quelques kilomètres de là, n'était pas pris en compte.

L'avis du Parc était donc à la fois politique (élus, représentants des acteurs socioprofessionnels du territoire) et technique. Il appréciait la possibilité d'avenir du projet en lien avec les usages multiples de lieux et sa valeur culturelle et paysagère.

Une seconde version du projet hydroélectrique prévoyait enterrer la conduite d'eau sous la route plutôt que sur la zone d'éboulis en réponse à l'avis du Parc. La position du Parc reste défavorable pour les raisons décrites exhaustivement dans l'avis du Bureau syndical du Syndicat mixte du PNRC du 18 mai 2001:

> « *Chacune et chacun des membres du Bureau syndical présents a exprimé un avis réservé ou défavorable. Il ressort que le projet, s'il présente des améliorations significatives par rapport au projet précédent, ne répond pas pour autant à certaines exigences et appelle des interrogations* » (entretien, 2001).

Le Bureau syndical reproche en effet au projet de microcentrale :
- de court-circuiter le cours naturel du Guiers Mort
- de compromettre la valeur piscicole et d'altère la qualité biologique du cours d'eau,
- de déstabiliser le talus abrupt entre la RD 520 B et la rive droite du Guiers Mort à l'aval du Pic de l'Oeillette,
- d'altérer les jeux de cascades et de tourbillons des marmites qui procurent des ambiances paysagères et acoustiques exceptionnelles
- le manque d'intégration dans le paysage des lignes à haute tension,
- « *la question de la sécurité des usagers n'est pas davantage résolue* ».

En somme, le calcul du partage des risques et des revenus du projet ne vaut pas les conséquences potentielles de déstabilisation du milieu. Cet intervenant au PNRC s'oppose au projet :

« *À mon niveau de consultation, j'émets un avis franchement défavorable à ce projet qui n'apporte rien à la Chartreuse au plan économique (retombées financières, création d'emplois) et pose de nombreux problèmes environnementaux* ».

Cet avis rappelle les tensions entre les objectifs de développement et de protection animant la logique d'action des PNR et montre comment la rencontre de ces objectifs constitue en soi une finalité:

« *Puis-je me permettre de rappeler qu'au moment de la création du Parc on m'avait demandé de présenter la Charte. J'avais alors souligné que le pays de Chartreuse n'était pas un musée, mais pas non plus le lieu de n'importe quel développement. J'avais aussi souligné que vouloir conserver, mais aussi développer était une tâche difficile si l'on choisissait comme facteur commun "l'harmonie"* » (entretien, 2001).

Alertés par ce projet, les Amis du Parc de Chartreuse ont organisé une série de rencontres en 2001 et 2002 afin de réfléchir sur l'avenir des gorges du Guiers Mort et de proposer des alternatives.

Pour eux, il n'était pas question d'empêcher la réalisation du projet. Leurs rencontres consistaient plutôt à trouver des moyens de mettre en valeur ce site et de trouver des arguments afin de réduire les impacts paysagers d'une telle microcentrale hydroélectrique, d'une part et, d'autre part, de contribuer à l'économie locale.

Lors des rencontres, il était question de mettre en valeur le site grâce à des circuits d'interprétation longeant les gorges et menant au monastère. D'autres questions ont émergé concernant la sécurité des lieux puisque des rochers tombent régulièrement des falaises alors que le débit du Guiers Mort est variable et ses rives rocheuses dangereuses (Illustrations 14 et 15).

Les APC validèrent ainsi les recommandations initiales du Parc.

Illustration 14 : Pontet et tunnel aux gorges du Guiers Mort

Illustration 15 : Grillages aux abords du Pic de l'Oeillette du Guiers Mort
Clichés: Les Amis du Parc de Chartreuse (2000)

Comment mettre en valeur les ponts Peirant et du Grand Logis, deux joyaux de l'architecture du XIIe siècle, si les voitures peuvent difficilement s'arrêter sur la route étroite et sinueuse sinon au risque des usagers de la route? Comment élargir et solidifier les ponts et tunnels d'accès sans en compromettre la valeur patrimoniale ni transformer la route pittoresque en autoroute? Puisque le Parc a un rôle d'accueil, comment faire bénéficier les visiteurs de ce site en toute sécurité sans banaliser les lieux? Ces questions, qui ont trouvé des réponses incomplètes et fragmentaires, montrent bien les efforts pour développer et préserver les massifs dans un contexte fortement contingenté.

Dans le projet, il s'agit d'implanter une prise d'eau sur le site (classé) du Pic de l'Oeillette et de dériver une partie du débit du Guiers Mort dans une conduite forcée enterrée pour la restituer 2,2 Km en aval, au pont de l'Oursière dans la « zone d'intérêt paysager » du Parc.

Une des parties les plus sauvages et accessibles du lit du Guiers Mort (des ponts St-Bruno et Peirant au Pic de l'Oeillette) verra son débit sensiblement diminué. Le parcours de canoë-kayak réputé en hautes eaux de fonte de neige ne sera plus que très rarement praticable (des sportifs de haut niveau viennent chaque année d'Angleterre et d'Allemagne pour s'y mesurer).

Un intervenant soulève l'opposition sémantique entre « utilisation » et « valorisation » des gorges: « *Il y a des gens qui utilisent le Guiers Mort, mais qui ne le valorisent pas forcément. Il ne faut pas perdre de vue les deux choses. Est-ce que l'utilisation les valorise ou les dévalorise?* ».

La réflexion lancée par le Parc tourne autour du concept de « valorisation des gorges du Guiers Mort ». Mais comme le soulèvent les Amis du Parc « *aujourd'hui, valoriser pour la grande majorité des gens et notamment les élus, ça veut dire exploiter directement ces Gorges du Guiers Mort* » d'où émergent les inquiétudes (entretien, 22/6/2). Elles contribuent à un apport économique certain alors qu'il n'y a « *aucune offre culturelle, aucune offre de services correspondante* ». La démarche proposée par les Amis du Parc de Chartreuse vise à donner des pistes d'action au Parc: « *Valoriser pourquoi pas. Mais la valorisation ce n'est pas forcément de faire une microcentrale, de mettre des sentiers à péage et d'élargir la route. Les gorges ne se conçoivent pas comme unité en tant que telle, mais elles sont des éléments du Massif de Chartreuse et elles contribuent à valoriser tout le massif* » (intervenant).

La compatibilité des fonctions n'est pas résolue:
> « *S'il y a des projets, quels sont ceux qui sont compatibles avec la définition historique, spirituelle et patrimoniale du milieu? La réponse est peut-être d'aménager deux ou trois sentiers et de mettre quelques panneaux. Parce qu'à la limite on va mettre un péage, on va faire comme au Cirque de St-Même, le parking à voiture* » (intervenant, 29/8/2).

La Commission Environnement-Paysage du PNRC évalue les enjeux des gorges « à la manière Parc », soit en apportant un questionnement dans l'espoir de sensibiliser la population et ainsi apporter des solutions mitoyennes. Le Parc se place ainsi en « animateur » face aux pressions exercées sur cet espace:
> « *Comment concilier en soi cet usage de l'eau avec d'autres usages (pêche et sports d'eau vive) du fait de la préservation d'une ressource naturelle et d'un site patrimonial (religieux, culturels et historiques)? Peuvent-ils être un support de valorisation culturelle, pédagogique, touristique et économique? Est-ce que l'on peut monter un projet de valorisation touristique en sachant que l'on est dans l'espace désert de la Grande Chartreuse? Comment peut-on apporter plus de touristes dans ces lieux sans nuire à l'intérêt même des lieux, à leurs particularités qui ont fait que des les moines sont venus et fondé l'ordre des Chartreux? Comment développer des produits touristiques complémentaires avec l'offre touristique qu'il y a sur place? (…) Autant de problèmes qui se posent en termes de circulation routière (de*

véhicules d'exploitation du bois, de grumiers, les autocaristes). Comment aussi peut-on améliorer les conditions de sécurité (par rapport aux chutes de blocs rocheux, c'est une réalité)? Comment améliorer les flux économiques sans pour autant perdre le caractère des gorges (qui méritent certainement qu'on s'y arrête pour regarder)? » (entretien, 22/6/2).

Le Parc soulève des questions essentielles au développement durable bien que dans la pratique les réalisations concrètes sont difficiles à mettre en place. Il semble en effet difficile d'aménager ces gorges en instituant des règles aux usagers et quelqu'un doit payer les factures pour structurer cette colossale mise en valeur.

On voit bien en quoi cet espace est fragile puisqu'il y a des équilibres précaires entre le site lui-même (le débit et les chutes de roches), les pratiques sociales (la pêche et le canoë-kayak) et l'histoire des lieux. Concernant le Parc, hormis les contraintes imposées par le site, il y a un manque de poids politique incontestable et un manque de moyens financiers, humains et matériels alloués.

Les Amis du Parc ont relayés le PNRC après qu'il se soit positionné contre le projet de centrale deux années plus tôt.
   « *L'initiative prise par les Amis du Parc est bien appréciée du Parc pour faire avancer la réflexion et lui faire des propositions tant sémantiques, mais également d'outils. Quelles valorisations? Quels sens à ces valorisations sachant que nous nous situons dans le développement durable et aussi sur le champ économique? Il est impossible de transformer les gorges du Guiers Mort en réserve naturelle, en disant: "On ne peut plus rien faire dedans". Parce qu'on peut les exploiter en terme de valorisation intégrée au territoire qui bénéficie aux populations locales, aux acteurs locaux, aux propriétaires, qui puissent être*

accessibles aux usagers, sans nuire à la ressource en elle-même » (entretien, 22/6/2).

L'approche retenue consista à embaucher un cabinet d'étude fut embauché avec le mandat de rassembler les acteurs qui n'ont jamais eu l'occasion de se rencontrer (les propriétaires, les gestionnaires et les usagers) afin de dégager un point de vue.

Toutefois, lors de cet exercice, le cabinet n'a pas consulté le Conseil de Massif du Parc! Étonné de cela, les Amis du Parc demande au Parc: « *Pourquoi le Conseil de Massif n'a pas été consulté alors qu'il est le principal organe délibératif du Parc?* » et qu'un projet de centrale est d.terminant pour l'avenir du massif de Chartreuse. Le Parc consentira qu' « *il s'agit peut-être d'une erreur d'appréciation* » de la part du cabinet. Normalement, le Conseil de Massif est un lieu vers où converge un nombre d'idées pour mieux les faire remonter vers les élus du Parc.

> « *Je ne dis pas que c'est la seule manière de procéder, mais je dis que dans la structure PNRC, c'est un des moyens qui doit permettre aux élus de voir clair dans leurs décisions, parce que c'est bien effectivement d'interviewer des responsables d'administrations, des chefs d'entreprise, mais je dirais que c'est un aspect secondaire* » (entretien, 22/6/2).

Dès la création du PNRC en 1995, les administrateurs avaient émis un avis défavorable sur le dossier. Mais les élus ne voulaient pas que sanctionner les projets qui leurs étaient présentés. Ils voulaient faire du Parc une force de propositions d'où la démarche autour des gorges. Il ne suffit pas de dire: « *Ça on veut bien, ça on ne veut pas* ». Il faut aussi qu'ils puissent dire: « *Qu'est-ce qu'on peut faire?* ». Sauf qu'entre temps il y a eu un changement d'équipes municipales. « *On n'a pas pu beaucoup avancer sur ce dossier* » avouera plus tard cet interlocuteur du Parc (entretien, 22/6/2).

En effet, les Amis du Parc s'inquiètent de la méthode du cabinet qui interroge le Directeur Départemental de Jeunesse et Sport, l'architecte des Bâtiments de France, la DDA, le Directeur de l'ONF et autres, « *qui se caractérisent par un certain éloignement du site*» note-t-il. Les Amis du Parc constatent que les acteurs consultés étaient majoritairement des acteurs économiques et industriels et non des usagers des gorges (kayakistes, pêcheurs et randonneurs):

> «*Attention, il y a quand même des personnes qui viennent ou qui sont les usagers du massif et qu'il faut consulter. Nous sommes choqués de constater que les usagers consultés sont les usagers industriels ou économiques, c'est-à-dire BOTA, ciment Vicat, les autocaristes de l'Isère. Il est évident que les attentes de ces partenaires vont dans le sens d'aménagements légitimes. Mais il nous semble dommage que les usagers qui pratiquent les gorges ne puissent pas faire valoir leurs attente*» (entretien, 29/8/2).

Cette réplique concernant les stratégies de consultation du cabinet a fait réagir plusieurs membres de l'Association des Amis du Parc de Chartreuse lors d'une rencontre stratégique. Ils émettent des commentaires permettant de mieux comprendre pourquoi (en dehors du fait qu'il ajoute des étapes) le Parc a été exclu du processus de consultation.

Mme B.:
> «*Le Cabinet interviewe très peu de gens du massif finalement. Hormis le patron de l'Hôtel, je ne sais pas qui a été interrogé. C'était l'un des rares. Ils n'allaient même pas interviewer le patron du camping, c'est quand même un gros camping pour la Chartreuse.*»

M. M.:
> «*Ils font un certain travail puisqu'ils ont enquêté auprès du promoteur de la centrale. Non?*»

M. B.:
> «*Le Parc ne semble pas avoir un rôle moteur dans ce genre de choses.*»

M. P.:
> «*Ils ont fait une liste de personnes à interroger. Aujourd'hui,*

M.M.:
> *on ne sait pas qui a été interrogé.* »

M. B.:
> « *Si cela se trouve, il n'y a aucun travail de fait?* »

M. P.:
> « *Je crois que le Parc est dans l'impuissance politique.* »

M. B.:
> « *Apparemment, il y a des oppositions internes.* »

M. M.:
> « *Le problème du Parc, c'est qu'il a trop peu de permanents par rapport à tout ce travail qu'il y a à faire* ».

M. P.:
> « *Il y a un travail administratif énorme. Les choix des Parcs ont été faits. Ils sont obligés de sous-traiter énormément de choses, de suivre des tas de dossiers à droite et à gauche* ».

M. P.:
> « *Mais si derrière le directeur y'a pas de relais qui verrouille politiquement, parce que politiquement c'est la grande dispersion. Chacun dans son petit territoire. Par rapport à la pression foncière, qu'est-ce qu'on fait pour la limiter? Rien. Le Parc devient une machine très complexe, avec des gens de bonne volonté, qui travaillent, mais le résultat est difficile à voir* ».

Mme B.:
> « *On voit mal le directeur dans tout cela. Il n'est qu'un élément du Syndicat Mixte Ils ne sont pas d'accord. La plupart des maires ne voient même pas, ne connaissent même pas les atouts Parc qui sont dans leur jeu ou ils ne veulent pas le reconnaître* ».

M. P.:
> « *Moi, je pensais que le Parc pouvait apporter ce support aux élus qui leur permette de gérer un peu mieux...* ».

M. M.:
> « *Là c'est un truc que le Parc n'a jamais pu faire, ne s'est jamais impliqué* ».

M. B. :

« *Le Parc cherche aussi à ce qu'il y ait un projet qui sorte à moyen terme pour ce Guiers Mort. Pour éviter justement de toujours être en train de batailler contre ceci cela. Cela est à mettre au crédit du Parc. C'est pour cela que nous aussi en tant que société civile, on se bouge là-dessus. Souhaitons que ça ait des effets positifs* ».

De cet extrait d'une libre discussion démarrée sur le thème « Menaces sur le Guiers Mort » ressort des tendances quant à la mauvaise circulation de l'information entre des acteurs aux intérêts divergents, la consultation partielle et partiale des parties, la forte politisation du Parc, la lourdeur administrative du PNRC et son manque de moyens conceptuels, humains, pratiques et techniques par rapport à l'ampleur et à la diversité des tâches à accomplir.

Cette affaire de l'harmonisation des usages et projets aux gorges du Guiers Mort montre que les PNR ont fait « rêver plusieurs acteurs locaux à une concertation », à une implication des différents niveaux de décisions (entretien, 3/9/2).

Il s'avère que les Parcs se constituent comme des entités avec un certain nombre de tâches obligatoires, administratives un « peu » lourdes qui font écrans et qui paradoxalement demandent de l'énergie aux gens qui pourraient les porter. L'affaire des gorges du Guiers Mort peut en témoigner tout en témoignant aussi des limites de l'outil Parc.

3.4 PNR ouvre les voies au « bricolage des acteurs »

Cette section compte quatre chapitres abordant l'outil PNR en tant que techno-structure caractérisée par des fonctionnalités bien précises lui accordant des limites et une portée d'action certaine.

Il s'agit cette fois de tracer les contours de cet outil PNR en insistant sur ses points forts (concertation et expérimentation du développement durable) et sur ses points faibles (manque de prises sur le terrain et difficulté à traduire en action des principes d'aménagement) pour mieux montrer comment les acteurs s'y prennent afin de parvenir à leurs objectifs de développement et de préservation.

Les quatre chapitres de cette section sont les suivants:

- Le portrait des PNR en France montre la portée et les caractéristiques de l'outil Parc. Il y a plus de quinze Parc péri-urbains en France soumis à la pression urbaine. Ils sont guidés par des principes de libre adhésion et de l'engagement moral des signataires à respecter la Charte.
- Les PNR au sein de leur environnement administratif et politique se caractérisent par une très forte interdépendance horizontale et verticale avec d'autres structures (les Communauté de communes et les contrats de Pays). Différents périmètres se chevauchent ce qui suscite des crises de légitimité en territoire Parc.
- Le bricolage d'articulations entre les territoires Parc et les territoires Pays lorsque les acteurs doivent inventer des mécanismes de cohabitation (parfois aux termes d'un parcours difficile). Les articulations entre périmètre d'action ne se vivent pas toujours mal en territoire Parc. À ce titre, les PNR de Chartreuse et du Vercors diffèrent compte tenu de leur expérience en la matière.
- La nécessité de construire un outil SCOT complémentaire à l'outil Parc de Chartreuse et du Vercors, parce que sa fonction de développement et de protection atteint des limites. Sous la force conjuguée de l'adoption de la loi SRU en 2000 et d'une prise de conscience quant aux limites fonctionnelles de l'outil Parc, le PNRC tente de construire un outil SCOT complémentaire.

Cette section vise à circonscrire davantage la problématique des PNR en tant que techno-structure, mais elle vise surtout à mieux comprendre comment les acteurs vivent les cohabitations territoriales et comment ils se comportent face à elles. Deux de ces problématiques majeures sont respectivement le chevauchement des périmètres d'action et le sentiment bien tangible d'un manque de prise sur le terrain.

3.4.1 Portrait des PNR en France

Au moment d'écrire ces lignes la France comptait quarante PNR dont un localisé en Guyane et un autre en Martinique[46]. Ils totalisent une superficie de 6 830 300 hectares (11 % du territoire national (hors DOM)) et comptent 2 836 872 habitants (INSEE - RGP, 1999).

Parmi les PNR, une quinzaine (p. ex. Chartreuse, Gâtinais Français, Pilat, Vercors et Vexin Français) sont sous l'influence directe d'une ou de plusieurs villes en raison de leur proximité et leur accessibilité (automobiles et trains). Selon les textes fondateurs, les PNR reposent sur un espace au patrimoine naturel, culturel et paysager riche et fragile, faisant l'objet de développement fondé sur la préservation et la valorisation de ce patrimoine.

Le périmètre d'un PNR n'est pas tenu de respecter les limites administratives. Il peut chevaucher un(e) ou plusieurs Départements ou Régions en plus de couvrir plusieurs communes (en moyenne un Parc contient 85 communes). Une Parc peut aussi couvrir une partie seulement des communes comme cela est le cas avec certaines communes du PNRC.

Les PNR ont cinq missions: protéger le patrimoine culturel et naturel de leur territoire, notamment par une gestion adaptée des milieux naturels et des paysages; contribuer à l'aménagement du territoire; contribuer au développement économique, social, culturel et à la qualité de vie; assurer l'accueil, l'éducation et l'information du public, réaliser des actions expérimentales ou exemplaires dans les domaines cités et enfin contribuer à des programmes de recherche.

Dès 1964, le Ministère de l'Agriculture, E. Pisani et la Délégation à

---

[46] Au moment d'écrire des lignes six PNR sont à la phase d'étude de réalisation (Ardennes, Golfe du Morbihan, Millevaches en Limousin, Narbonnaise en Méditerranée, Oise et Pyrénées Catalanes).

l'Aménagement du Territoire et à l'Action Régionale (DATAR) mandatent une mission pour imaginer une formule de Parcs moins contraignante que celle des Parcs nationaux pour des territoires ruraux habités au patrimoine culturel et naturel remarquable. Du 25 au 30 septembre 1966, réunis à Lurs-en-Provence à l'initiative de la DATAR, des personnalités mettent en commun leurs réflexions pour inventer la formule des « Parcs Naturels Régionaux » à la française. Le 1er mars 1967, le Général de Gaulle signe le décret instituant les Parcs naturels régionaux malgré l'avis du Conseil d'État qui le considère comme du droit « gazeux ».

Peut être classé en PNR, « *le territoire de tout ou partie d'une ou de plusieurs communes lorsqu'il présente un intérêt particulier par la qualité de son patrimoine naturel et culturel, pour la détente, le repos des hommes et le tourisme, qu'il importe de protéger et d'organiser* ».

En 1971, les PNR ne sont plus de la responsabilité de la DATAR mais de celle du Ministère de l'Environnement qui vient de se créer. Le 17 novembre de cette année, en installant la Fédération des Parcs naturels de France[47], R. Poujade[48] (ministre de l'Environnement) qualifie les PNR d' « *outils d'aménagement fin du territoire* ». Dans son tout premier bulletin de liaison (1971), le PNRV explicite sa compréhension de l'expression aménagement fin du territoire:

> « *Par aménagement " fin ", il faut entendre un aménagement spécifique soigneusement étudié jusque dans les détails pour s'adapter aussi parfaitement que possible au territoire et à la situation locale, un aménagement qui s'insère harmonieusement dans les structures économiques et sociales pour soutenir, mais sans les bousculer. Il exclut les solutions " standards" appliquées indifféremment à n'importe quelle région sans tenir compte des particularités locales et dont les répercussions sur les structures économiques et*

---

[47] En 1992, la Fédération de Parcs naturels de France change de nom pour celui de Fédération des Parcs naturels régionaux de France (FPNRF.).
[48] Robert Poujade constitue le premier des ministres chargé de la protection de la nature et de l'environnement et délégué auprès du Premier ministre.

sociales sont souvent désastreuses (...) Le Parc, ce n'est pas la panacée: ce n'est qu'un outil, un outil perfectionné et efficace certes, mais un outil qui demande un effort à son utilisateur et dont il faut apprendre à s'en servir » (PNRV, 1971: s.p.).

Le PNRV, un des plus anciens de France, réagit à l'expression du tout premier ministre de l'Environnement à l'effet que les Parcs sont sont outils qui visent à aménager finement le territoire. Le PNRV consent que le Parc est un outil, mais un outil qui n'est pas panacée. Comme les outils du bricoleur, ils paraissent performants et le motive. Tous les outils demandent un effort d'apprentissage à son utilisateur pour apprendre à s'en servir au risque de le faire « éclater » voire de devoir réinventer son projet.

L'aménagement fin consiste en un aménagement spécifique soigneusement étudié et exécuté par les utilisateurs de l'outil Parc… Le 15 octobre 1975, avec la naissance des Régions, un nouveau décret précise le rôle et le mode de création des PNR: son premier article rappelle qu'« *ils ont la vocation de définir et de promouvoir la mise en œuvre des actions concertées d'aménagement et de développement économique dans les territoires qui les concernent et d'en assurer la cohérence...* ». Les Régions ont désormais l'initiative de propositions d'élaboration de la Charte (dont il sera question plus bas) et de délibération pour la création d'un Parc. Elles peuvent surtout financer le fonctionnement des PNR pour une somme variant entre 40 à 70 % de leur budget.

En 1976, après de nombreuses interventions au Parlement, une ligne budgétaire est instaurée au Secrétariat d'État à l'Environnement pour le fonctionnement des PNR « *qui participent à la politique à la politique générale d'une meilleure répartition de la population sur l'ensemble du territoire et de revitalisation humaine et économique des zones rurales* » (déclaration de M. Fosset, ministre de la Qualité de vie).

Cette aide financière de l'État sera modulée de 15 et 45 % en fonction de la situation démographique et financière de chaque Parc. de sa « valeur écologique » et de l'effort qu'il s'engage à entreprendre en faveur de l'aménagement du territoire et de la protection de la nature.

Giscard d'Estaing déclare (1977) « *les Parcs Naturels Régionaux représentent un exemple d'harmonisation entre le développement économique et la préservation de l'environnement* ». Suite à cette déclaration, il est décidé de pérenniser l'aide de l'État au fonctionnement et à l'aménagement des PNR après la fin du VIIe Plan qui devait s'échelonner à long terme.

Le décret d'application de l'article 2 de la loi sur la protection de la nature (études d'impact) stipule que « *le directeur d'un PNR est obligatoirement saisi de l'étude d'impact pour les travaux qui intéressent la zone du Parc* ». Après un amendement proposé par des parlementaires des Parcs, le décret d'application de la loi sur l'architecture instituant les Conseils d'Architecture, d'Urbanisme et d'Environnement (CAUE) précise qu'ils peuvent « *déléguer leurs missions aux services d'assistance architecturale fonctionnant déjà dans les PNR* ». C'est une reconnaissance du rôle pionnier des Parcs en la matière bien que ce soit surtout avant l'adoption des lois sur la décentralisation et 1982 et 1983.

Toujours en 1977, M. d'Ornano, ministre de la Culture et de l'Environnement indique les nouvelles intentions et les décisions gouvernementales en matière de contribution financière de l'État envers les PNR Cette aide se matérialise dès le budget de 1978 par l'ouverture d'une ligne budgétaire propre aux PNR Il s'en suivra une prise ne compte de la réalité des Parcs par les Administrations, particulièrement en demandant aux préfets de mettre en place une concertation plus étroite et systématique.

Cette concertation doit être organisée sur l'initiative des préfets entre les divers services publics qui interviennent dans les Parcs. Il fut aussi demandé au ministère de la culture et de l'environnement de jouer un plus grand rôle dans la réalisation d'action exemplaire en matière de rénovation du patrimoine bâti, dans la protection de l'environnement et en obligeant la consultation des organismes de Parcs lors de la réalisation d'études d'impacts.

En 1983, H. Bouchardeau, Secrétaire d'État auprès du Premier Ministre chargé de l'Environnement et de la Qualité de vie, déclare:
« *les PNR sont aujourd'hui des exemples remarquables d'auto-développement... Ils sont et doivent devenir plus encore des bancs d'essai pour des politiques qui s'imposeront un jour sur l'ensemble de notre pays* » (*in* FPNRF, 2001-d: 4).

M. Bouchardeau ne croyait pas si bien dire, puisque 10 années plus tard, la DATAR lançait sa politique des Pays inspirée du modèle de PNR, ce qui engendra les débats en matière de partage de compétences et de tiraillements politiques entre des structures aux mandats similaires.

Cinq ans plus tard (1988), un nouveau décret (# 88-443) réaffirme les objectifs premiers des PNR de protection et gestion du patrimoine. Ce décret reconnaît aussi leur rôle de développement économique et social, ainsi que leur objectif d'expérimentation, d'exemplarité de recherche.

Si les Régions gardent l'initiative de la création d'un Parc, le décret de 1988 confirme que c'est l'État qui, au vu d'une obligation de résultat, classe le territoire pour une durée de 10 ans renouvelable à la condition de respecter les engagements prévus. Ce classement s'effectue par décret du Premier Ministre sur proposition du Ministère chargé de l'Environnement.

L'année 1993 marque un moment important dans l'histoire des Parcs avec l'adoption de l'article 2 de la loi *Paysage* qui donne pour la première fois une base législative aux PNR. L'article 2 de la loi Paysage formalise la mission assignée aux Parcs consistant à « *concourir à la politique de protection de l'environnement, d'aménagement du territoire, de développement économique et social et d'éducation et de formation du public et de constituer un cadre privilégié des actions menées par les collectivités publiques en faveur de la préservation des paysages et du patrimoine naturel et culturel* ». Cet article 2 donne surtout une première portée juridique aux Chartes des Parcs avec lesquelles les documents d'urbanisme (PLU, SCOT et Charte de Pays notamment) doivent désormais être compatibles.

Cet article 2 de la loi *Paysage* fait encore débat parce que beaucoup d'élus demandent en vertu de quoi la Charte s'imposerait-elle aux documents d'urbanisme?

Certains ont décrié cet article 2 de la loi *Paysage* parce qu'ils ne jugent pas nécessaire de donner une assise légale aux actions des PNR Par ailleurs, le décret d'application de l'article 2 de la loi *Paysage* (1er septembre 1994) précise les trois critères qui doivent prévaloir au classement d'un Parc (la qualité patrimoniale et cohérence du territoire, la qualité du projet et la capacité à le conduire), la règle du jeu de l'élaboration des Chartes des Parcs qui deviennent opposables aux documents d'urbanisme et prévoit la signature d'une convention avec l'État pour veiller à la cohérence des politiques publiques avec la Charte du Parc.

La loi *Barnier* (ou *loi relative au renforcement de la protection de l'environnement*) de 1995 viendra alimenter le dispositif juridique des Parcs. Elle précise notamment que les nouveaux PNR doivent être obligatoirement gérés par des syndicats mixtes[49] ouverts et introduit entre autres, la possibilité d'user d'un droit de préemption sur des biens après accord des départements et de se voir reverser la taxe de séjour des communes destinée à favoriser la protection et la gestion d'espaces naturels à des fins touristiques.

---

[49] Depuis février 1995, le syndicat mixte de Parc est l'organe de gestion de tout Parc appelé à se créer. Exceptionnellement, une fondation et une association gèrent respectivement les Parcs de Camargue et de Lorraine.

3.4.2 Charte Constitutive des PNR

Une Charte Constitutive définit le PNR : toutes les collectivités territoriales adhérentes doivent la signer et s'engager à la respecter. L'adhésion au Parc par l'intermédiaire de la signature d'une Charte n'induit pas automatiquement de transfert de compétences de la part des communes, sauf dispositions particulières expressément prévues dans les statuts de l'organisme de gestion du Parc.

Le dossier de charte comprend:
a) La charte proprement dite qui a valeur d'engagement pour les signataires et comporte: un rapport présentant les orientations du projet pour le territoire du Parc et les mesures à mettre en œuvre pour le réaliser, en particulier en matière de paysage. Elle comporte aussi des dispositions générales et des dispositions spécifiques aux différentes zones (et sites) du territoire en référence à un plan élaboré au minimum à l'échelle du $1 / 100\ 000^{\text{ème}}$, qui spatialise les dispositions de la charte et les interventions du Parc en fonction de la nature et de la vocation dominante des zones et sites du territoire (dans cette optique, les PNR font de la planification).

b) Des documents annexes, permettant d'analyser la pertinence du projet au regard des critères de classement: un diagnostic patrimonial et socio-économique du territoire; un état de l'organisation intercommunale; les moyens prévus, au minimum pour les trois premières années (budget de fonctionnement prévisionnel, programme d'action, organigramme du personnel); les conventions de partenariat en cours ou en projet pour la réalisation de la Charte; et en cas de révision, un bilan de l'action du Parc pendant le précédent classement.

Les collectivités et l'État s'engagent à respecter et à mettre en œuvre la charte au regard de leurs compétences. Cependant, cet engagement des signataires ne constitue pas une réglementation directement opposable aux tiers.

La révision de la Charte est conduite par le Syndicat mixte et suit la même procédure que son élaboration initiale. Elle s'appuie sur un bilan de l'action du Parc et un suivi de l'évolution du territoire qui nécessitent la mise en place d'une démarche d'évaluation.

Lors de son intervention aux Journées nationales des PNR tenues en Millau (4 octobre 2002), Mme Bachelot, Ministre de l'écologie et du développement durable, aborde la Charte en précisant sa valeur en matière de développent durable:

> « *Pour savoir évaluer les résultats d'une Charte et faire partager cette évaluation, **il faut bien choisir les outils** (…) Nous sommes tous responsables et solidaires de notre patrimoine. Nous devons en assurer la pérennité pour le transmettre à nos enfants. En évaluant leurs Chartes et l'évolution de leur territoire, les Parcs s'inscrivent pleinement dans la démarche du développement durable* » (Bachelot, colloque, 4/10/2)

La Ministre de l'écologie et du développement durable considère le Parc comme un outil de développement durable puisqu'il participe à la valorisation du territoire et est obliger de produire des résultats. Un Parc est déclassé de fait si la révision de sa charte n'a pas abouti. Cependant, si pendant les 10 ans, un Parc ne remplit plus les critères qui ont justifié son classement, le ministère de l'Écologie et du Développement Durable peut engager une procédure de déclassement. La charte du Parc est soumise à enquête publique par la ou les Région(s) avant classement.

Dès 1977, Y. Morineaux avait remarqué des lacunes de fond (toujours présentes) à propos des Chartes de Parc. Selon lui, les Chartes ont fixé aux PNR des objectifs très nombreux et très ambitieux: amélioration des rapports entre citadins et ruraux, protection du patrimoine naturel et architectural, développement économique, éducation et accueil du public et création d'un nouveau mode de vie.

« *On est frappé*, écrit Morineaux (1977: 44), *par le nombre et la généralité de ces objectifs. C'est en quelque sorte une solution d'aménagement global de qualité qui est proposé* ». À propos de la démarche d'aménagement global de qualité, Morineaux questionne la pertinence des Parc:

« *Mais n'est-ce pas déjà celle qui devrait s'appliquer à tout le territoire national? Le Parc n'est-il alors destiné qu'à remplacer une politique nationale déficiente? Si l'État, avec ses moyens puissants ne parvient pas à réaliser de tels objectifs, comment les Parcs, démunis sur le plan réglementaire et financier auraient-ils une chance d'y parvenir? La multiplicité des objectifs entraîne tout naturellement la multiplication des problèmes de réalisation. Quant au caractère très général de la plupart des objectifs, n'est-ce pas une porte ouverte à la dénaturation de la notion de PNR? Ne risque-t-on pas de voir surgir un peu partout des Parcs qui seraient en quelques sorte la " bonne conscience " des responsables locaux ne parvenant pas à maîtriser le développement de leur région?* » (Morineaux, 1977: 44-45).

Depuis la création des PNR en 1967, de telles questions de fond n'ont été qu'effleurées dans les publications officielles et elles représentent autant de pistes de recherche.

Il y a ainsi un fossé entre les idées généreuses d'une Charte et assez souvent générales et puis la mise en œuvre de modalités concrètes de projets. « *Il y a sans doute aujourd'hui*, relate le CAUE, *une grande difficulté à trouver une véritable écriture ou de trouver un ton et une technicité qui permettent de stimuler des ambitions politiques et d'aboutir à des réalisations qui soient à l'échelle des discours et des obligations liées aux Chartes* » (entretien, 3/9/2).

Cette difficulté est fondamentale: comment produire une Charte ambitieuse et la traduire concrètement sur le terrain? La Charte dit: « Attention, espaces sous pressions urbaines ici »; mais ne dit pas: « Constructions limitées à 100 logements au cours de cinq prochaines années ». Elle ne peut pas se permettre une écriture aussi précise bien qu'elle fasse autorité sur tous les documents d'urbanisme qui touchent son territoire. Pour P. Auger, citoyen de Villars-de-Lans, le Parc du Vercors est bien à l'heure actuelle dans la phase de développement croissant.

Cette phase appelle avant-tout des décisions fortes des maîtres d'ouvrages publics :

« *Les techniciens font ce qu'ils peuvent. Que va devenir cet outil Parc? Soit le Parc est définitivement hors jeu et il se concentre sur des missions sur lesquelles il est reconnu et légitimé, je pense à la gestion des espaces naturels. N'est-ce pas un risque d'enfermement et de passer à côté des évolutions fortes qui font aussi la vie du territoire. Est-ce qu'il a un souhait de maîtrise d'ouvrage local, est-ce que c'est une bonne chose que de recentrer aussi le Parc sur ce qui fait aussi la vie des territoires? La question du traitement des espaces d'urbanisme, de l'aménagement du territoire redevient une question fondamentale qu'on ne peut plus traiter comme on l'a traiter dans les années 70. Il y a une question à se poser sur la capacité technique et financière du Parc à agir sur ce thème de l'aménagement du territoire. Est-ce que les maires accepteront qu'un établissement public comme le Parc soit en capacité de se saisir en menant un schéma directeur avec un document qui est une force effective à l'égard des PLU et qui puisse permettre aussi au Parc d'intervenir effectivement ? Les élus ont fait un gros travail qui s'appelle la Charte du Parc, cette Charte est souvent dans les tiroirs. Mais si on la ressort et qu'on la toilette, je pense qu'il y a des choses qui restent encore très pertinentes et qu'il y a du travail pour les années à venir* »

(Auger, colloque, 7/10/0).

La capacité politique du Parc suppose que les maires acceptent au préalable qu'un organisme supracommunal de type Parc s'ingère dans les affaires communales en matière d'aménagement du territoire.

L'exercice de fabrication de la Charte existe bel et bien, mais elle reste parfois (souvent même) dans les tiroirs. L'atteinte des objectifs du développement durable dans le PNRC apparaît par l'intermédiaire de l'affaire des gorges comme un discours séducteur relayé par une Charte aux traductions spatiales limitées et des Parcs portant une charge administrative importante.

Ce double point de vue, à savoir une Charte générale et les Parcs considérés comme des machines administratives, est partagé par deux ancien du Vercors selon lesquels respectivement « *la Charte du Parc contient toutes de grandes évidences. C'est ce qui est partagé par tout le monde. Il y a des territoires sur lesquels, il n'est pas question d'intervenir et qu'il s'agit de protéger* » (entretien, 25/6/02). Pour l'autre, « *les Parcs ne peuvent être créatifs et imaginatifs s'ils sont porteurs de réglementations contraignantes. Ils rentrent dans les rangs, c'est-à-dire qu'ils deviennent des structures administratives lourdes comme d'autres administrations* » (entretien, 23/4/02).

Pour terminer, comment les Parcs, peu porteurs de réglementation contraignante, pourraient-ils être créatifs et imaginatifs? Pour le CAUE, lorsque les Parcs commencent à avoir cette légitimité institutionnelle et politique, « ils sont un peu piégés dedans », c'est-à-dire ils deviennent véritablement des institutions avec leur lourdeur et pas encore de véritable territoire de projet.

Les Parcs n'œuvreraient plus en dessous, en deçà ou à côté du tissu juridique et politique tel que promu par la Fédération des PNR de France. L'exemple des réactions du PNRC et des Amis du Parc dans le projet de construction d'une centrale hydroélectrique donne raison à première vue à à plsusieurs interlocuteurs selon lesquels les Parcs suivraient le politique plus que le politique ne les suivrait. L'affaire des gorges passe d'un statut de conflit territorial à un statut d'objet scientifique à travers lequel se dessinent des interprétations théoriques: tensions entre le libre arbitre et le poids des structures; les écarts inévitables entre la conception de projet sous de fortes contraintes et la réalisation (aléas, moyens lacunaires et obstacles); et l'inéquation entre la temporalité des pratiques individuelles et la temporalité des pratiques collectives.

Cette section, élaborée sur le thème du développement durable aux prises avec ses contradictions, abordait de front la première philosophie d'agir des PNR Comment tout à la fois développer et protéger le patrimoine culturel et naturel lorsqu'il y a affluence touristique et de multiples demandes privées menant à terme à une banalisation paysagère?

Par exemple, CAUE « *observe un appauvrissement architectural et une très grande banalisation* ». Il explique cette banalisation par la mobilité nouvelle de la société qui favorise les exodes. « *Pour les architectes, confie-t-il, construire aujourd'hui est acte très complexe, à l'égard de cette mobilité et au choix que l'on peut avoir pour construire. On arrive de plus en plus en marche arrière dans le projet* ». Les PLU ont été constitués comme une tentative de régulation. On a appliqué un modèle général de projection issu de modèles existants qui ne distingue que très rarement les situations où on rénove du bâti ancien et les situations où on est en situation de construction neuve. Selon un architecte rencontré, ces réglementations ont un effet pervers puisqu'elles tendent à faire une banalisation et standardisation de modèle réduit. Il manque une culture commune. Les Parcs ont du mal à créer cette culture commune puisqu'ils arrivent difficilement à faire comprendre et à faire partager certains points de vue sur l'appréciation de ce patrimoine, sur l'évolution des cultures et surtout de retrouver des fondements à un projet global qui soit un projet partagé (colloque, 7/10/0).

L'outil Parc est ainsi assailli littéralement de part et d'autre d'influences diverses qu'il peut difficilement renverser étant donné l'ampleur des taches à accomplir (p. ex. l'affaire des gorges du Guiers Mort).

Pour mieux contrer ces limites, S. Gauchet, de la Fédération des PNR de France, pense à maintenir l'organisation des filières concernant des matériaux traditionnels, aux formations engagées auprès des artisans et aux différentes actions de conseil (colloque, 7/10/0). À son avis, ces éléments d'intervention sur le patrimoine bâti ne sauraient suffire au maintien d'un paysage de qualité.

Le paysage n'est pas fait uniquement d'éléments traditionnels, il se construit avec des bâtiments répondant à des fonctions contemporaines et aux attentes sociales d'aujourd'hui. Finalement, dans ce domaine, les « *Parcs n'ont pas su identifier les modes d'intervention suffisant pour apporter des réponses à toutes ces préoccupations* » (colloque, 7/10/0).

Pour d'autres, les Parcs n'ont pas vocation à tout faire sur le territoire que ce soit valoriser l'agriculture, défendre les espèces animales et végétales, protéger les espaces sensibles, développer des filières économiques ou octroyer des financements. Mais n'est-ce pas justement ce que font les PNR?

Ils ne peuvent certainement pas apporter toutes les réponses face aux menaces affligeant le patrimoine culturel et naturel. Ils jouent certainement un rôle d'animateur social sur les questions du développement durable. Dans ce cas, le recentrage souhaité par les Parcs sur une seule mission met à mal l'idée de la Charte placée aux côtés des documents d'urbanisme.

3.4.2.1 Des Syndicats mixtes ouverts élargis gèrent les PNR

Le syndicat mixte a pour objet de gérer le PNR et de mettre en œuvre sa charte en réalisant ou en faisant réaliser des activités d'étude, d'animation, de gestion et maîtrise d'ouvrage nécessaire; de gérer, en application du Règlement national de la marque « Parc Naturel Régional » déposée à l'Institut National de la Propriété Industrielle et concédée par l'État; d'assurer la cohérence et la coordination des interventions de ses partenaires sur le territoire du Parc.

Ce mandat de gestion des PNR peut être complété par des compétences expressément déléguées par les communes adhérentes (par exemple: Schéma de Cohérence Territoriale, charte paysagère, contrat de rivière et entretien de sentiers) et dès lors que les statuts du Syndicat mixte le prévoient en application de la Charte. Ces compétences spécifiques peuvent être exercées à la carte, pour une partie du territoire.

À la création du Parc, les membres s'engagent sur un programme pluriannuel. Dans le respect des compétences des signataires de la Charte, le syndicat mixte peut procéder ou faire procéder à toutes actions nécessaires à son objet, et ce:

a) pour son propre compte: les études, les travaux d'équipements ou d'entretiens, les actions foncières, l'information au public, la création des services administratifs, techniques ou financiers, la conclusion de conventions ou le financement des équipements…;

b) pour le compte des collectivités: les communes adhérentes conservent la maîtrise d'ouvrage des actions à mener sur leur territoire. Toutefois, des conventions peuvent être signées entre le Syndicat mixte et les collectivités territoriales ou les Établissements Publics de Coopération Intercommunales pour la réalisation d'opérations relevant du domaine de compétences du syndicat mixte (Jenkins, 2001).

Le noyau central d'acteurs d'un PNR est son Syndicat mixte. Il se compose de représentants de collectivités territoriales ayant adhéré au Parc[50]. Le PNR de Chartreuse se distingue du PNRV du Vercors par la présence d'un Conseil de Massif et d'un Comité Stratégique paritaire.

---

[50] Cette adhésion se concrétise avec la signature de la Charte Constitutive d'un PNR

Le Syndicat mixte de gestion possède le pouvoir décisionnel au sens juridique du terme. Des élus des collectivités territoriales adhérentes (signataires à la charte) le composent[51]. Ensuite, un directeur et une équipe technique (dont un Conseil scientifique[52]) les appuient afin d'exécuter les projets décidés en partenariat avec le syndicat mixte et avec des commissions de travail.

Les commissions de travail participent normalement aussi aux différents débats selon les sujets abordés[53]. Son rôle est de donner des avis sur des sujets spécifiques comme l'aménagement du territoire et la gestion de la faune et la flore (par exemple, le dossier des gorges du Guiers Mort en Chartreuse). Pour ce faire, elles secondent le Syndicat mixte et/ou, selon les cas, le Comité stratégique paritaire (particularité du PNRC formé de délégués du syndicat mixte et de Conseil de Massif).

Le Comité stratégique paritaire est l'un des « gardiens de la Charte du Parc » (PNRC, 1995: 16). Les commissions comptent parmi elles des élus, des représentants d'associations, des socioprofessionnels et des personnes qui en font la demande. Sa composition ressemble au comité stratégique paritaire sauf que ce dernier constitue explicitement l'organe de propositions de la politique du Parc. Le Parc de Chartreuse compte un

---

[51] Le Syndicat mixte est composé des collectivités ayant approuvé la Charte: au minimum les communes et la ou les Régions, mais également le ou les départements, parfois des Établissements Publics de Coopération Intercommunales avec ou sans fiscalité propre, et de la ou des villes-portes, hors périmètre. Il peut également être un Syndicat mixte ouvert dit « élargi » associant avec voix délibérative des établissements publics tels que les Chambres consulaires, Office National des Forêts, Centre Régional de la Propriété Foncière et Conservatoire du littoral.

[52] Le Conseil scientifique regroupe des scientifiques, des associations et des personnes qualifiées et qui est chargée de proposer des initiatives, de conseiller le Syndicat mixte et les commissions de travail, de participer à l'évaluation des actions menées par le SM. Il apporte son expertise dans le cadre des avis du SM et sur les actions de recherche et de vulgarisation scientifique.

[53] En Chartreuse, quatre commissions permanentes ont été crées, conformément à la Charte du Parc: une commission Environnement et Paysage, une commission Agriculture et Forêt, une commission Tourisme, travaillant notamment sur le tourisme nature, et une commission Sensibilisation et Promotion.

Conseil de massif[54] composé d'associations et de socioprofessionnels qui possède un pouvoir consultatif. Il émet des avis en période décisionnelle.

Un acteur du PNR (p. ex. un élu) peut prendre part à plusieurs organismes internes (le Syndicat mixte, le Comité stratégique paritaire, les Commissions de travail voire aussi les associations ou les professionnels) selon son statut. Par exemple, un élu agriculteur peut à la fois jouer un rôle au sein de sa commune, du syndicat mixte, d'une commission de travail et d'une association de promotion de l'agriculture en fonction des cas de figure.

Le schéma organisationnel, comme celui du PNRC défini peu avant sa fondation en 1995, structure un réseau d'acteurs (individuels et collectifs) d'horizons divers, tant économiques (p. ex. représentants de l'industrie touristique), politiques (p. ex. élus) que sociaux (p. ex. association de citoyens). En théorie, le comité stratégique paritaire joue à la lumière de ce schéma un rôle important d'orchestration des désirs et besoins de chacun et aussi il représente le « gardien » de la charte.

Toutefois, le transfert de ce schéma organisationnel théorique dans la réalité pose problème. Par exemple, selon Lajarge (2000) et Romanet (2001), le fonctionnement propre du Parc est apparu, quelques mois seulement après sa création, nettement moins centré autour du Comité stratégique paritaire (CSP) que ne le laisse penser son organigramme.

Le CSP n'a pas permis de poser clairement les axes stratégiques permettant de définir le deuxième programme triennal; et ce n'est pas lui qui a dans les faits de relations privilégiées avec les commissions, si ce n'est en raison de la présence obligatoire des présidents des commissions

---

[54] Le Conseil de massif est constituée de deux collèges: a) le Collège des associations (auquel participe l'Association des Amis du Parc Naturel Régional de Chartreuse, Association pour la Gestion de la Faune et de la Chasse sur le Massif de Chartreuse, Avenir de l'Agriculture en Chartreuse et Groupement des Hôteliers); b) le Collège des membres associés (auquel participe la Chambre de Commerce et d'Industrie, Chambre d'Agriculture, Chambre de Métiers, Office National des Forêts et le Conseil en Architecture, Urbanisme et Environnement).

dans la composition du CSP.

En 1999, soit après quatre années de fonctionnement, d'autres problèmes de fonctionnement au PNRC sont aussi constatés tel que l'absence de liens entre le CSP et le bureau du Syndicat mixte, la lenteur dans la prise de décision (ralentie par le passage devant le CSP), la faible participation des élus aux commissions, des commissions techniques très dépendantes du travail de l'équipe technique, et un Conseil de massif qui n'a toujours pas joué de véritable rôle.

Dans l'affaire de gorges du Guiers Mort, le CSP était absent du débat au grand étonnement des Amis du Parc. Selon les travaux de Lajarge (2000), les six présidents de commissions ont du mal à intervenir directement sur les dossiers qu'ils ont préparés en commission puisqu'ils sont tantôt issus du Syndicat mixte, tantôt du Conseil de massif. Les dossiers techniques sont donc présentés à l'instance exécutive par le directeur, au nom de l'équipe du Parc. Si les acteurs socioprofessionnels ont effectivement une influence sur le système de décisions, c'est donc autant par les relations qu'ils entretiennent avec l'équipe technique que par la relation directe qu'ils ont avec les élus au sein du CSP.

Ces difficultés laissent entrevoir l'importance des histoires interpersonnelles entre chacun des acteurs au premier chef desquelles la confrontation politique qui peut saper une dynamique volontariste du comité scientifique et technique. D'un autre côté, l'habitude du travail d'équipe entre des personnes facilite la communication. Les acteurs ont la possibilité d'échanger en dehors du contexte des rencontres liées au PNR Des tensions internes peuvent émerger ou bien se raviver selon les objectifs de chacun et selon leur passé respectif bien que ce ne soit pas toujours le cas.

D'autres systèmes d'acteurs extérieurs viennent interférer positivement et négativement avec celui du PNR. Selon Baffert (1997,

2000)[55], le système d'acteurs PNR s'efforce de créer une dynamique centripète en instituant, à l'intérieur de sa frontière, une culture locale, un savoir-faire et une image de marque particulière. Lui et bien d'autres élus se plaignent de la présence sur le territoire Parc de systèmes d'acteurs (urbains notamment) qui crée une dynamique centrifuge en véhiculant des logiques d'actions différentes.

Ces logiques sont parfois complémentaires dans le meilleur des cas. Elles sont contradictoires voire parfois identiques aux PNR dans le pire des cas, lui faisant perdre par le fait même une certaine légitimité d'intervention. Ces systèmes d'acteurs « étrangers » peuvent tantôt représenter une menace quant à leur autonomie décisionnelle et aux conséquences des actions engagées sur le terrain; ou représenter tantôt un avantage indéniable lorsqu'il s'agit d'accéder aux financements et de réaliser des projets complémentaires.

Les communautés d'agglomérations regroupant un ensemble de communes urbaines et le système d'acteurs assurant le suivi et l'application des schémas directeurs dont les limites croisent celles des PNR[56] sont un exemple de système d'acteurs.

3.4.2.2 Principe de libre adhésion des signataires

Fondé sur le principe de la libre adhésion des collectivités locales, le PNR ne comprend que les communes qui ont souhaité sa réalisation et qui se sont regroupées volontairement au sein du Syndicat mixte de gestion.

Les collectivités ou les Établissements publics autres que ceux initialement syndiqués peuvent être admis à faire partie du Syndicat mixte avec le consentement du Comité syndical, et dans les conditions fixées par lui. L'adhésion au Syndicat mixte implique l'adhésion à la Charte.

---

[55] M. Baffert, aujourd'hui maire à la retraite de la commune de St-Christophe-sur-Guiers, fut le premier président du PNRC.
[56] Cette question des chevauchements de périmètres d'action est l'objet du chapitre suivant abordant les PNR au sein de leur environnement administratif et politique.

Les membres du Syndicat mixte peuvent se retirer avec le consentement du Comité Syndical selon les modalités définies par l'article L 163.16 du Code des Communes et selon des engagements financiers engagés (un Parc ne prélève pas d'impôts). Toutefois, il convient de distinguer ce qui se passe en phases d'étude et en phase de création.

S'agissant d'un projet de PNR, la définition du périmètre d'étude est de la compétence du ou des Conseils régionaux, sur la base de concertations préalables (les délibérations préalables des communes ne sont pas obligatoires). Quelle que soit la position des communes concernées, elles sont toutes invitées à participer à l'élaboration de la charte. Les communes et leurs groupements ont quatre mois pour approuver la Charte d'un PNR, par délibération: l'absence de réponse équivaut à une réponse négative. Le territoire classé par l'État, à la demande de la Région, n'intègre que les communes qui ont délibéré positivement, qu'elles soient en intercommunalité ou non.

La Charte ne s'applique pas à une commune qui ne l'a pas approuvée. Cependant, si cette commune adhère à un EPCI qui a approuvé la Charte, les actions menées par cet EPCI, sur le territoire communal, doivent respecter les orientations de la Charte. De même, si une commune, enclavée dans le territoire classé, mène un projet de nature à compromettre l'image du Parc ou est en opposition avec la Charte, les services de l'État, les Régions et Départements – qui ont approuvé la Charte – peuvent refuser telle autorisation ou telle aide financière à ce projet ou demander des modifications substantielles.

Les PNR sont dans une optique de « faire-faire » et de « faire eux-mêmes » selon leurs compétences. Dans le premier cas, ils peuvent proposer des pistes d'actions et financer des projets en accord avec leurs mandats, alors que dans le deuxième cas, ils exécutent eux-mêmes des actions.

En mobilisant des fonds, qu'ils soient départementaux, régionaux, étatiques ou européens, les PNR financent souvent des actions faites par des partenaires (agriculteurs, Office National des Forêts et CAUE) sur leur territoire d'action, tout dépendant de leurs compétences et de leurs ressources propre. En ce sens, ils stimulent et supervisent des actions concrètes sur le terrain.

Pour terminer, l'échelle d'action des PNR ne se résume pas uniquement à leur territoire propre d'intervention vu que des membres siégeant au Syndicat mixte peuvent cumuler des mandats communaux, régionaux, étatiques et européens pour intervenir directement et indirectement à d'autres échelles.

Le PNR n'est donc pas un échelon administratif et politique au même titre que le département, par exemple. Il ne possède pas un pouvoir législatif équivalent à d'autres échelons administratifs et politiques (comme la communauté de communes ou l'agglomération) et ne prélève pas d'impôts. Le PNR est un concept d'aménagement intégrant une démarche politique à la fois horizontale et verticale.

La perspective horizontale correspond au Syndicat mixte de type intercommunal qui gère les PNR en grande majorité obligatoirement à partir de la contribution des partenaires locaux (ou infraterritoriaux) situés à l'intérieur du Parc. Le pouvoir effectif d'action dépend en partie de l'influence des élus à mandats multiples qui peut dépasser la limite de son PNR d'attache pour le lobbying et le financement, par exemple. Tandis que la perspective verticale correspond aux partenaires extraterritoriaux qui influencent fortement le pouvoir économique, législatif et politique d'un Parc.

À un premier niveau se situent les partenaires infraterritoriaux. Ils sont les gestionnaires de l'espace d'un PNR et ils agissent concrètement sur le terrain à la lumière de règles relatives à leurs pratiques quotidiennes (cahiers des charges et zonages). Les partenaires territoriaux du PNR sont au deuxième niveau. Ce sont les gestionnaires et les animateurs du Parc comme le directeur, le président et le comité scientifique. Ils décident des grandes orientations d'aménagement à l'échelle des limites du Parc en plus d'être les « gardiens de la Charte ». De ce fait, ils donnent des orientations d'aménagement à des pistes d'actions menant à la gestion. Leurs tâches ne sont pas tant d'aller sur le terrain pour faire des actions ou de réaliser eux-mêmes des projets de gestion spatiale. Ils ont plutôt les responsabilités de gérer le PNR et de mettre en œuvre sa charte en réalisant ou en faisant réaliser toute activité d'étude, d'animation, de gestion et de maîtrise d'ouvrage nécessaire; de gérer la marque « Parc naturel régional »; d'assurer la cohérence et la coordination des interventions de ses partenaires sur le territoire du Parc; ainsi que d'assurer la révision de la Charte, tel que stipulé par les lois et les articles sur les PNR.

Les partenaires extraterritoriaux se situent à un troisième niveau de gestion des PNR. Ce sont pour la plupart des acteurs nationaux et internationaux oeuvrant principalement au sein de Ministères[57], de la Fédération des Parcs, de la DATAR et d'instances européennes. Ils sont, sans être les gardiens de la Charte, les « gardiens » des PNR à l'échelle nationale. Ils militent en leur faveur, pas toujours de manière cohérence selon P. Baffert (2000), tant sur le plan économique, juridique que politique. Par exemple, la Fédération des Parcs a défendu les intérêts des PNR lorsque a été institué en 1995 le concept de Pays, similaire à bien des égards.

Pour eux, la superposition sur un même territoire de la politique des Pays et celle des PNR posait initialement problème (FPNRF, 1997: 4; Fuch, 1998: édito; Menanteau, 1998).

3.5 Le cadre administratif et politique des PNR

Les PNR sont des territoires à part entière pour deux raisons principales: ils ont un périmètre d'action précis qui se négocie auprès de

---

[57] Le premier des Ministères partenaires est celui de l'Aménagement du Territoire et de l'Environnement devenu le Ministère de l'Écologie et du Développement Durable en 2001.

partenaires économiques et sociopolitiques concernés et ils mettent en place des orientations ou des politiques d'action destinées à être appliquées à l'intérieur de ce périmètre.

Le territoire d'un PNR se voit toutefois traversé par d'autres territoires comme les Communautés de communes (un type d'E.P.C.I. mis en place par M. Chevènement en 1992) et les Pays (un type de contrat territorial créé par M. Pasqua en 1995 et complété par Mme Voynet en 1999)[58] reposant sur la maille territoriale de base, la commune.

L'important cette fois est de montrer comment les Pays et les PNR se chevauchent (dans les compétences et dans l'espace) de façon plus ou moins complémentaire selon les opinions et de montrer comment ils représentent souvent une occasion de mobiliser des ressources supplémentaires, n'en déplaise aux tenants, de la simplification territoriale et du renforcement de la légitimité des Parcs.

Pour mieux cerner tour à tour les enjeux de la logique territoriale des PNR, il est question, dans un premier temps, d'exposer l'émergence de la logique territoriale des PNR en rapport avec la création de Communautés de communes et des Pays (les Contrats Globaux de Développement transformés en Contrat de Développement rhônalpins en ont été les précurseurs) pour ensuite cerner les moyens et les raisons de compétition et de coopération entre ces organisations politico-administratives.

La pièce maîtresse de l'architecture administrative et politique demeure la commune. Les plus influentes en Chartreuse sont St-Laurent-

---

[58] La loi du 6 février 1992 (dite Chevènement) institua une intercommunalité se réalisant par la mise en commun de certaines compétences au moins dans un des domaines suivants: voirie, logement, environnement, équipements éducatifs, culturels et sportifs. Elle se réalise complémentairement par la voie financière et plus particulièrement par la voie fiscale. Ensuite, en l'espace de quelques années, deux lois d'orientations pour l'aménagement du territoire ont vu le jour (LOADT et la LOADDT). Si la notion de « Pays » est créée en 1995, elle est précisée par la loi du 25 juin 1999 qui, sans créer un nouvel échelon d'administration territoriale, laisse aux communes la possibilité de se réunir sur des objectifs de développement commun.

du-Pont et St-Pierre-de-Chartreuse alors que dans le Vercors, il s'agit de Lans-en-Vercors et de Villard-de-Lans compte tenu de leur rôle moteur dans le dynamisme économique et social des massifs.

Les compétences des Établissements publiques de coopération intercommunales (EPCI) (notamment celle de gestion de l'espace et de services publics) ainsi que leurs pouvoirs financiers et politiques peuvent dépasser ceux des PNR Certes, le PNR peut être mandaté afin d'exercer des fonctions d'une Communauté de communes lorsque des accords formels sont passés. Mais les cas de chevauchement entre les territoires Parc et EPCI inquiètent toujours de nombreux Parcs.

Plusieurs cas de figures peuvent être proposés selon l'ampleur des chevauchements ou des proximités constatées. Lajarge (2000) identifie six types d'« articulation » entre les Parcs et les Pays selon les diverses configurations territoriales initiales et les stratégies observées (les stratégies conquérantes et de repli, par exemple).

Cette façon de représenter les chevauchements (vus d'en haut) entre Parc et Pays montre des périmètres qui se croisent (choquent des élus et des PNR) mais elle a le désavantage de laisser entendre que les chevauchements font disparaître le pouvoir décisionnel central de la commune au cœur des périmètres d'intervention. Pour plusieurs, il est en effet inconcevable d'empiler plusieurs périmètres sans jamais en supprimer.

Cette vision géométrique du cadre administratif et politique justifie l'utilisation d'expressions tels que « les Parcs écartelés », la nécessaire recherche « d'articulations » Parc / Pays et « les Pays font de l'ombre aux PNR ». Cette logique territoriale balance tantôt entre la coopération et la concurrence selon les opportunités politiques et le jeu de positionnement des organisations.

Pour Giraut et Vanier (1999: 147) le vrai enjeux ne se trouve pas dans la multiplication des niveaux de collectivités territoriales, des mailles obsolètes, des régions trop petites et d'«émiettement communal paroxystique». Les vrais enjeux consistent à bâtir des complémentarités territoriales en sachant que les maires demeurent les acteurs centraux de cette « petite fabrique de territoires en Rhône-Alpes » (Vanier, 1995).

3.5.1 Émergence de la logique territoriale des PNR

Suite à l'adoption de la loi *Deferre* du 2 mars 1982 sur la décentralisation, la Région devient une collectivité de plein exercice et se voit accorder notamment la compétence en matière d'aménagement du territoire. Depuis, cette compétence s'est traduite par des actions différenciées dans les transports, les activités économiques, l'urbanisme et l'habitat aussi bien que l'aménagement rural, les formations et le tourisme.

Pour Y. Pillet, « *le Parc est un outil exemplaire de la décentralisation* » (*in* Le Progrès, 11/2/82). D. Parthenay, le directeur du PNRV, va même jusqu'à dire qu'il n'y a jamais de conflit entre les différentes structures d'intervention sur le territoire du Parc.

> « *Non, parce qu'un Parc c'est un outil, un bras séculier. Il ne peut pas être concurrent, puisqu'il tire l'essentiel de ses moyens de la Région, du Département et de l'État. Le Parc peut, et doit proposer, mais si le Département ou la région ne sont pas d'accord avec ce qu'il veut faire, ils ont les moyens de l'en empêcher. Ce plus en plus d'hommes politiques considèrent aujourd'hui que les Parcs sont un peu des laboratoires du développement, et que ce qui s'y fait peut ensuite être repris à l'échelle du territoire, si c'est positif* » (Parthenay *in* News Montagne, 31/10/90).

Les commentaires de Parthenay sont certes postérieurs à la décentralisation, mais ils précèdent l'arrivée des Pays du tandem Pasqua et Voynet. La Parc est ainsi un outil pourvu d'une « puissance » à « l'autorité temporelle » qui ne concurrence pas les autres échelons administratif... Cette décentralisation n'a pas été aussi bien accueillie en Chartreuse et au sein de la Fédération de Parcs naturels régionaux de France (FPNRF.).

En 1992, la Région Rhône-Alpes est la première des Régions françaises à définir un Schéma régional d'aménagement et de développement du territoire (SRADT).

Ce document permet de définir, pour la première fois depuis sa constitution, les grandes lignes de la politique d'aménagement du territoire conduite par la Région Rhône-Alpes. Cette politique a pour objectif, en ce qui concerne le développement local, de définir, puis d'accompagner la mise en œuvre de projets de territoire à l'échelle de bassins de vie appelés « espaces du quotidien ».

Les Contrats globaux de développement (CGD) de la Région Rhône-Alpes dont la procédure est adoptée par l'Assemblée régionale le 23 juillet 1993, deviennent l'une des principales réalisations du premier SRADT. Cette politique contractuelle repose sur une idée de développement durable de ces « *espaces du quotidien* » autour d'un projet « *cohérent pour renforcer les activités économiques, sociales et culturelles à l'initiative des partenaires locaux sur leur territoire* ». Selon le Conseil régional, le CGD est un outil de partenariat local puisqu'il propose aux collectivités de s'associer pour porter les intérêts d'un territoire, à une échelle suffisamment large pour représenter une réalité de la vie économique et sociale.

3.5.1.1 Bonne échelle du PNR

La FPNRF. (1991) s'interroge « *Échelles, échelle... Quelle échelle? Et si la bonne échelle ce n'était ni le micro régional (secteur, pays, canton, district), ni l'infrarégional (la dimension du Parc), mais la subtile coordination entre les deux?* ». En effet, la question qui en préoccupe plusieurs (les Administrations notamment) concerne la bonne échelle d'appréhension des phénomènes économiques, sociaux et spatiaux (emploi, habitat et transport). On le devine, le bon outil pour faire les allers retours entre les échelons du haut et les échelons du bas est le Parc qui, de surcroît, gagne en légitimité (FPRNF, 1991).

La création des CGD fut en partie basée sur une volonté de caler un périmètre d'intervention sur l'échelle des phénomènes à traiter. Par cette question des échelles, la FPNRF. cherche à montrer que les PNR agissent à la bonne échelle de gestions: périmètre cohérent, enjeux territoriaux communs, histoires fortes, liens socio-politiques durables...

Or, chacun des échelons administratifs et politiques revendique la même approche et selon des procédures similaires d'élaboration d'où les frictions qui s'en suivront. Encore une fois, la Fédération rapplique en disant que les PNR sont dans la meilleure position - la transversale - afin cette fois de coordonner les différents échelons en fonction d'objectifs de développement cohérent et de protection.

L'idée des « contrats de Pays » a été reprise en 1995 dans la loi *Pasqua*. Selon les termes de cette loi, l'intérêt des Pays réside dans l'engagement des communes d'atteindre les objectifs de développement fixés par contractualisation. Il s'agit d'une procédure visant à développer une diversité de projets possibles afin de répondre théoriquement « *à la grande variété des situations économiques rencontrées sur chaque territoire* »[59]. Les collectivités concernées sont tenues d'assurer une sélection des projets en ne retenant que les actions relevant d'objectifs clairement définis et ayant un impact réel sur l'activité économique locale et sur la création d'emploi en plus de constituer un apport de richesses pour le territoire[60].

Le lancement d'une deuxième génération de CGD (nommé Contrat de Développement de Rhônes-Alpes, CDRA) à la fin 2001 est le fruit d'une

---

[59] Un postulat de base servant à définir le périmètre d'un contrat de Pays est qu'il existe des comportements communs des habitants d'un territoire: travailler dans des entreprises installées dans la même zone économique, fréquenter les mêmes pôles d'équipements et de services, ou encore relever des mêmes autorités publiques ou administratives.
[60] Le contrat est construit autour de priorités traduisant la stratégie de développement adoptée et permettant de justifier le choix des opérations retenues. Pour ce faire, il s'appuie notamment sur une phase de diagnostic approfondi du territoire.

réflexion de la Région qui tient compte d'une interprétation de l'évolution des contextes économique, contractuel et législatif ainsi que des remarques des élus locaux et d'acteurs socio-économiques sur l'aménagement du territoire de Rhône-Alpes. D'une durée visée de cinq ans, les premiers CGD sont arrivés à échéance en 2002. La Région a procédé à une évaluation de ces premiers contrats mettant en lumière l'utilité de modifier certains aspects de la procédure.

Le problème de la localisation des emplois est, dans l'optique des CDRA, un enjeu fondamental ce qui les distingue des PNR. Bien que l'idée vienne de beaucoup plus loin, les CGD (CDRA) ont été précurseurs de la notion de « Pays » définie par les décrets d'application de la loi « d'orientation et d'aménagement durable du territoire » (LOADDT) dite loi *Voynet* adoptée en 1999.

Pour autant, la Région, comme un certain nombre d'acteurs locaux, n'a pas envisagé que les périmètres des CGD soient systématiquement remis en cause[61] par la création des Pays. C'est la raison pour laquelle, après négociation, le Contrat de Plan État-Région 2000-2006 fait coexister les deux découpages, laissant aux territoires le choix de la meilleure formule.

Lorsque le précédent contrat est terminé (CGD), il peut redémarrer sur un même périmètre géographique. Il peut aussi recomposer son

---

[61] À l'heure actuelle, les CGD (1ère génération) et les CDRA (2e génération) coexistent. Dans les négociations du Contrat de Plan État-Région 2000-2006, Anne-Marie Comparini, présidente de la Région Rhône-Alpes et Dominique Chambon, vice-président aux politiques territoriales (jusqu'en 2004) ont défendu le principe des CDRA. aux côtés des futurs « Pays ». Les CDRA ont vu le jour et les territoires concernés peuvent fusionner pour devenir un « Pays » s'ils le souhaitent. Sauf que certains CGD / CDRA / Pays sont à cheval sur les PNR ce qui cause certains avantages et inconvénients comme l'apport de financement de la Région, mais qui suscite de la compétition pour l'autonomie décisionnelle du côté des PNR.

périmètre pour « coller » à un bassin d'emplois[62]. Chaque territoire[63] a le choix entre s'engager dans un Contrat de développement de Rhône-Alpes (CDRA.). Dans ce cas, la Région accorde une aide financière majorée de 5 %). D'autres peuvent sinon entreprendre une démarche de pays avec l'État et opter pour un contrat de développement de pays de Rhône-Alpes avec la Région et l'État.

Par ailleurs, la structure administrative du CDRA. peut être soit un syndicat mixte au minimum fermé ou ouvert, les établissements publics de coopération intercommunale existants s'ils recouvrent l'intégralité du périmètre défini, soit un groupement d'intérêt public[64].

Le Pays est d'abord aussi un territoire de projet. Il ne requiert pas obligatoirement la création d'une nouvelle structure publique, ne dessaisit aucun organisme de ses compétences et n'a pas de fiscalité propre.

À partir d'un diagnostic explicite, chaque territoire a la possibilité de construire son projet de développement dans une vision prospective à moyen terme (10 ans) et de préciser ses objectifs et les actions à mener pour cinq ans (durée du CDRA).

Afin de privilégier le développement économique durable comme s'est prévu, le Conseil régional souhaitait que les contrats de deuxième génération (CDRA) collent à la réalité économique de chaque territoire.

---

[62] En règle générale, la Région souhaite que les périmètres des futurs contrats s'inspirent autant qu'il est possible des zones d'emploi, au sens qu'en donne l'INSEE, qui se réfère à la prise en compte des déplacements domicile-travail (27 bassins économiques recouvrent l'ensemble de Rhône-Alpes).

[63] Il est entendu ici, par « chaque territoire », une structure politico-administrative de type Établissement Public de Coopération Intercommunale (EPCI) telle que la Communauté de communes.

[64] Le Groupement d'Intérêt Public peut, à la différence du Syndicat mixte, accueillir en son sein à la fois des personnes morales publiques et des personnes morales de droits privés. L'objet conventionnel du GIP est précisé dans la loi: « exercer les activités d'études, d'animation ou de gestion nécessaires à la mise en œuvre des projets économiques, sociaux, environnementaux, culturels et touristiques d'intérêt collectif prévus dans la Charte de Pays ».

Les CDRA doivent alors permettre, « *grâce aux initiatives locales, de favoriser l'émergence de richesses nouvelles propres à créer de l'emploi afin que chacun puisse exercer son activité professionnelle à proximité de son lieu de vie, dans le respect de la préservation et de la protection de l'environnement sur chaque territoire* »[65]. Les CDRA rejoignent de façon plus volontariste les domaines clés de l'action régionale: le développement de toutes les activités, la formation en tant qu'outil de développement économique, la préservation et la protection de l'environnement « dans un souci de développement durable ».

Or, la ressemblance entre les PNR dans leurs objectifs et fonctionnement (Tableau 7) est flagrante. La participation de la Région au CDRA. est proportionnelle à l'effectif de la population concernée et est modulée en tenant compte de la richesse relative de chaque secteur (en référence aux indicateurs économiques et démographiques) et de la configuration du périmètre au regard des zones d'emploi.

Afin d'inciter les territoires à se rapprocher des bassins d'emplois pour former de nouveaux territoires pertinents, la Région majore de 5 % sa participation financière au CDRA. L'aide régionale se situera à l'intérieur de la fourchette: 100 euros par habitant dans les secteurs les plus défavorisés, et 50 euros par habitant dans les secteurs où les données économiques sont les meilleures.

---

[65] Avec toujours ce même souci d'adaptation aux réalités de l'économie locale, la Région veut intégrer dans ses CDRA. la dimension « formation au service de l'économique ». À cette fin, le Conseil régional a prévu de répondre, sur chaque territoire, au problème des qualifications professionnelles, et ce en lien avec les attentes des responsables économiques et l'offre locale de formation initiale ou continue. Cette nouvelle approche de la formation vise à permettre de rapprocher les périmètres des CDRA. des zones prises en considération par les Comités Emploi Formation Rhônes-Alpes.

	Parcs naturels régionaux	Contrats de développement Rhône-Alpes
Quoi?	Créés pour des territoires ruraux dont le patrimoine culturel et naturel est riche, mais dont l'activité économique est souvent fragile. Remplissent quatre missions: - Protéger et mettre en valeur les richesses du patrimoine naturel; - Aménager le territoire; - Développer l'économie locale et la vie sociale; - Accueillir, informer et former le public - Susciter l'innovation et les programmes de recherche	Créés à l'échelle des bassins d'emplois Mise sur le développement économique Permet l'élaboration de projets prenant en compte des thématiques spécifiques à chacun des territoires.
Comment?	Étude préalable permettant d'apprécier la "faisabilité" du Parc et de mobiliser les partenaires du territoire. Bâtir le projet de PNR	La procédure comporte plusieurs étapes: agrément de la candidature, élaboration d'un contrat d'objectifs définissant les axes directeurs du projet CDRA., ensemble d'actions passées pour cinq ans.
Combien?	La Région prend en charge 60 % du budget de fonctionnement des Parcs La Région prend également en charge 60 % du coût des démarches précédant la création du Parc	Soutien régional à l'animation et études Subvention entre 20 et 50 % de la dépense globale du contrat)

Tableau 7 : Comparaison entre PNR et CDRA
Source: Guide des aides de la Région Rhône-Alpes (2001: 3-4)

En définitive, la Région Rhône-Alpes a mis en place des Contrats Globaux de Développement en 1993. Ces contrats ont servi à la définition des « Pays » (s'inspirant de l'expérience des PNR) de la DATAR dans les lois de 1995 (Pasqua) et 1999 (Voynet) portant sur l'aménagement et le développement durable des territoires.

L'arrivée de ces contrats de Pays à cheval sur les PNR a suscité de grandes craintes au sein de la FPNRF et de certains PNR comme en Chartreuse parce qu'ils évoluent, à leur avis, dans des logiques d'action antinomique. Il s'agit d'une logique d'action axée sur le développement économique dans le cas des Pays, contrairement à celle des PNR davantage axée sur la préservation du patrimoine culturel et naturel. Les PNR craignent voir leur mission se réduire à des questions environnementales si leur territoire est occupé par des Pays.

3.5.2 PNR face à la compétition territoriale

La création et la multiplication des Pays Pasqua (1995) et Voynet (1999) (passages en CRADT) appuyé de la loi *ATR-Joxe* de 1992 a suscité de grandes craintes du côté des PNR lors de leur élaboration et de leur application. En effet, les Pays et les PNR ont des démarches similaires telles qu'exposées précédemment. La Fédération des PNR comme certains Parcs d'ailleurs ont senti leur rôle menacé.

Dès la préparation de la loi ATR en 1991, G. Moulinas, directeur du PNR du Luberon, a soulevé cette problématique liée à l'organisation du cadre administratif et politique sous l'angle du partage des compétences:
« *Nous sommes confrontés à un problème d'organisation territoriale qui rejoint le débat autour de la "loi Joxe". Soit les (futures) Communautés de communes disposent de manière délocalisée et autonome de leurs propres agents, soit elles délèguent au Parc certaines compétences et nous pouvons garder l'acuité du conseil et conforter notre équipe* » (*in* FPNRF., 1991: 9).

Son inquiétude traite de l'arrivée des Communautés de communes dans les PNR avec des compétences obligatoires en gestion de l'espace. Pour ce directeur du PNR du Luberon, une solution était de déléguer certaines compétences, en l'occurrence des agents de développement, au PNR afin d'assurer sa légitimité d'action et de décision.

Cet exemple illustre à petite échelle les raisons des inquiétudes des PNR face à la réorganisation territoriale. Si une structure de type Communauté de communes se consolide sur le territoire Parc, sa légitimité ne risque-t-elle pas de s'éroder en même temps que ses champs d'actions?

Lajarge (2000: 49) relève que l'absence de pouvoir réglementaire en matière de questions environnementales rend le principe de négociation, de contractualisation et de conventionnement central et principal au sein des Parcs. Son avis abonde vers une fragilisation de la légitimité des Parcs puisque le principe même de négociation, de contractualisation et de conventionnement qui légitime l'action des Parcs s'efface en partie:

> « *Ce principe a comme conséquence d'asseoir le territoire sur une base plus partenariale et consensuelle que politique et institutionnelle. Mais il induit aussi une fragilisation de la légitimité thématique des Parcs qui ne peuvent presque rien imposer, ni en matière de développement local, ni même sur les dossiers environnementaux* » (Lajarge, 2000: 49).

Il y a effectivement eu de profondes discussions aux sujets de la légitimité des Parcs afin d'assurer la pérennité de leurs acquis en plus de la question de leurs moyens de financement parce que les Communautés de commune et les Pays profitent d'un financement plus stable que les PNR.

À l'avis de plusieurs intervenants pro-Parc, « *il faut songer à définir des financements plus stables qui ne pourront venir que de la fiscalité* ». Il fut en effet suggéré de doter les PNR d'une fiscalité propre comme les Communautés de communes, mais l'idée n'a pas donné les résultats escomptés pour le moment[66].

Les menaces auxquelles font face les PNR mettent en péril leur identité même au plan de l'échelle d'intervention, des rapports entre les objectifs et les moyens d'intervention, des mécanismes décisionnels, *etc.* (FPNRF, 1997).

Dans la même veine, Fuch (1998: édito.) est catégorique: « *Parc ou*

---

[66] Bien que les communes financent en partie les PNR à des taux variables selon les Régions. Dans le Vercors, leur participation s'élève à 13 % des ressources totales du Parc (soit 15 000KF).

Pays, il faut choisir » lorsque ces derniers menacent de se superposer aux Parcs. Selon lui, il ne doit pas y avoir de superposition :« *on fera disparaître les Parcs sans pour autant avoir l'assurance que les Pays feront mieux* ». Si c'était le cas, poursuit-il « *on remettra en cause la politique d'aménagement et de développement durable innovante que les Parcs naturels régionaux ont su mettre en œuvre* ».

Mme Voynet, ministre de l'Aménagement du Territoire et de l'Environnement (de 1997 à 2001) est intervenue en faveur de la FPNRF auprès du législateur afin que le Parc demeure l'organisme orchestrateur des actions menées par l'ensemble des partenaires de leur territoire à condition qu'il y ait un accord signé entre les deux types de projet (Voynet, 1999).

Cette politique de Pays s'avère trop récente pour en mesurer tous les impacts sur les PNR notamment en matière de partage des compétences en gestion spatiale et de compétition pour les ressources financières. Avec ou sans accord formel entre les Pays, les périmètres des Parcs se conçoivent imperméables aux politiques publiques afin d'affirmer une identité politique propre à créer des « forces centrifuges » et non « centripètes » (Baffert,1997; Pisot *in* FPNRF., 1998 : 11).

Les similitudes entre les Parcs et les Pays sont en effet nombreuses sur le plan des critères de localisation, des objectifs d'aménagement et de développement durable et du document Charte en guise d'engagement moral et contractuel (voir Tableau 8).

Loi *Paysage* du 8 janvier 1993 et son décret d'application du 1er septembre 1994	Projet de la LOADDT du 29 juillet 1998
Définition	
Un territoire à l'équilibre fragile, au patrimoine naturel et culturel riche et menacé, faisant l'objet d'un projet de développement fondé sur la préservation et la valorisation du patrimoine. Vise la protection de l'environnement, l'aménagement du territoire, le développement économique et social et l'éducation et la formation du public (Art. L 244-1).	Présente une cohésion géographique, culturelle, économique ou sociale Exprime la communauté d'intérêts économiques et sociaux du territoire. Assure et renforce les solidarités réciproques entre la ville et l'espace rural (Art. 19)
Chartes	
Accord de l'ensemble des collectivités territoriales concernées En concertation avec les partenaires intéressés. Détermine pour le territoire du parc les orientations de protection, de mise en valeur et de développement et les mesures permettant de les mettre en œuvre. Art. R 244-1/8).	Les communes ainsi que leurs groupements ayant compétence en matière d'aménagement et de développement économique élaborent une charte de Pays en association avec le ou les départements et Régions intéressés. Exprime le projet commun de développement durable du territoire concerné et les orientations fondamentales de l'organisation spatiale qui en découlent ainsi que les mesures permettant leur mise en œuvre (Art. 19).
Acte fondateur	
La Charte est adoptée par décret portant classement en PNR pour une durée maximale de dix ans Art. L 244-1	Le Pays peut être reconnu, après avis conforme de la ou des CRADT concernées Art. 19
Contrats de plan	
Dès que la charte d'un PNR est approuvée, l'État et la ou les Régions peuvent conclure avec l'organisme de gestion du Parc un contrat en application du contrat de plan État-Régions Art. 21.	Lorsque la charte de Pays a été adoptée l'État et la ou les Régions peuvent conclure avec un Syndicat mixte ou un E.P.C.I. un contrat en application du contrat de plan État-Région Art. 19.

Tableau 8 : Comparaison entre la loi Paysage et la LOADDT

Dans ces deux cas, le périmètre repose sur l'idée de cohésion plus particulièrement une cohésion culturelle, économique et sociale pour les Pays; et une cohésion spatiale au sein d'un territoire au patrimoine culturel et naturel riche, mais menacé dans le cas des PNR.

Le contenu de la LOADDT qui institue les Pays risque de créer une situation de concurrence « absurde » (Baffert, 1997) sur les territoires des Parcs, de dénaturer ou de fragiliser les dynamiques qu'ils ont enclenchées. À son avis, la concurrence émerge de la volonté des PNR de créer de liens à l'intérieur de leur frontière par la discussion, la sensibilisation et la mise en commun de ressources autour du Parc.

Avec la présence de Pays à cheval sur les territoires PNR, la dynamique impulsée par le PNR risque de l'estomper[67]. Tel que l'explique la FPNRF, cette loi « *a fait naître une appréhension sans précédent parmi les élus et dans les équipes des PNR parce qu'elle rend possible la superposition sur un même territoire, de deux Chartes: celle d'un Parc et celle d'un Pays, qui ont toutes deux vocations à mettre en cohérence les politiques publiques* ». Lors de l'élaboration de la LOADDT quelques mois avant son adoption en 1999, cette situation de chevauchement était perçue par le réseau de la FPNRF comme ingérable compte tenu du brouillage momentané des compétences de chacun et de la fragilisation des Parcs.

Cependant, les PNR ont initialement accueilli avec satisfaction le projet de LOADDT et la Fédération était en faveur de l'idée de Pays. Il prévoit en effet, à l'échelle de la France, la création de Pays sur le principe de projets de territoire, matérialisés par une Charte et pouvant contractualiser dans le cadre des contrats de plan État-Régions. Un principe défendu avec une forte conviction et depuis plusieurs années par les PNR

---

[67] En 1995, au même moment où fut adopté le décret de création du PNRC, la DATAR a décidé que la Chartreuse serait l'un des 43 sites d'expérimentation de la notion de Pays. La Chartreuse a bénéficiée d'une étude, financée par la DATAR et le Parc de Chartreuse, afin de déterminer le périmètre du Pays (qui n'est pas forcément celui du Parc) et de recenser les services existants. P. Loddé, sous-préfet secrétaire général adjoint, a été nommé sous-préfet de pays pour la Chartreuse. Chargé de la coordination et de l'animation de cette entité, il a présidé une première réunion en début d'année 1996 avec des élus du Parc (S.A., 1996). Son objectif, selon le magazine *Présence* était de définir une grille d'évaluation des besoins de la population en termes de services au public (aides ménagères, transports collectifs, soins à domicile, boulangeries, garages...). Selon le périodique Vie Publique, le PNRV n'a pas été consulté concernant l'arrivée des Pays sur son territoire (L.C., 1997: 87).

(*cf.* revue Parcs n° 20 - « Pour un aménagement fin du territoire » - octobre 1993).

Mais « là où le bât blesse » écrit la FPNRF., c'est qu'elle permet l'instauration de Pays à cheval ou sur les territoires mêmes des PNR. Pour elle « *ceci paraît inconcevable... sauf à ceux qui s'obstinent à penser que les PNR ont pour seule vocation la protection de la nature et qu'ils ont besoin d'une autre structure pour prendre en charge la mission de développement de leur territoire* ».

L'arrivée de projets de territoire de type contrats de Pays menace l'intégrité des PNR Si les Pays ont clairement pour mandat d'aménager et de développer leur territoire dans une perspective de développement durable ne reste-t-il pas au PNR que l'environnement (sauvegarde des « petits oiseaux et des libellules ») en guise de thème d'action légitime et reconnu?

3.5.2.1 Un contrat par territoire

Pour F. Poulle (*in* FPNRF. 1998: 10), avant l'adoption de la LOADDT, il envisageait d'un mauvais œil comment une commune ou un groupement de communes puisse adhérer à la fois à un Parc et à un Pays:

« *Il me semble difficile d'envisager la bigamie, on ne peut être marié à plusieurs projets. L'idée de Charte, j'insiste, procède de la morale, de l'engagement réciproque, de la volonté de conduire une politique décidée par les élus locaux et financée, pour une bonne part, par la fiscalité locale. Sans être trop suspicieux, on peut craindre que l'adhésion à plusieurs structures ne soit surtout motivée par le souci de mobiliser des financements. Les PNR ne sont certes pas les seuls à pouvoir prétendre au titre de territoires de projet, mais ils ont une réelle expérience en ce domaine. Les Régions vont-elles utiliser les équipes des Parcs pour piloter – ou conseiller – ces nouveaux territoires? Voilà qui serait astucieux* »[68].

---

[68] Cette suggestion a reçu un accueil positif. En Rhône-Alpes, les PNR sont en charge de l'animation des

L'adhésion simultanée à un Parc et un Pays est vue comme une « bigamie ». Ainsi, le projet de Parc ne peut procéder en même et au même endroit que le projet de Pays soulevant le thème de la temporalité des projets abordés plus loin.

Cette question de la mobilisation de financement supplémentaire grâce à l'adhésion à plusieurs structures est inévitable. La FPNRF ne pouvait pas demander aux maires de refuser d'adhérer à une structure de type Pays alors qu'ils peuvent en tirer avantages. Tout au plus, la FPNRF pouvait obtenir de la part du législateur que les PNR soient reconnus en tant que « père » de la démarche. La bigamie est finalement possible n'en déplaise aux militants pro-Parcs.

Les maires trouvent leur compte dans la superposition Parc et Pays puisqu'ils ont un outil de plus à portée de mains afin de mieux développer leur commune (quoiqu'il puisse y avoir des lourdeurs administratives de plus à gérer) (Tableau 9).

---

contrats de Pays tel qu'exposé dans le contrat « Royans – Quatre-Montagnes – Vercors ».

Ne pas admettre de superposition de procédures		Gérer la superposition sur les franges	
Avantages	Inconvénients	Avantages	Inconvénients
Simplicité de gestion pour tous

Existence d'un savoir-faire au sein des Parcs

Affirmation des Parcs dans leur dimension globale | Communes exclues de projets essentiels pour leur développement

Risque de réduction géographique des Parcs à leur partie centrale ne permettant plus de faire vivre un Parc intéressant.

Risque d'adhésion à des Pays créés au sein même du Parc | Reconnaître la complexité des territoires

Transferts d'expériences entre Pays-Agglomération et Parcs facilités

Possibilité de clarifier les rôles, missions et projets

Maintien de 2 sources de subvention | Multiplication des cadres contractuels et des financements croisés

Lourdeur du travail de concertation

Confusion pour les acteurs et citoyens locaux non initiés

Risque pour les Parcs d'être « enfermés » dans des missions environnement et accueil des publics |

Tableau 9 : Avantages et inconvénients d'une superposition Parcs et Pays
Source: ACEIF (2001: 81-82)

Les Parcs avaient déjà acquis une « prime à l'ancienneté » avec la loi *Paysage* en 1993 qui accorde la primauté aux Chartes de PNR sur tous les documents d'urbanisme qui touchent son territoire. Cependant, cette clause paraît bien insuffisante à P. Baffert (1997) puisque les Parcs n'ont pas pour autant davantage de pouvoir législatif afin de lutter à armes égales avec les Pays, ce qui serait un comble étant donné les compétitions qu'il y a déjà dans la situation actuelle.

Cette idée de lutte à armes égales fut reprise plus tard lorsque les PNR ont tenté de construire un outil SCOT complémentaire dont il sera question précisément dans les pages à venir. Avec un peu de recul, les élus considèrent l'empilement comme une chance à la fois économique et politique en dépit d'inconvénients inhérents.

Baffert (1997) redoutait ce « *tiraillement vers le bas* » que constitue les CGD où la concertation avec le Parc n'était pas de rigueur à l'origine. Les Parcs ont à gérer, de façon horizontale, l'adéquation de leur propre projet avec d'autres projets d'aménagement qui recouvrent ainsi leur territoire. « *Cette confrontation*, rapporte la FPNRF (1997: 33), *sur un même territoire de plusieurs politiques d'aménagement implique l'arbitrage du politique entre les initiatives locales* ». Pour la Fédération, il y a bel et bien confrontation. Mais la confrontation rime parfois avec arbitrage et concertation « *si la réflexion est menée suffisamment en amont* », c'est-à-dire dès les premières rencontres et discussions portant sur la création de projets de territoire contractualisés.

La Région Rhône-Alpes a en effet proposé que les présidents de Parcs soient associés aux CGD concernant leur territoire, qu'ils soient maîtres d'ouvrage à l'occasion. Il n'en demeure pas moins qu'il y a des chevauchements et la culture de PNR n'est pas toujours la dominante. « *La difficulté que représentent les CGD*, remarque la (FPNRF., 1997: 33), *c'est qu'il s'agit d'un quadrillage par le haut qui ne favorise pas toujours des logiques de territoire cohérentes* ».

Les incohérences de logiques de territoires peuvent reposer par exemple sur le chevauchement de Pays organisés autour de pôles économiques liés à un bassin de vie et des PNR organisés autour d'espaces patrimoniaux. Les dangers portent sur la valorisation de l'économie dans un cas aux dépens de la protection tout comme l'instauration de nouvelles dynamiques pas nécessairement centrées sur le PNR Ces craintes sont légitimes, mais rien ne le démontre pour le moment dans la mesure où des acteurs intra-Parcs peuvent mener des actions typiquement économiques sans que le Parc puisse intervenir directement à leur encontre.

Or, la perspective de généralisation des Pays en tant qu'outils d'aménagement du territoire a beaucoup inquiété les Parcs en raison de la similarité de la démarche[69] et du rapport inégal de négociation entre les

---

[69] Il est une autre structure d'aménagement du territoire incontournable que les Parcs ne peuvent pas ignorer, c'est le Schéma de Cohérence Territoriale (SCOT). Les Parcs se sont interrogés sur le point suivant: les SCOT ne font-ils pas la même chose qu'eux? Certes, un SCOT peut se comparer à une charte dans la mesure où il s'agit du projet commun d'une agglomération très proche de la Charte PNR Cependant, le SCOT est

deux en cas de divergence dans les actions menées.

3.5.2.2 Parc d'oiseaux et de libellules

La Fédération des Parcs naturels régionaux de France (FPRNF) se montre persuadée que le gouvernement pousse les Pays et que ceux-ci vont bénéficier « d'effets d'aubaine » (contrats de plan, fonds structurels européens).

Sardogne (*in* Menanteau, 1998: 1) lors des journées nationales des PNR en 1998 a exprimé cette crainte: « *Dans dix ans, on nous demandera de nous recentrer sur notre mission de base: la seule protection de la nature... et des petits oiseaux. Au risque de voir se "casser" une solidarité interne que bourgs et villages ont su créer grâce aux parcs* ». Les Parcs se sont interrogés sur un « choc » des idéologies entre eux et les Pays:

> « *À la DATAR, derrière les Pays, n'y a-t-il pas volonté de maîtriser enfin depuis Paris l'aménagement du territoire pour rationaliser la diversité, le foisonnement des initiatives... aller vers un égalitarisme forcené qui conduit à une banalisation des politiques et des territoires? Face à un traitement égalitaire du territoire, les Parcs ne sont-ils pas à l'inverse porteurs d'une idéologie de la différence?* » (FPNRF, 1997: 33).

Il y a cependant les moyens financiers, techniques et politiques qui contribuent à ralentir cette égalisation et « *qui obligent en dernier recours à travailler préférentiellement sur les secteurs où il y a urgence* ». Pour la Fédération, un certains nombres d'anomalies sont à résorber comme les gros moyens financiers alloués aux Pays par les Régions, les contrats qui

---

un schéma centré autour d'une ville alors que la Charte du Parc est centrée autour d'espace rural à valeur patrimonial. De plus, le PNR a une dimension pédagogique que le SCOT n'a pas; celui-ci a une portée juridique et réglementaire, alors que le mode de fonctionnement d'un Parc n'est pas juridique. Il est une autre différence centrale entre les deux structures dans la démarche même d'élaboration de la politique d'aménagement: le PNR est un mode de réponse dans lequel sont associés les professionnels alors que, dans un SCOT, seuls les élus et les administratifs sont parties prenantes.

prennent le pas sur les opérations, des Parcs et les CGD qui sont parfois superposés) montrent que le rôle de mise en cohérence des politiques publiques qu'opèrent les Parcs n'est pas suffisamment reconnu.

« La compréhension, par l'administration centrale et certains services déconcentrés, de la vocation de développement local des Parcs (et non simplement de leur mission de protection de la nature) est indubitablement à améliorer pour l'avenir. Un effort de communication est à fournir pour que cessent de véhiculer ces visions réductrices et incomplètes » (FPNRF, 1997:58-59).

Les « articulations » Pays / PNR ne sont pas tant à chercher sur le terrain à travers des pratiques et des conventions codéfinies qu'en amont chez le législateur. Pourtant, la Fédération a mené une vaste campagne de médiatisation en 1988 pour mieux faire connaître les PNR.

Selon Emsellem (*in* FPNRF., 1988:2), il y a un décalage entre la réalité des Parcs et leur perception de l'extérieur: « *(…) un certain nombre de Parcs a éprouvé des difficultés du fait qu'on les comprenait mal ou qu'on les prenait pour d'autres* ». Selon lui, l'écart s'est encore aggravé quand ils ont voulu expliquer que le développement local est une composante importante dans la gestion de leurs territoires alors qu'on les considère encore souvent comme de simples gardiens de la nature. « *Il faut admettre*, consent-il, *que le terme de "Parc naturel", évoque clairement l'idée de nature et de patrimoine mais ne laisse rien soupçonner des actions de fond qu'ils mènent sur le plan économique* ».

Le décalage tient aussi « à la politique de décentralisation » qui a entraîné un accroissement du pouvoir départemental et régional. Les Parcs se sont alors retrouvés en face de ces instances fortes, animées d'ambitions de structuration locale qui pensent encore finalement qu'un Parc naturel doit forcément agit en gardien des espaces naturels, ce qui exclut tous leurs autres domaines d'interventions.

FPRNF suggère aux Régions de prendre conscience qu'en créant un Parc, elles créent par le fait même un nouvel outil juridique, politiquement majeur, qui dispose de sa logique, d'une authentique expertise... et de son autonomie. Un Parc, à son avis, doit être reconnu comme une collectivité locale à part entière, et non comme un instrument de la Région (vision qui peut prévaloir, selon la Fédération, chez les services techniques régionaux, plus précisément chez les élus).

La réalité quotidienne des Parcs montre que leurs budgets d'investissement sont très faibles par rapport à ceux d'autres structures et qu'ils sont en situation de dépendance vis-à-vis des services régionaux pour cette ligne. La Fédération rappelle l'importance de l'engagement de l'État et des départements, qui, s'ils se retiraient de la solidarité verticale au profit des seules communes et régions, mettraient gravement en danger l'autonomie politique des Parcs, condition de leur survie.

L'intention de la Fédération lors des festivités de 1997 entourant le 30e anniversaire de naissance des Parcs, était que la Charte, complétée de son plan de Parc devienne l'unique outil de planification sur le territoire et qu'elle remplace les autres dispositifs existants. Il s'agit bien là de remplacer et de veiller à la conformité comme le précise la loi *Paysage*. À son avis, l'étendue et la profondeur de la concertation préalable à l'élaboration puis à l'approbation de la Charte n'a pas son équivalent démocratique dans les autres procédures. Cette intention a été directement contrecarrée avec l'adoption des Schémas de cohérence territoriale (SCOT) en 2000 qui est l'outil de planification des aires urbaines dont à Grenoble et Chambéry.

Le principe qui soutient cette proposition (faisant des chartes le seul outil de planification sur « son » territoire) est que les acteurs d'un territoire disposent les compétences et la rigueur nécessaire pour définir et assumer un plan et un document unique. La FPRNF imaginait des Chartes toujours valables pour une période de dix ans et suffisamment précises, mais qui « annihilent tous les empilages ».

Le « *schéma d'aménagement du Parc doit fonctionner comme un schéma directeur, les POS restant de la compétences des communes* ». Il s'agit de renforcer la « bulle » constituée par la Charte, signée et certifiée par un label national, « pour permettre aux acteurs de travailler sereinement sur la base d'un contrat qu'ils ont construit conjointement ». Cela permettrait en outre de mieux asseoir la reconnaissance juridique des Parcs suivant l'adoption de la loi Paysage.

Leur ambition consiste à « conforter la norme par rapport à l'extérieur du territoire, pour devenir de vrais espaces de l'expérimentation », sur tous les domaines de l'aménagement et de la gestion du territoire (et pas uniquement sur la protection de la nature).

La compétition s'est momentanément installée entre les PNR et les Pays et elle n'a pas touché l'ensemble des PNR dans les mêmes proportions ni de la même façon.

Pour un PNR périurbain montagnard comme celui de Chartreuse, l'arrivée de Pays a suscité des réactions défensives compte tenu de la proximité entre des espaces répondants à des logiques différentes entre les vallées plus urbanisées et des montagnes plus rurales, de sa jeunesse et de la création à quelques mois d'intervalle à la fois du Parc et de « Pays » dont les périmètres se chevauchent. Des craintes, légitimes à maints égards, concernaient le chevauchement de Pays tournés vers des problématiques de vallées et du PNR tourné vers celles de montagnes.

Dans le Vercors, ces questions ne se sont pas posées dans les mêmes termes à cause de l'ancienneté des pratiques intercommunales et certainement aussi de la topographie du massif. Cette suggestion a reçu un accueil positif. En Rhône-Alpes, les PNR sont en charge de l'animation des contrats de Pays tel qu'exposé dans le contrat « Royans – Quatre-Montagnes – Vercors ». La ministre de l'Aménagement du Territoire et de l'Environnement, D. Voynet, définit en guise de solution une règle obligeant la signature d'une convention qui organise la complémentarité des deux projets et le partage des interventions du Parc et du Pays sur le territoire commun en cas d'impossibilité d'harmonisation des périmètres respectifs (FPNRF, 1997; Voynet, 1999).

3.6 Collaboration politique dans le projet de territoire

La compétition avec les Pays et indirectement les EPCI, n'est pas la règle au sein des PNR et dépend des contextes économiques, politiques et sociaux locaux.

La coopération par exemple est aussi une composante importante de la logique territoriale des PNR à partir du moment où les acteurs engagés dans les procédures y trouvent un bénéfice partagé notamment pour les financements et la mise en commun de ressources humaines et matérielles. La compétition peut se transformer en coopération lorsque les rôles et attentes de chacun sont identifiés et reconnus.

À ce titre, les Communautés de communes qui couvrent 80 % du territoire français ont l'aménagement pour compétence obligatoire. Entre autres, le transfert de la compétence d'élaboration des documents d'urbanisme de la commune vers la Communauté de communes n'est pas obligatoire; cependant, quand cette dernière est transférée, peut-on imaginer qu'elle soit à son tour subdéléguée au Syndicat mixte des Parcs pour qu'il en assume la responsabilité? Cette solution est envisageable, selon la Fédération des Parcs, lorsque la Communauté de communes adhère au Syndicat mixte.

La délégation de compétences est un enjeu central à la coopération entre les PNR et les EPCI qui portent les contrats de Pays. Dans quelles conditions une commune et / ou son groupement accepterait-il de se départir d'une ou de plusieurs de ces compétences vers le PNR?

Dès 1997, les Parcs s'engageaient pour l'avenir à tisser davantage de relations fonctionnelles avec les EPCI. L'association de ces établissements publics à l'élaboration de la Charte, suivie naturellement de son approbation commune, paraît être le prérequis à un partenariat indispensable. D'autant plus que la création de communautés de communes est encouragée à l'intérieur des territoires des Parcs, surtout pour les plus vastes.

Par exemple, les agents de développement local délégués par l'EPCI peuvent constituer à ce titre, de précieux partenaires pour les équipes Parc bien que leur création à cheval sur les frontières du territoire « *ne peut qu'avoir un effet déstructurant sur les politiques menées* », précise la Fédération.

L'intention est d'affirmer une identité politique des PNR pour mieux « *adapter les politiques aux territoires… non les territoires aux procédures* » comme il est écrit dans *Le manifeste pour un futur durable* des PNR (FPNRF., 1997: 23). Il s'agit de reconnaître la validité de la loi *Paysage* qui leur accorde le pouvoir de coordination des actions de protection, de gestion, de mise en valeur, d'animation et de développement menées par leurs partenaires.

Pour mieux se faire, « *partout où il existe un Parc, donc, pas de Pays et réciproquement* ». Ce vœux émis en 1997, ne s'est pas exhaussé puisque les Pays se sont rapidement multipliés en France autant à l'extérieur qu'à l'intérieur des PNR et autant en situation de chevauchement. Toutefois, il est encore trop tôt pour vérifier dans quelle mesure le chevauchement nuit aux PNR dans l'atteinte de leurs objectifs.

Dans les faits, plusieurs Chartes sont en cour de révision. Les querelles de chevauchement cachent certainement des luttes politiques entre élus qui tentent d'offrir et de faire reconnaître leur territoire aux yeux de l'État, de la Région et de l'Union européenne.

La coopération s'envisage ainsi comme un compromis entre une double revendication à la fois d'autonomie politique et d'autonomie de financement. Or, les Parcs, bien qu'ils constituent une forme d'intercommunalité, n'ont pas de fiscalité propre contrairement aux intercommunalité de premier degré. Ils font appel à la contribution directe des collectivités territoriales impliquées. Ils réclament ainsi des « circuits courts de financement »: une fiscalité propre, des taxes environnementales et des taxes de séjour, par exemple.

La Région Rhône-Alpes financent les CGD sur la base de plusieurs années alors que le régime de subventions envers les PNR « *est bien plus favorable pour les moyens statutaires que pour les programmes d'action* » (ACEIF, 2001: 7). Il y a un « *décaissement régulier de 80 % du budget statutaire en début d'année, donnant une sécurité financière aux Parcs et des décisions au coup par coup pour les programmes d'action (programmation pluriannuelle)* » (ACEIF, 2001: 7).

La contractualisation annuelle - au coup par coup - est « trop lourde et tatillonne aux yeux des responsables de Parcs » selon une évaluation ACEIF. Cette succession de petits contrats s'explique par des exigences que les PNR doivent respecter en accord avec le contenu de la Charte et selon les conventions diverses... L'étude de l'ACEIF montre que les Parcs sont demandeurs d'une contractualisation pluriannuelle plus souple, avec le contrôle a posteriori, comme pour les CGD / CDRA. Ce financement des PNR « au coup par coup » ou par succession de petits contrats contribuent à faire en sorte que le PNR va « ça et là » (élément clé de la définition de bricoleur) selon les opportunités de financements de projets.

Les revendications des PNR témoignent d'une volonté de se hisser à la hauteur des contrats de Pays, mais elles demeurent au stade de la parole. Les visions conquérantes de la FPNRF ne font pas nécessairement l'unanimité auprès des élus qui désirent, par exemple, avoir un levier économique supplémentaire afin de financer d'autres projets dans leur commune. Le PNR devient un outil afin de valoriser particulièrement le patrimoine culturel et naturel sans lien apparent avec le développement parce que confiné dans une mission étroite de mise en valeur des « petits oiseaux ».

Par ailleurs, il y a unanimité des acteurs locaux et régionaux pour souligner l'« échec », au stade actuel, de l'articulation entre Parcs et CGD / CDRA.

Selon les conclusions de l'ACEIF (2001), l'échec « *est source d'un problème existentiel pour les premiers* [les PNR] *qui craignent de se voir enfermer dans un créneau "environnement" où ils ne se reconnaissent pas* » (p.9). Ceci engendre des dysfonctionnements divers: brouillage des responsabilités pour les acteurs et les citoyens locaux qui ne comprennent plus bien qui est responsable de quoi, doublage dans les prérogatives et conduites d'opérations, perte de temps et d'énergie pour les techniciens et les élus responsables pour coordonner les activités.

L'exemple du Diois montre cependant qu'une articulation satisfaisante est possible, moyennant un investissement important en temps, et qu'elle semble de nature à répondre à la situation géographique de certains territoires (marges du PNRV dans ce cas). Pour Lajarge (2000: 56), la phase de négociation entourant la quête d'une articulation souhaitable entraîne des flottements d'où surgissent des opportunismes financiers conçus par alliance d'intérêts :

> « *Pendant ce temps, les acteurs locaux, participants, partenaires techniques, habitants s'échinent à composer dans les méandres technicistes et continuent à* **bricoler** *avec les restes des territoires politiques décomposés, des territorialités suffisamment significatives pour permettre l'action* ».

Le propre du bricolage, comme nous l'aborderons plus loin, consiste justement à réaliser des projets à partir de « restants » d'outils, de croqui et divers matériaux accumulés en vertu du prinipe d'ils pourront servir un jour. C'est ainsi que le bricoleur compose et recompose avec des restants d'idées, d'intentions et de moyens « pour permettre l'action ».

Le résultat du bricolage auquel fait allusion R. Lajarge « *risque d'être le renforcement d'une sélection naturelle très classique; par rapport aux territoires les plus faibles, les territoires les plus forts sortent encore plus forts, les autres étant condamnés à s'effacer devant eux* » (Lajarge, 2000: 56).

La coopération entre les « territoires politiques décomposés » est peut-être motivé par des impératifs financiers ce qui témoigne bien des avantages tirés de la coopération en comparaison des contraintes qui se rajoutent (les lourdeurs administratives, la multiplication des réunions et l'éloignement des élus du terrain).

L'ACEIF qualifie de complexe la formulation de la loi *Voynet* (LOADDT) quant aux relations entre les Parcs et les Pays. Elle ne facilite pas le travail des aménageurs régionaux, sans parler des élus locaux. Il lui semble cependant possible de « faire rentrer » de gré ou de force dans ce cadre législatif à peu près toute solution raisonnable au vu et au su des réalités locales.

En Rhône-Alpes, la distinction a pu être particulièrement nette en raison de facteurs politiques, lors de la mandature 1992-1998: la majorité régionale, dont le centre de gravité était à droite (présidence de M. Charles Million), comprenait une composante écologiste qui s'est particulièrement investie sur le PNR[70].

Cette évolution converge avec celle qui a eu lieu en 1997 au plan gouvernemental avec la création d'un unique (bien qu'éphémère) Ministère

---

[70] Plusieurs évolutions récentes en Rhône-Alpes vont dans le sens d'un rapprochement ou d'une intégration de ces deux politiques: Services chargés des PNR et des CGD (devenus CDRA.) ont été réunis dans la même Direction des Politiques Territoriales depuis le 1er janvier 2001; PNR et CGD sont inscrits au même volet territorial du CPER 2000-2006, Programme XIV, p. 143: « Le contrat de plan est l'occasion, pour l'État et la Région, de renforcer cette organisation dynamique du territoire en s'appuyant sur l'expérience déjà ancienne des projets de territoire: réseaux de villes, EPCI, PNR, CGD, espaces d'entraînement, sites enjeux ». Dans l'actuel Guide des Actions du Conseil Régional, les PNR figurent avec les CGD parmi les politiques territoriales.

de l'Aménagement du Territoire et de l'Environnement. Les difficiles discussions au plan national, et les dispositions juridiquement complexe, sur l'articulation entre PNR et Pays, témoignent cependant de difficultés encore grandes à situer les PNR dans cette nouvelle conception politique.

Dans l'Assemblée régionale rhônalpine comme dans l'exécutif, PNR et CGD relèvent toujours de responsables distincts. Cette division constitue certainement un point de rupture à la coopération durable.

Les PNR relèvent de la Commission « Environnement » et les CGD relèvent de la Commission « Aménagement du Territoire »; Les PNR relèvent de la vice-présidence « Agriculture et Environnement » et les CGD de la vice-présidence « Politiques territoriales et solidarité ».

Le texte sur les contrats territorialisés inscrit au programme XIV du CPER (p. 144) se consacre à l'articulation CGD / Pays mais ne traite pas de leur articulation les PNR. La politique en leur faveur est toujours présentée dans le volet Environnement (programme IX). Le Conseil Économique et Social Régional situe, quant à lui, le thème des PNR au sein de sa commission « Tourisme – Sport – Loisir – Parcs et Espaces Naturels Régionaux » alors qu'il dispose aussi d'une commission « Aménagement du Territoire – Planification – Communication – Environnement ».

3.6.1 Partenariat à partir de la commune

En dépit de compétences proches entre les EPCI et les PNR, ces derniers ne sont pas reniés pour autant comme peut en témoigner leur multiplication depuis la création des Pays.

Il semble qu'après cette période d'instabilité, les PNR renouent avec de nouvelles formes de partenariat. Peut-être est-ce dû à l'arrivée d'une nouvelle génération de Parcs et de porteurs de projets qui ont intégré la nouvelle donne législative d'aménagement du territoire? Voire la crise de la FPNRF. provoquée par l'arrivée des Contrats de Pays a-t-elle portée fruit? Il est trop tôt pour l'évaluer bien que la FPNRF soit depuis plus discrète sur cette question des chevauchements.

La disposition légale, présente dans la définition des compétences des collectivités locales, interdit toute forme de tutelle d'une collectivité territoriale sur une autre: il n'y a aucun moyen de contraindre une commune d'adhérer à une dynamique de projet que ce soit de la part des régions ou des départements.

Lajarge et Leborgne (2000) retracent trois attitudes des élus face à leur possible adhésion à plusieurs structures supracommunales. Premièrement, les élus communaux anticipent en s'engageant dans plusieurs projets de territoire à la fois, sur les retombées financières que le leader va pouvoir attirer grâce à son réseau et à sa notoriété. « *Le nouveau fief ainsi produit se constitue par assemblage d'intérêts parfois forts distincts mais qui peuvent être progressivement unifiés par l'action redistributive qu'assure le leader* » (p.5). L'idée d'assemblage d'intérêts expose comment se construisent les projets et les articulations entre les projets. Pendant un laps de temps, des élus s'associent et se reconnaissent autour d'intérêts partagés. Aussi, une deuxième attitude consiste à considérer qu'il « *vaut mieux être dedans que dehors un périmètre de projet de territoire* ».

Toujours selon Lajarge et Leborgne (2000), cette attitude communale part du principe que l'intérêt fondant une participation à la construction d'un projet de territoire est faible et qu'un « engagement sceptique est toujours préférable à un refus critique ». L'adhésion « *molle des communes aux principes et à l'esprit de ces Parcs ou Pays supracommunaux ne permet pas à ces nouvelles entités de s'imposer territorialement* » expliquent Lajarge et Leborgne (2000). L'adhésion molle explique en majeure partie pourquoi les élus s'approprient peu les Chartes de Parc. « *Les projets de territoire*, poursuivent Lajarge et Leborgne (2000), *pourraient alors se multiplier à l'envie (et que ce soit sur des périmètres non articulés, se chevauchant ou étant en concurrence n'aurait alors que peu d'importance), sans cesser de voir les communes adhérer formellement sans être véritablement actives dans les faits ».*

La troisième attitude d'un élus face à son engagement dans plusieurs projets de territoire par du principe que pour placer ses propres projets communaux, il faut être dans tous les territoires des autres.

Certaines communes savent tirer avantage d'une intégration dans plusieurs périmètres de projet éventuellement concurrents expliquent Lajarge et Leborgne (2000): « *elle parient alors sur leur capacité à mettre en place leurs propres projets en jouant de la concurrence entre les structures* ». Par exemple, les communes du Balcon Sud de Chartreuse, qui adhèrent au Parc de Chartreuse, profitent de leur situation périphérique au sein successivement d'une Communauté d'agglomération (avec les financements en matière d'agriculture, de tourisme ou d'équipement), d'un CGD du Grésivaudan ou d'un Pays du Voironnais.

Tel qu'il est inscrit dans le *Livre* des PNR, la tâche de regrouper les différents acteurs autours d'enjeux collectifs incombe au Parc:

> « *Dans le partenariat avec les EPCI situés sur le territoire, le Parc assure la cohérence et la reproduction des actions. Il faut alors trouver sa place par rapport aux autres institutions: rechercher la cohérence et éviter la superposition. Le Parc se place en organisme fédérateur des différents acteurs. Choisir la complémentarité plutôt que la concurrence!* » (FPNRF, 1997: 34).

FPNRF soutient que la qualité d'un Parc dépend en partie de sa capacité à comprendre et parfois à intégrer les problèmes que se posent ses partenaires (Département, Région, intercommunalités…).

Dans cette perspective, affirmer haut et fort que le Parc a « son » territoire est une appréciation partielle. Le territoire du Parc n'est pas directement le sien, mais bien celui des signataires de la Charte, donc de l'élu. Par exemple, toutes les collectivités territoriales peuvent déléguer en intégralité leurs compétences en aménagement du territoire au Parc si elles le jugent nécessaire. Les collectivités locales deviendraient dans ce cas des médiatrices entre les citoyens et le Parc.

Dans ces conditions, le Parc aurait de ce fait toute l'autorité pour agir sur le territoire des collectivités locales. Dans la réalité, la situation est plus compliquée vu les compétences et les ressources limitées des Parcs en matière de personnel technique et scientifique et de financement sans oublier les résistances politiques.

Les Parcs ont identifié, à partir de leurs pratiques, plusieurs types de collaboration possibles. Ils peuvent faire eux-mêmes s'ils en ont les moyens techniques et financiers; ils peuvent faire faire, par exemple, en offrant de l'expertise et des financements à des partenaires; ils ont la possibilité de faire ensemble, avec les partenaires, dans les cas où une association est bénéfique pour les deux parties.

Les Parcs peuvent décider de ne pas s'engager dans une action dans les cas où une structure a pris la relève du « on fait ensemble », ou encore, ils ne font pas parce que c'est contraire à la mission du Parc ou hors du projet Parc.

Dans ce dernier cas, les actions du Parc viseront plutôt à trouver des alternatives afin de les présenter aux partenaires engagés dans des voies contraires à la philosophie de la Charte comme cela fut le cas avec l'affaire des gorges du Guiers Morts. Le partenariat dans l'action passe par une phase de questionnement: « Est-ce que quelqu'un sur le territoire du Parc sait faire? » Dans l'affirmative, « *on le laisse faire*, expose la Fédération, *en veillant toutefois à ce que le travail fait par les autres aille dans le sens de la cohérence* ».

Ainsi, les Parcs ne sont pas les seuls à avoir des projets dans une démarche participative avec les acteurs du territoire. C'est le cas des EPCI, par exemple, qui organisent aussi des réunions avec les socioprofessionnels, les habitants sur un même territoire comme c'est le cas avec la Commission Paysage du plateau des Quatre-Montagnes en Vercors. Certes, ils n'ont pas un projet dans une Charte, mais... un président de Communauté de communes n'est-il pas concurrent des Parcs? Le mot concurrent est peut-être fort parce que les PNR peuvent être principalement des accompagnateurs de projets menés par ses « partenaires ». Quelles formes peuvent prendre la concurrence PNR et EPCI si le PNR accompagne les initiatives de ce dernier?

La forme de concurrence n'est pas tant financière ni politique que globale à une échelle d'intervention pertinente afin de montrer qu'elle est la structure la plus apte à produire des richesses locales tout en contribuant à la préservation du patrimoine culturel et naturel.

En fait, la meilleure formule entre admettre ou pas les superpositions de procédures dépend des volontés du terrain. Un Parc peut être un Pays / CDRA ou un ensemble de Pays, s'il est centré sur des pôles urbains et / ou fonctionne comme un bassin de déplacements et d'emploi.

En revanche, un Parc composé principalement de franges rurales des bassins d'attractions de grandes villes, ne peut guère fonctionner que comme institution complémentaire aux Pays correspondants. L'étude de l'Institut des Développeurs (2002: 38) met en évidence trois scénarios caractéristiques de la relation PNR – Pays:
- une dynamique des Pays « conquérante et multiformes »
faisant peu de cas de l'existence des PNR;
- la diversité des réactions des PNR face à cette dynamique
des Pays;
- une relation PNR – Pays globalement floue au plan
stratégique.

Dans le premier cas, la dynamique traduit la volonté de l'État et des Collectivités Territoriales (notamment les Régions) de mettre en place une nouvelle organisation des territoires fondée sur la coopération intercommunale.

Cette étude distingue des démarches de Pays liées à des initiatives locales indépendantes des PNR, des démarches de Pays se développant de manière prévisible sur certaines parties du territoire de PNR (territoires à enjeux identitaires), et des démarches de Pays traduisant un désir d'autonomie d'un EPCI par rapport au Syndicat mixte du PNR.

Les PNR tirent leurs budgets de fonctionnement et d'investissement en mobilisant à la fois des ressources dites « statutaires » (provenant des collectivités membres de chaque Syndicat mixte) et de ressources « non-statutaires » (subventions diverses: Union Européenne, État, Collectivités territoriales, Agences de bassin, *etc*.) pour réaliser des programmes et des projets spécifiques.

Une partie seulement des ressources financières des PNR est garantie et s'applique aux dépenses de fonctionnement (dotations inscrites dans les CPER au titre de l'Environnement et dotations provenant des autres ressources « statutaires »). S'agissant du financement des autres activités (des programmes et des projets spécifiques notamment), les PNR se trouvent placés de facto en concurrence avec les autres opérateurs locaux de développement. Jusqu'en 2000, les PNR n'ont globalement pas rencontré de difficultés majeures pour mobiliser les financements publics dont ils avaient besoin.

Les CPER 2000-2006 ont profondément bouleversé cette situation en introduisant la notion de contrat (d'Agglomération, de Pays, de Parc) pour la mise en place de leur volet territorial et en orientant l'attribution du FNADT vers les démarches territoriales émergentes. D'où l'apparition de conflits d'intérêts: les PNR souhaitant voir retenus dès 2001 leurs Contrats de Parc, les services de l'État en Région préférant attendre d'avoir une politique globale contractuelle cohérente. En mai 2002, des contrats territoriaux ont été signés avec certains PNR

Finalement, cette complexité territoriale n'a rien de complexe de prime abord vu de la perspective du maire. Il voit se multiplier des outils de développement sous ses yeux; outils pouvant avoir des usages complémentaires en fonction des utilisations qu'ils permettent: financement tirés d'un contrat de Pays pour payer des projets de relance économique; aides professionnelles et techniques des PNR afin de valoriser des produits patrimoniaux sur sa commune.

Ainsi, la « complexité » territoriale à certainement plus à voir avec la « complication » territoriale. Des communes pourtant intra-Parc se sentent obligées d'adhérer à un maximum de structures possible pour en tirer divers avantages non seulement financiers, mais aussi politique face aux exigences de l'électorat.

Dans le cas qui nous occupe, le danger est certainement le recul du rôle des Parcs tant sur le terrain que dans l'esprit des élus: la culture et la philosophie Parc s'amenuisent pour ne devenir que le pâle reflet des Communautés de communes et des Pays. Ainsi, la Charte est reléguée loin derrière même si elle prime sur tous les documents d'urbanisme.

L'arrivée des Schéma de cohérence territoriale (SCOT) en 2000, remplaçant les Schéma directeur d'aménagement et d'urbanisme, a ravivé les discussions sur la pertinence de renforcer le poids réglementaire des Parcs. En Chartreuse, notamment, les contrats de territoire se chevauchent et maintenant s'ajoutent les SCOT des métropoles. Or, vu les pressions urbaine et touristique, alors aussi bien éviter la bigamie Parc / Pays et choisir l"outil SCOT.

3.7 Bricolage d'articulations entre projets de territoires

Même s'ils diffèrent sous certains points, les outils Parcs et les outils Pays sont considérés comme des moyens de développer un territoire sur la base d'objectifs ou d'orientations. Leur empilement sur un même espace ne fait pas l'unanimité, voire pose problème à certains élus pour plusieurs raisons d'ordre pratique, politique, économique, social et environnemental.

Plusieurs élus ressentent le besoin d'utiliser ces outils afin d'organiser le développement de leur territoire. Tel qu'il a été analysé précédemment, la FPNRF a diabolisé l'arrivée des Pays: « Touche pas à mon territoire Parc », « Cesse de me copier », « Nous étions là les premiers » et « Vous nuisez à notre existence » disait-elle en substance. Si les territoires s'assemblent autour d'intérêts communs, la pratique d'assemblage ne se comprend pas de la même façon selon les points de vue. La cohabitation se passe plutôt bien dans le Vercors compte tenu de l'ancienneté des pratiques intercommunales où même leur expérience était recherchée lors de la mise en place du Plan d'aménagement rural.

3.7.1 Contrat de Pays manière Vercors

Cet ancien gestionnaire du Parc constata, dès les débuts du PNRV en 1970 qu'il n'était pas facile de gérer un territoire de 150 000 hectares avec une telle géomorphologie et une importante variété de conditions bioclimatiques. Il fut décidé d'envoyer des animateurs sur le terrain avec la mission « *de faire remonter l'information, mais aussi pour faire exister le Parc* ». Ce fut une démarche de contrats de Pays à la manière PNRV

> « *Nous avons dû nous rendre à l'évidence: l'image du Parc n'était pas bonne. Il était perçu comme une administration lointaine dont on ne connaissait bien ni les contours, ni les compétences. […] Le président d'alors, Y. Pillet, a engagé un long travail d'information, d'animation, avec, notamment, des "soirées communales". Peu à peu, les animateurs ont cessé d'être des simples "courroies de transmission" pour devenir des agents de développement. La politique de secteurs engagée en 1978 ne s'est structurée véritablement qu'au début des années 1980 grâce à des formules contractuelles, du type "contrat de pays"* » (*in* FPNRF, 1997-b: 14).

Il y avait six agents répartis sur six secteurs (50 % de chefs de projets) du Vercors. Le Parc était leur employeur et le Syndicat leur « utilisateur ». Une logique voulait que les agents de développement deviennent salariés des structures intercommunales, mais :

> « *Les élus et les agents en poste à ce jour ont une culture "Parc"; ils ont vécu l'histoire: ce ne sera pas le cas de ceux qui leur succéderont. La cohérence de la politique définie – notamment par le Parc – pour l'ensemble du massif, risque d'en pâtir. De plus, le Parc devrait alors se cantonner dans un rôle de prestataires de services disposant de techniciens qui interviendraient à la demande. Nous serions alors bien loin de ce qui caractérise un Parc: sa capacité d'initiative, d'innovation, son rôle d'entraînement (…) si le Parc devait devenir une simple agence technique sans prise sur la logique de développement, ce serait une régression, pour ne pas dire un retour à la case départ* » (in FPNRF-b: 14).

En fait, pour structurer les secteurs, le Parc s'est appuyé sur l'existant, c'est-à-dire parfois sur les Syndicats ayant une compétence spécifique (collecte des ordures ménagères, par exemple) et qui se sont transformés en Syndicats de développement.

Ces contrats de Pays du Vercors faisaient en sorte que « *le Parc était beaucoup plus présent sur le terrain à ce moment avec des agents qui circulaient sur le territoire* » jugent les Amis du PNRV. En fait, dans ces territoires ont commencé à apparaître les formes modernes de Communauté de Communes.

Mais les agents du Parc ont finalement disparu lorsque sont arrivées les Communautés de Communes de l'État. Cet intervenant au PNRV déplore que le Parc se soit lentement désinvesti au niveau local en partie à cause de cette mutation territoriale:

> « *L'agent de territoire, c'est un lien phénoménal entre le*

Parc, les communes, même les élus. Maintenant on ne voit plus jamais, mis à part le directeur dans les très grandes réunions, mis à part certains chargés de mission, mais sur des dossiers extrêmement précis. On ne voit plus jamais les gens du parc sauf les spécialistes sur certains points » (Amis PNRV, entretien, 12/7/2).

La politisation du PNRV pose problème et cela sclérose davantage le Parc que le fait de jouer la carte de l'intercommunalité. Au début de sa création, « *ce que je sentais d'extraordinaire avec cet outil*, affirme cet interlocuteur privilégié, *c'est que je n'ai jamais senti de dérive politique. Il n'y avait pas obligation que le président soit un élu. À partir de 1989, le Parc est devenu un outil politique* ».

Y. Pillet nouvellement élu à la présidence du Parc, est d'avis que son élection a surpris « tout le monde » à cause de la composition politique du Syndicat mixte. Il répond à la question: « Vous avez été élu par un Syndicat mixte que l'on situait plutôt à droite, cela vous surprend? »; il rétorque en ces termes:

> « *Ça surprend un peu tout le monde dans la mesure où politiquement, vu la composition du Syndicat mixte, il n'était pas vraiment prévu que ce soit moi le président (…) je crois surtout qu'un certain nombre d'élus du Vercors ont déconnecté leur appartenance politique pour le programme et les méthodes de travail que je proposais* » (Pillet *in* Raphaël, 1998)

La conséquence de la montée du politique au sein du Parc, note le président de la FAUP, est qu'il y a de très grandes différences de comportements selon les majorités municipales et, par conséquent, selon les objectifs de chacun.

Les assemblages d'intérêts se font selon un bricolage de territoire en fonction des contextes locaux. Le Centre permanent d'initiation à l'environnement a progressivement remplacé la FAUP en tant qu'allié privilégié du Parc. « *On bricolait, c'était à la fois sur le terrain, près de la population, mais aussi défini par le Parc. La FAUP a été désinvestie de tous ces aspects* » d'action, de mobilisation et de sensibilisation. Le Parc près du terrain? Selon l'APAP, la réponse est plutôt positive face aux stratégies d'actions des Parcs.

Avec l'apparition de l'intercommunalité et d'outils de développement et de planification, le « lien phénoménal » est moins direct qu'en 1970 quoique les maires ont vu leur pouvoir accru entre temps donnant plus de proximité décisionnelle. Ces derniers ont à portée de main un ensemble d'outils législatifs afin de gérer les affaires communales.

Les PNR étaient l'un de ces outils aux côtés des PLU, SCOT et Contrats de développement / Pays. Mais pour cet ancien du PNRV, il est normal qu'un agent du Parc, se spécialisant sur la problématique de l'eau, passe dans le Royans à un rythme de six mois. C'est le lien au territoire qui lui paraît aujourd'hui nébuleux à cause, certes de la politisation du Parc, mais aussi du recours « *quasiment systématique à des bureaux d'études, des prestataires extérieurs y compris sur les publications alors qu'il y a le personnel dans le territoire* »[71]. Cela contribue à donner « *cette impression que le Parc est actif, mais ne favorise pas le développement des habitants y compris dans les organisations professionnelles mis à part l'agriculture* ». D'où son impression « *jamais sentie avant, de coupure qui peu à peu nous fait dire, que c'est une administration de plus. Que le Parc est devenu une grosse machine* » (entretien, 12/7/2).

Dans le contrat de Pays « Royans / Quatre-Montagnes / Vercors » (Tableau 15 page suivante), le PNRV n'est maître d'ouvrage d'aucune des actions concrètes sur le terrain. Il est en charge de l'animation du contrat global par l'embauche d'un contractuel qui consiste en un maintien d'un poste d'animateur pendant les cinq années du contrat.

---

[71] Par exemple, la « Commission Paysage » de la Communauté de communes des Quatre-Montagnes embauche une école d'architecture extérieure au Vercors pour réaliser les analyses paysagères.

Selon les termes du CDG « Royans / Quatre-Montagnes / Vercors » ce poste « *semble nécessaire pour permettre d'assurer la coordination et le suivi de l'ensemble des actions prévues* » afin d'accompagner les maîtres d'ouvrage concernés et les collectivités locales dans la conduite de ce projet territorial. Sa mission est de veiller au respect de la complémentarité et de la cohérence avec les opérations conduites dans le cadre du PNRV Par l'intermédiaire de ce contrat, il est possible de mieux comprendre comment se bricolent les articulations entre les territoires.

Des Communautés de communes élaborent les CGD. Ensuite, ils financent diverses actions sur le terrain et enfin, ils payent un chargé de mission sur une période de 5 années pour veiller à la cohérence des actions et à l'animation du CGD.

Or, compte tenu de sa mission, on aurait pu s'attendre à ce que le PNRC hérite d'une ou plusieurs actions en éducation et formation et / ou au sujet du patrimoine bâti avec l'opération façade mais ce n'est pas le cas puisque les maîtres d'ouvrage sont le District du plateau de Villard-de-Lans, la Communauté de communes du Vercors et les communes. Mais tous ces acteurs ont intérêt à s'associer à la démarche parce qu'elle atteint leurs objectifs d'action et elle apporte du financement. Que reste-t-il donc pour le Parc après que toutes ces actions soient réparties entre les signataires de la Charte?

Objectif	Action
Maillage des services de proximité	Espace d'accueil « Royans Vercors entreprises »
	Guide de la recherche d'emploi
	Valorisation de l'emploi saisonnier
Aide aux commerces, à l'artisanat, et aux hôtels locaux	Animation, communication et promotion des entreprises commerciales et artisanales
	Aménagement urbain pour le développement de l'activité commerciale et artisanale
	Extension de l'hôtel du golf
Renforcer l'accueil touristique, les nouvelles technologies de communication et d'information et réseautage	Aménagement de l'aqueduc
	Aménagement d'une base de loisirs et d'animation
	Fournir des données foncières et géographiques numérisées
Patrimoine bâti	Opérations sur le patrimoine bâti: aide à la restauration des façades
Coordination et suivi des actions	Embauche d'un contractuel

Tableau 10 : Synthèse du Contrat global de développement Royans / Quatre-Montagnes / Vercors
Source: Conseil Régional Rhône-Alpes, Délibération n° 00.07. 206 (20/03/2000)

Barrielle *et al.* (2002: 4-5) expliquent l'attitude du PNRV face à la territorialisation des EPCI et des Pays sur son territoire. Avec la loi *ATR-Joxe*[72] et la montée en puissance de l'intercommunalité, accompagnée d'un

---
[72] Il s'agit de la *loi relative à l'administration territoriale de la République* adoptée le 6 février 1992. Cette loi consacre de nombreux articles à la coopération locale, interrégionale et intercommunale (son objet central). La loi favorise les ententes interrégionales entre les régions limitrophes: elles constituent une nouvelle catégorie d'EPCI. Elle crée aussi deux nouvelles formes de coopération intercommunales, les Communautés de communes et les communautés de villes (remplacées par les Communauté d'agglomération en 1999), à côté de trois formules déjà existantes (Districts, SIVU et SIVOM). Ces communautés ont parfois été présentées comme une forme d'intégration forcée pour les communes d'une agglomération puisque la fiscalité locale, la taxe professionnelle surtout, doit s'appliquer de façon uniforme à l'intérieur des communautés de villes. Celles-ci prépareraient ainsi, aux yeux de certains, la disparition de certaines communes. Mais la loi *ATR-Joxe* de 1992, a opté pour une démarche incitative plus qu'autoritaire. Souvent critiqué lors de son élaboration, elle a permis la création de nombreuses Communautés de communes,

affaiblissement politique du Parc, une concurrence s'est développée entre le Parc et les EPCI pour savoir qui allait devenir la référence du Vercors.

La révision de la Charte en 1996, n'a pas permis de clarifier les rôles. C'est pourquoi, depuis 1999, un travail de repositionnement du Parc est entrepris, visant à redéfinir les objectifs du Parc et les articulations Parc / EPCI Par rapport à la dynamique « Pays », le Parc est concerné par les Pays sécants du Diois (Drôme), qui touche 12 communes du territoire du Parc; et du Trièves (Isère). Cette démarche connue localement n'est pas à ce jour passée en Conférence régionale de l'aménagement et de développement du territoire.

Compte tenu de la configuration du territoire (de type citadelle du Vercors) et de la plus grande proximité des centres urbains (dans le cas de la Chartreuse), il est logique, selon l'Institut des Développeurs, qu'il y ait des chevauchements entre territoires EPCI / Pays / Contrats.

Sur les marges du Parc, les créations de Pays, dans des logiques de bassins de vie extérieurs au Parc, sont évidentes et imposent de clarifier les rôles de chaque structure. Les chevauchements s'expliquent en majeure partie par la proximité géographique des bassins de vie nécessaire à la création d'un Pays et des espaces patrimoniaux nécessaires à la création des PNR.

Il est difficilement envisageable de couper un contrat de Pays à la frontière d'un Parc sous le seul prétexte qu'il s'agit là d'un espace patrimonial même si le bassin de vie y pénètre[73]. Cette possibilité de coupé

---

dans les zones rurales ou urbaines. Plus tard, la loi du 12 juillet 1999 relative au *renforcement et à la simplification de la coopération intercommunale* a été promulguée. Elle crée une nouvelle structure de coopération baptisée « communauté d'agglomération » destinée aux ensembles de plus de 50 000 habitants et réserve la communauté urbaine aux très grosses agglomérations de plus de 500 000 habitants. Cette même loi supprime la catégorie des districts et des communautés de villes, dans le but de simplifier la carte des modalités de coopération et prévoit des mesures financières et fiscales incitatives en vue de promouvoir la taxe professionnelle d'agglomération.

[73] Le CGD « Royans / Quatre-Montagnes / Vercors » épouse les contours du PNRV à

les Contrats de Pays aux frontières des Parcs est difficilement envisageable.

En l'espace de cinq ans (validité d'un Contrat de Pays), il est fort probable qu'un bassin de vie situé en périphérie d'un Parc y pénètre dans l'intervalle, compte tenu du changement des modes de vie de ménages et de la localisation des emplois et de l'habitat.

3.7.1.1 Débats de structures politico-administratives

Baffert[74] (*in* FPNRF., 1997: 14) a plaidé, en vain à ce jour, afin qu'il y ait une distinction claire entre la localisation des Parcs et des Pays: « *Il doit y avoir deux types d'espaces ruraux, les Parcs et les Pays, et ils ne se chevauchent pas* »[75]. Ces territoires ont des missions proches tel que détaillé précédemment.

« *J'ai dit* [à M. Chambon de la Région Rhône-Alpes]: *"Non mais c'est incroyable, vous considérez les PNR comme presque des Parcs nationaux, comme des espaces de défense de la libellule, alors que c'est un espace de défense de la population". Je leur ai dit: " Vous avez des Parcs qui sont reconnus par l'État comme étant de vos compétences. Tandis que là, vous êtes chez-vous et vous nous éclatez les Parcs par des contrats de développement "* (…) *Chambon a dit lorsqu'il est venu en Chartreuse: "Faites-nous un projet". Ils se superposent, c'est toujours une couche de plus. Je leur ai dit: "Mais enfin c'est incroyable. Vous vous êtes lancé dans une politique de Parc. Et vous en avez fait 5 et même 5 ½ avec le Haut-Jura en partie étendu sur Rhône-Alpes et*

---

l'exception de trois petites communes du Royans. En Chartreuse, le Contrat du Pays du Grésivaudan coupe les limites du PNRC sur toute sa frange Est.

[74] Pierre Baffert est un des instigateurs du PNRC en 1990. Il fut maire de St-Christophe-sur-Guiers en plus d'avoir occupé la présidence du Parc.

[75] En Isère, la Commission départementale de la coopération intercommunale a souhaité que seuls les territoires bénéficiant de ces contrats soient retenus comme Pays. C'est la perversion relevée par P. Baffert: le Département adopte une politique de chevauchement radicalement différente de celle conçue par la Région (C. Million avait ainsi déclaré que les espaces interstitiels entre les Parcs devaient être occupés par les Pays) (*in* revue Parcs, 1997, n° 31: 15).

maintenant vous ajoutez une couche inégale! » (Maire de Chartreuse, entretien, 6/9/2).

Il y a finalement des chevauchements entre des outils de développement aux objectifs similaires, n'en déplaise aux tenants de la non-superposition.

Les maires, quant à eux, semblent s'adapter avantageusement à cette situation car ils ont à leur disposition un moyen supplémentaire afin de développer leur commune en fonction des projets financés. Ensuite, la Chartreuse était un des 42 sites d'expérimentation des Pays de la DATAR sous l'initiative de l'ancien préfet Leurquin.

B. Baffert est « allé agiter le chiffon rouge » devant le président de la Fédération des Parcs (M. Fuchs) pour défendre son point de vue de non-superposition Parc / Pays d'autant plus que lorsque B. Leurquin est venu en Chartreuse pour constater l'état d'avancement de la réflexion sur le Pays, il avait dit à P. Baffert: « *Là où il y a un Parc, il n'y a pas de Pays!* ». Conséquemment, la forte réaction négative de M. Baffert s'explique. Lui et son comité, travaillaient depuis trois années pour avoir leur PNR faisant autorité en Chartreuse (Franconie, 1991).

Cette superposition était vécue comme un jeu de « forces centrifuges » (Pisot *in* FPNRF, 1998: 11) avec les CGD qui constituent la référence pour la définition des Pays à cheval sur le PNRC Cette impression de « dépeçage » repose sur une vision descendante de la carte politico-administrative et de ses outils d'actions.

Premièrement, la cartographie (vue du ciel) donne une forte impression d'incohérence entre les périmètres d'intervention avec des chevauchements interterritoriaux. Deuxièmement, les politiques étatiques sont la plupart du temps parachutées à partir de Paris pour suivre un parcours bureaucratique régionalisé avant de se rendre « en bas » dans les territoires les plus éloignés. *A contrario*, la vision ascendante de la carte politico-administrative et de ses outils d'actions demande un changement de perspective pour se placer dans la peau d'un élu situé en dessous de cette carte étagée « qui lui fait des ombres ».

Dans cette perspective, la multiplication des outils (SCOT / Pays / PNR notamment) pose moins problème puisqu'à travers eux, il est en mesure de concevoir et de faire davantage et mieux pour attirer des investissements et de construire des projets divers. Les comportements des maires ne sont pas identiques. En Chartreuse, cependant, les réactions ont été virulentes.

Cette perspective de voir le futur PNRC enseveli sous une maille supplémentaire inquiète et agace Claret, ancien vice-président du Parc et maire d'Entremont-le-Vieux:

> « *Enfin, tout de même! Si nous avons créé un Parc c'est bien qu'à un moment donné nous avons défini un territoire que nous estimions cohérent et pour lequel nous avons élaboré, ensemble, un programme de préservation, de valorisation et de développement. Le Parc n'existe qu'en raison de cette volonté commune* » (Claret, colloque, 16/9/0).

La volonté était, en créant le Parc, de fixer un périmètre à l'intérieur duquel les acteurs se reconnaîtraient, se rencontreraient et s'identifieraient en partie grâce aux principes de la Charte constituée après plusieurs discussions et 400 rencontres parfois houleuses (Ancien administrateur PNRC, entretien, 6/9/2). Elle était considérée comme inviolable et susceptible de créer du « dessein commun » en interne.

Mais voilà que cette machine à créer du dessein commun à l'intérieur des frontières est « *attaquée de part et d'autre du massif par des contrats de Pays portés par des acteurs sensiblement différents* » (Baffert, 2000). Pour Claret, les périmètres des CGD ne « *sont* [que] *des découpages administratifs, artificiels* », et sur lesquels le Parc n'a jamais été consulté. Il conçoit que certaines communes adhérentes, situées en périphérie, puissent nouer des contacts, conduire des actions avec les bassins de vie ou d'emploi dont elles se sentent proches, « *mais à la condition que le Parc ait son mot à dire* ».

Les propos de P. Baffert, alors président du PNRC ne sont pas moins virulents:

> « *Le Parc s'attache à exercer une force centripète, à resserrer les liens entre le massif et les vallées. Nous travaillons à organiser des solidarités nouvelles, à instaurer une dynamique interne appuyée sur la spécificité du patrimoine naturel et culturel du massif, et voilà que d'autres entreprennent d'œuvrer à rebours! J'ajoute que l'actuel projet de loi Voynet, qui permet le chevauchement entre Parcs et Pays, accorde tout au plus une prime à l'ancienneté aux Parcs. Cela n'est pas acceptable* »[76] (Baffert, 1997 : 14).

Dans le Vercors, la réaction fut mineure compte tenu compte tenu de la nature des découpages administratifs et des longues relations entre le Parc et EPCI.

3.7.2 Origine du Plan d'aménagement rural

Dès janvier 1981, le PNRV se préparait à mettre en place un Plan d'aménagement rural sur le territoire des Quatre-Montagnes et le canton de La Chapelle. Dans la perspective du Parc, le Plan d'aménagement rural est pour une région rurale, le moyen de réfléchir à son aménagement et à son avenir, de définir ses objectifs de développement et d'équipements et d'établir une programmation des réalisations et des actions à engager. Ceci explique bien leur relative quiétude lorsque les Pays de la DATAR sont arrivés. La maîtrise d'ouvrage de cette opération est assurée par la DDA.

Le Parc, dans cette affaire, participait aux travaux de la commission,

---

[76] Cette réaction est à comprendre dans le contexte de la création du Parc en 1995 après un long travail intense d'informations, de discussions et de définition des orientations de la Charte.

au même titre que les administrations, les collectivités locales, les organismes professionnels et tous les groupes associés à l'élaboration (Journal Parc # 27, 1981: 5). Le Plan d'aménagement rural demandait:
- une mobilisation de plusieurs mois autour d'un centre d'intérêt commun dont l'avenir de la région, la commune, la profession et la vie locale;
- une information permanente sur le développement des travaux et des discussions entrepris;
- une participation à l'élaboration des orientations de développement et des programmes d'actions;
- Des réponses aux vastes consultations entreprises au cours des opérations;
- Un soutien actif aux demandes de Mme Bernier, recrutée pour conduire les opérations PAR dans le canton de La Chapelle et les Quatre-Montagnes (Journal Parc # 29, 1981).

Ce Plan d'aménagement rural émergeait d'une prise de conscience quant aux conséquences de l'augmentation régulière de la population; la concentration des actions économiques autour de l'agriculture et de l'exploitation de la forêt, le tourisme et l'artisanat liés à la construction et aux services; l'extension des zones de résidences grenobloises qui se traduit par l'installation permanente de familles citadines avec les besoins inhérents à cet apport nouveau; et le développement des résidences secondaires et principales entraînant une urbanisation notable du territoire.

De plus, le Plan d'aménagement rural s'imposait compte tenu des inquiétudes du Parc face à la réduction de l'agriculture qui était « très minoritaire » dès 1981, avec la nécessité pour beaucoup de pratiquer une activité complémentaire afin de maintenir leur niveau de vie; de l'industrie touristique dominante, bénéficiant de deux saisons d'activités, mais accusant de forts creux saisonniers; et un secteur de l'artisanat « assez peu développé avec 19 % des emplois », principalement tourné vers le bâtiment.

Le Plan d'aménagement rural s'est terminé en 1984 tout juste après l'adoption des lois sur la décentralisation et le plateau des Quatre-Montagnes a décidé de le prolonger par un « Contrat de Pays » (un autre outil de développement précédant les Pays de 1995). Les responsables des ex-commissions du Plan d'aménagement rural ont été informés des « suites » envisagées pour le Plan d'aménagement rural dans le secteur des Quatre Montagnes. En 1984, le « Contrat de Pays » s'est tourné dans la mise en œuvre de son programme de développement. D'une façon générale, la Région accorde son aide dans le cadre de programmes contractuels conclus avec les groupements de communes. Il en va ainsi des « Contrats de Pays ». Ces derniers constituent, dans la plupart des cas, la prolongation logique des Plans d'aménagement ruraux.

Dans le cadre de la décentralisation, d'autres politiques concertées de développement en montagne ont été mises en place: « Contrats thématiques de développement en montagne » et « Contrat Sations-Vallées ». La question essentielle pour le PNRV en 1984 était d'éviter l'enlisement procédurier: « il faudra choisir rapidement et au mieux » d'autant plus que d'autres « Pays » du Vercors sont eux aussi intéressés par une procédure contractuelle avec la Région: le Royans, le Vercors central, ont clôt ou vont clore leur propre Plan d'aménagement rural.

Ainsi, parce que ces trois « Pays » ont le massif du Vercors et un Plan d'aménagement rural comme dénominateur commun et aussi parce que les subventions se font rares, il est nécessaire que les trois secteurs envisagent une stratégie cohérente, voire commune.

Le PNRV proposait une double stratégie consistant soit à déposer simultanément leurs candidatures auprès de la Région, soit à faire une demande de trois « contrats de pays » ou d'autres formules de contrats, avec toutefois « un chapeau commun, reprenant des idées transversales ».

Ainsi, la contractualisation intercommunale n'a rien de nouveau dans le Vercors et le Parc informe les acteurs locaux (par le biais de son journal notamment) des objectifs de ces contrats. De ce fait, les logiques d'aménagement, de gestion et de planification correspondent à la fois à une succession d'objectifs contractuels et à la fois aux tendances lourdes (économique, politique et sociale) qui affectent le Vercors.

La monturbanisation n'a donc rien ni jamais de complètement spontané et désiré. Elle se produit à force de tentatives de rencontrer des objectifs de contractualisation, des initiatives locales originales et des changements structuraux.

Cet ancien directeur du PNRV est loin de cet esprit diabolisant les chevauchements et les emboîtements entre les structures territoriales. Pour lui « *ce qui compte c'est le rôle du Parc, la façon dont il répond à ces questions de relations et ce, quel que soit le type de périmètre* ». À son avis, la question du partage des compétences entre les EPCI et le Parc se pose. Par contre, la réponse ne doit pas tant venir de l'institutionnel que des pratiques intercommunales quotidiennes en fonction des besoins et des objectifs.

L'important est de distinguer le « faire » du « faire faire ». Par exemple, les Communautés de communes ont des compétences directes: elles font. Les Parcs, comme ce qui est d'ailleurs prévu pour les Pays, ont des missions d'accompagnement. Ils n'ont pas tout à faire.

En Chartreuse, les Communautés de communes sont membres du comité consultatif du Syndicat mixte. Elles n'ont pas de pouvoir de vote, mais sont associées en vue de coordonner les politiques territoriales. La Charte du PNRV (1996 T.5: 42) stipule à cet effet:

> « *Le partenariat avec les communes est construit selon une logique bien définie. Le but est de donner aux communes les moyens de leur propre développement. Pour cela le Parc s'est lancé dans une politique d'aide à la constitution ou au renforcement de syndicats intercommunaux. Cette politique a été appliquée par les agents de secteurs mis à la disposition*

des communes ».

La Charte du PNRC ne prévoit pas ce type d'ententes visant le renforcement de l'intercommunalité. Il y a une explication possible puisque les artisans de la première Charte du PNRC ont dû réévaluer leur travail en 1993 avec l'adoption de la loi *Paysage* qui donne la primauté à la Charte sur les documents d'urbanisme. Ils privilégiaient une Charte plus discrète que directive. Cette position est validée par des entretiens auprès de la commune de Villard-de-Lans et selon lesquels la bonne et unique échelle d'action est intercommunale et non celle du Parc.

Comment le Parc, étant donné son intervention à l'échelle régionale, peut-il contribuer à donner une cohésion parmi les interventions? L'avis de cet élu du Vercors est équivoque: « *nos territoires demandent un travail très pointu. Je dirais au caillou près. Toute charte qui raisonne à une échelle inhumaine, n'est pas la bonne solution* » (entretien, 25/6/2).

Pour lui, la loi *SRU* est le bon outil, parce qu'elle « *met fin au zoning et on raisonne à partir de projet de développement, hameau par hameau* ». L'échelle communale et intercommunale est pour lui la bonne échelle d'intervention:

> « *À l'échelle du hameau, là on raisonne à la bonne échelle. On va trouver la bonne dimension de protection des hameaux. On va essayer de raisonner au sentier près. Là on est à la bonne échelle. Mais dire au niveau régional, de faire un grand zoom, et de dire: "Là ici protection", c'est une catastrophe. L'échelle de la Région ou de l'État pour délimiter des zones patrimoniales, c'est une catastrophe. (…) Moi, c'est un peu la crainte que j'ai avec les grandes décisions du Parc qui dit: "tel territoire à protéger"* ».

Du point de vue de cet adjoint au maire, il faut craindre les décisions venues d'en haut.

L'échelle de la Communauté de communes convient en matière de gestion des affaires municipales:

> « *Notre territoire est très structuré en ce qui concerne la Communauté de communes, on a les outils nécessaires pour se coordonner. Après, la question c'est de savoir si c'est le bon périmètre: "est-ce que le bon périmètre ce n'est pas plutôt le Parc?" C'est tranché: c'est trop grand. Donc, ça va être la Communauté de communes* » (Haut-fonctionnaire du Vercors, entretien, 25/6/2).

Le Parc existe parmi d'autres outils d'aménagement inter et supracommunaux et avec lesquels il doit transiger. D'autant plus qu'il ne peut pas en faire abstraction pour monter des projets porteurs tout comme le bricoleur straussien doit exploiter au maximum de sa connaissance les outils qu'il a à portée de main.

Chacun des périmètres (celui du maire, du président de la Communauté de communes, du président de Parc ou d'un Contrat de Pays) repose sur un ensemble d'outils d'aménagement, de gestion et de planification, que ce soit le PLU, le SCOT ou la Charte du Parc et de Pays avec des fonctions précises, des modalités d'exécutions précises et une portée et des limites précises.

On peut temporairement conclure en disant que le bricoleur acquiert des outils dont la fonction est prédéterminée. De la même façon, un maire « reçoit » des outils (p.ex. SCOT et Contrat de Pays) visant des objectifs précis, ou, si l'on préfère qui ne servent qu'à une chose *a priori*. Avec ces outils, il peut faire ceci (planifier les lieux d'habitat et d'emplois) et pas cela (donner des primes à l'herbe) parce qu'il y a d'autres outils qui remplissent cette fonction (p. ex. programmes européens).

Aussi, confronté à un problème (ou tâche) bien particulier, le bricoleur straussien se rend compte qu'il n'a pas l'outil approprié (soit il ne l'a pas dans sa boîte à outils, soit il n'existe pas). Trois alternatives se présentent: il abandonne le projet (qu'il va peut-être reprendre plus tard), il détourne l'utilisation première d'un autre outil (outil palliatif avec des conséquences possibles sur la nature même du dessein) ou bien il regroupe tout son matériel afin de réaliser lui-même l'outil approprié qui lui permettra de surmonter son problème du moment.

Donc, si la littérature parle de « construction » et de « fabrication » de projet de territoire au sujet des PNR et des Contrats, en relisant de plus près le processus de construction, par la métaphore du bricoleur straussien cette fois, on peut se rendre compte qu'il s'agit en fait tout au plus d'un projet de construction d'outils approprié à une problématique précise.

Le projet de territoire n'est pas une fin en soi, mais un moyen à construire plus tard afin de mieux atteindre des objectifs de développement et de préservation.

3.7.3 Outil SCOT complémentaire aux Parcs

Comment les acteurs de Chartreuse et du Vercors réagissent-ils à l'affluence de population permanente et temporaire? Comment et pourquoi tentent-ils de construire les outils appropriés pour mieux répondre à cette affluence? Voilà deux questions centrales de ce chapitre où seront exposées des analyses cartographiques, des analyses de discours, de documents iconographiques et des statistiques montrant l'augmentation de la population et les réactions citoyennes (graffitis) et politiques (création d'un SCOT complémentaire et reconnaissance formelle de la moyenne montagne).

L'image d'un écrin montagnard préservé du reste de la vie urbaine comporte plusieurs défauts dans les massifs de Chartreuse et du Vercors. Premièrement, la présence humaine permanente et temporaire est de plus en plus importante. Ensuite, les services de proximité à la population urbaine se multiplient.

L'augmentation de la population en moyenne montagne suppose un ajustement des pratiques engagées par les Parcs notamment envers les nouveaux arrivants: « *Nous avons des gens qui viennent s'installer, mais qui ne travaillent pas sur place. Beaucoup de communes du Vercors sont en train de devenir des communes-dortoirs* » rapporte L. Reboud[77]. Évidemment, ce ne sont pas les contrats de Pays qui traite ce sujet, mais les communes.

Ce haut-fonctionnaire de Lans en Vercors, explique le mouvement important de population résidente dans sa commune: « *Elle reste pour trois ou quatre années et puis part* », du fait de la durée de leur contrat de travail (par exemple, des ingénieurs) dans des centres de recherche ou des firmes dans la vallée:

> « *La population dans la commune n'est pas nécessairement locataire de maisons mais bien plus propriétaires. La population revend sans difficulté. Le tissu social est délié puisque les habitants se connaissent très peu. Ce roulement est observable dans les écoles* » (entretien 25/6/2).

Cette citation témoigne de la mobilité résidentielle à Lans. Mais plus fondamentalement, entre 1975 et 1999, l'évolution de la population dans les PNRC et PNR. est particulièrement soutenue avec des taux dépassant 50 % dans les secteurs Haute-Chartreuse, Quatre-Montagnes et Trièves (Tableau 15).

---

[77] M. Reboud, économiste, est intervenu publiquement au colloque du PNRV « S'ouvrir ou se fermer » tenu à Pont-en-Royans le 25 novembre 2000.

	1975	1982	1990	1999	75-82 (%)	82-90 (%)	90-99 (%)	75-99 (%)
Haute-Charteuse	4 278	5 350	6 859	7 629	25,1	28,2	11,2	78,3
Cœur	1 167	1 252	1 271	1 476	7,3	1,5	16,1	26,5
Moyenne Chartreuse	12 217	14 233	15 421	16 818	16,5	8,3	9,1	37,7
Vallée	3 810	4 506	5 900	7 593	18,3	30,9	28,7	99,3
Région Urbaine	64 339	72 914	84 173	91 784	13,3	15,4	9,0	42,7
Total Chartreuse	85 811	98 255	113 624	125 300	14,5	15,6	10,3	46,0
Gervanne	1 191	1 259	1 371	1 371	5,7	8,9	0,0	15,1
Royans-Drôme	5 321	5 645	5 883	5 930	6,1	4,2	0,8	11,4
Vercors-Centre	1 743	1 768	1 731	1 843	1,4	-2,1	6,5	5,7
Diois	5 070	5 117	5 367	5 642	0,9	4,9	5,1	11,3
Trièves	2 696	3 128	3 637	4 167	16,0	16,3	14,6	54,6
Quatre-Montagnes	6 808	7 644	8 542	10 334	12,3	11,7	21,0	51,8
Isère-Royans	4 532	4 968	5 108	5 678	9,6	2,8	11,2	25,3
Total Vercors	27 361	29 529	31 639	34 965	7,9	7,1	10,5	27,8
Total Chartreuse et Vercors	113 172	127 784	145 263	160 265	12,9	13,7	10,3	41,6

Tableau 11 : Évolution de la population en Chartreuse et Vercors (1975-1999)
Source: INEE – RGP (1975-1999)

Le nombre d'habitants du secteur Haute-Chartreuse est passé de 4 278 à 7 629 (+78,3 %) entre 1975 et 1999; celui des Quatre-Montagnes de 6 808 à 10 334 (+51,8 %) durant la même période. Ensemble (hors secteur Région Urbaine), ces massifs comptaient 48 833 habitants en 1975 pour atteindre 68 481 en 1999 (+19 648 habitants sur 25 ans), c'est donc l'équivalent d'une ville en plus.

Pour l'ensemble de ces périodes (1975, 1982, 1990 et 1999), la croissance de la population est soutenue à la hauteur de +25 %, alors que la croissance du nombre d'habitants des secteurs Vercors Centre, Diois et Royans-Drôme, avoisine tout de même les 12%.

La très forte augmentation de la population se fait sentir dans tous les secteurs, mais dans des proportions légèrement différentes. La population du secteur Vallée de Chartreuse a plus que doublé passant de 3 810 habitants en 1975 à 7 593 en 1999. Le secteur du Cœur de Chartreuse a gagné 309 habitants ce qui témoigne de réalités locales différentes.

Le PNR, dès les premières années de sa création en 1970, jouait le double rôle d'arbitrage et de concertation entre les usagers de la montagne, les nouveaux arrivants et les autochtones (les agriculteurs) afin de rendre la cohabitation harmonieuse comme peuvent en témoigner les documents d'archives.

Dès 1974, le PNR. était sensibilisé à la problématique de l'accueil des citadins et de la protection des territoires agricoles: « *l'ensemble du territoire du PNRV est soumis, surtout en période estivale, à une affluence massive de citadins désireux de trouver le "petit coin" idéal pour déjeuner et se détendre en famille* » (Bull. Liaison, 1974, n°3).

Selon le Parc, cet « envahissement désordonné » cause de sérieux dégâts aux cultures et il est impossible de l'endiguer. Il juge la pose de barbelés et de panneaux d'interdiction inappropriée pour des raisons de sécurité et de qualité paysagère. En réponse à ce problème, il propose d'accueillir et d'éduquer les visiteurs en mettant à leur disposition des espaces aménagés où ils seront les bienvenus

L'APAP a jugé cette action « excellente » et a souhaité que les agriculteurs réalisent eux-mêmes de petites aires de pique-nique (comprenant emplacement permettant de garer deux à trois voitures, des tables et des bancs rustiques réalisés par les agriculteurs, une poubelle et un panneau d'information) avec l'aide du Parc. D'autres aménagements réalisés comportent un espace pour une vingtaine de voitures et des pancartes élaborées conjointement par l'ONF et le Parc de Chartreuse dans le but d'organiser les pratiques sociales et de limiter les impacts sur la nature.

En plus de cette proposition, le Parc suggérait est approche positive en affichant des pancartes et des écriteaux: « *Cet emplacement est pour vous* », « *La nature est belle, soyez-en digne* », « *Voici les promenades possibles* », « *Vous pourrez trouver des produits fermiers à ...* » et « *Merci de votre visite* ». Le Parc souhaitait ainsi faire réaliser en 1975 une à deux aires par communes « *surtout dans les régions ou la pression touristique est importante* ». Les agriculteurs intéressés par la réalisation d'une aire devaient retourner un bulletin-réponse au Parc en échange de quoi un animateur du Parc les aidait à la préparation du projet. Force est de constater qu'il s'agit là de canalisation plus que d'endiguement.

Cet attrait des massifs oblige ainsi les PNR à arbitrer entre des intérêts d'acteurs difficilement compatibles entre-eux. Pour certains restaurateurs ou agriculteurs optant pour la vente directe par exemple, l'arrivée de touristes symbolise une excellente saison en retombées économiques. Par contre, les impacts peuvent être importants notamment sur l'environnement avec l'augmentation de la consommation d'eau et la production de déchets dont le traitement est à la charge des communes et du Parc.

Néanmoins, le Parc accueil les autobus de touristes vu sa mission et aussi vu les retombées économiques locales. Il doit cependant trouver de petits arrangements entre les acteurs de façon à limiter les impacts de leurs présences comme la gestion des déchets et la canalisation des visiteurs vers des lieux adaptés.

Les espaces naturels dont les Hauts-Plateaux sont « malades de leur célébrité », titrait le Bull. Liaison #20 (1979: 2):

> « *Rémy Locatelli s'est attelé au nettoyage des refuges et de leurs abords, qui en avaient bien besoin après la saison d'hiver et les nombreux voyages scolaires de fin d'année... Il a donc fallu évacuer le plus gros des ordures et passer les heures à brûler le reste. Il a fallu réparer, ensuite, les dégâts de l'hier et les dégradations causés par des utilisateurs. Pour faire face à cette fréquentation, il s'avère que deux gardes n'ont pas été de trop, loin de là, cette année! (...) quand on voit que, chaque semaine, ce sont des sacs d'ordures qu'il a fallu ramasser autour des refuges, brûler, ou évacuer à dos*

d'hommes; que les sources, si rares, et les bachassons ont été souillés par la toilette et la vaisselle des campeurs; les bergeries et leurs points d'eau utilisés sans vergogne (…). Sans parler des dommages causés par la circulation automobile et la divagation des chiens, aux bergers, aux troupeaux et à la faune sauvage » (PNRV,1979: 2).

L'affluence des personnes en moyenne montagne comporte son lot d'avantages et d'inconvénients et les PNR y sont sensibles.

Dans ce contexte, dès 1981, le PNRV posait la question « *Subir ou maîtriser?* » en parlant des conséquences de l'afflux de population:

« *(…) le Vercors pour vivre a besoin de l'apport que constituent les visiteurs extérieurs, qu'ils viennent pour le séjour ou pour la journée, l'été ou l'hiver. Une des difficultés est que certains éléments échappent totalement aux communes du Vercors. Parce que le massif est proche des grands centres urbains, parce que l'enneigement y a été excellent, les "citadins" se sont bousculés aux portes du Vercors et cela s'est traduit certains dimanches, par des embouteillages dignes de la région parisienne, des difficultés de stationnement; cela s'est traduit aussi par des concentrations humaines avec tous leurs effets induits (…)* » (PNRV, 1981: édito).

Pour eux, il s'agit de maîtriser les transformations économiques, environnementales et sociales. Les moyens à leur disposition sont la discussion et la force de conviction afin de faire changer les comportements tel qu'il est abordé au prochain point. Ils peuvent aussi s'approprier des outils complémentaires.

Ces enjeux de transport, de construction, de production agricole et de qualité de vie sont caractéristiques des espaces montagnards attirants et facilement accessibles, mais le Parc ne peut pas tout faire ni tout surveiller.

Un lotissement d'une quinzaine d'habitations était en construction à l'été 2001, le long de la route principale menant à Quaix. Des citoyens ont rapidement saccagé la pancarte publicitaire du promoteur sur laquelle on devine le type Phœnix des constructions projetées. Ils ont aussi installé leurs propres pancartes. L'une d'elle interpelle directement le Parc et les élus. Il y est écrit sur un ton sacarstique :

> « *Bienvenue à Quaix en banlieue. Porte du Parc Naturel Régional de Chartreuse. Ici un promoteur sans imagination réinvente la ville à la campagne... la banlieue quoi! Ici des élus sans pouvoir tentent de faire croire qu'ils protègent les "Balcons de Chartreuse"* ».

Sur une autre pancarte (où l'on aperçoit le Vercors en arrière-plan de l'autre côté de la vallée) il est écrit :

> « *Bienvenue à Quaix en banlieue. Vous aimiez les vignes... un promoteur vous imposera son autoroute! Vous aimiez les étoiles... il vous infligera ses lampadaires! Vous aimiez les cerisier, il vous proposera ses thuyas!* ».

Afin de mieux endiguer cette réalité, une idée proposée en 2001 par certains préfets consistait à créer des SCOT à l'échelle des massifs montagneux.

Mme Comparini, présidente du Conseil Régional de 1999 à 2004 (*in* Amoury, 2002: 331) s'y oppose puisque selon elle les collectivités territoriales fonctionnent bien avec les Directives Territoriales d'Aménagement (DTA[78]) et les Contrats de pays.

Elle pense qu'il faudrait clarifier l'utilisation de ces outils plutôt que

---

[78] En Rhône-Alpes deux DTA ont été mises en place, celle de Lyon et celle des Alpes du Nord. De plus, les lois d'orientation et d'aménagement du territoire ont prescrit l'élaboration de schémas de services collectifs. Mme Comparini préférait clarifier l'utilisation de la DTA plutôt qu'ajouté une feuille au « Mille feuille administratifs français » (A.M. Comparini).

de « *créer des strates de décision supplémentaires* » avec des SCOT et des PNR sur un même massif. Sauf qu'en Chartreuse, l'idée de la création d'un SCOT complémentaire à ceux de Chambéry et Grenoble séduit le Parc. Le PNRV n'a pas voulu s'impliquer dans la création d'un SCOT complémentaire chez lui prétextant qu'il en avait pas le mandat. Il a préféré laisser la décision à la Communauté de communes Quatre-Montagnes.

Selon M. Forestier (directeur du PNRC), le SCOT Chartreuse s'avère intéressant puisqu'il pourrait compléter la Charte en lui conférant plus de précision et de pouvoir. Un SCOT en Chartreuse conférait au Parc une crédibilité et une légitimité politique plus forte pour faire face à l'étalement urbain des agglomérations Chambérienne et Grenobloise.

3.7.3.1 Coordination des outils Parc et SCOT

L'arrivée des SCOT en 2000, suite à l'adoption de la loi sur la *Solidarité et le renouvellement urbain* (SRU) a réactivé les débats sur la complémentarité entre les outils d'aménagement rural et urbain en Chartreuse particulièrement et en Vercors dans une moindre mesure.

Suite à la publication du RGP 1999 montrant la forte augmentation du nombre d'habitants, le Parc de Chartreuse a pris « *conscience de la nécessité de documents de planification à la fois pour qu'il y ait une concertation intercommunale plus forte et pour sortir de logiques purement communales dans la réflexion sur l'aménagement* » (Technicien Parc, entretien, 13/9/2).

L'entrée en vigueur de la loi *SRU* instituant le SCOT ramène sur la table un débat peu abordé lors de la révision du Schéma directeur d'aménagement et d'urbanisme de Grenoble en 1995 à savoir « *si la planification doit se faire autour et à partir des besoins des agglomérations* » avec un découpage territorial qui prend en compte les aires d'influence des agglomérations. Cette question se pose moins dans le Vercors compte tenu de sa topographie, de la configuration des intercommunalités et de l'éloignement relatif des villes. Cependant, la règle dites « des 15 km » peut changer la donne selon la volonté des élus puisque de fait la Communauté de communes des Quatre-Montagnes peut être intégrée dans le SCOT grenoblois à l'exception de Méaudre et ce, en dépit des falaises.

Selon cet autre haut-fonctionnaire de Chartreuse (entretien, 5/11/2), si le Parc avait la capacité de faire un SCOT, cela lui donnerait une bonne légitimité d'agir directement sur le foncier. Il aurait une légitimité pour répartir dans l'espace l'habitat, les entreprises et les activités. Cependant, même dans le cas d'un SCOT, la commune demeure maître sur son territoire (avec cependant un outil de plus à portée de main du maire).

La Chartreuse se trouve – encore une fois – dépecée par les SCOT de Grenoble, de Chambéry et du Nord-Isère. La carte montre des « trous » où aucune commune adhère ni à l'un ni à l'autre des SCOT et cela dérange le PNRC du fait de la multi-appartenance.

Ces outils d'aménagement centrés sur la ville montent dans les massifs ce qui représentent à la fois des atouts et des menaces. Atouts du fait que le SCOT est inscrit dans le Code Rural et possède une force réglementaire à dont ne bénéficient par les Parcs; menaces, parce que centré sur les besoins de la ville, alors qu'implicitement la périphérie doit s'ajuster aux dynamiques urbaines:

> « *Les orientations de ces deux documents* [SCOT Chambéry et Grenoble] *c'est de reconstruire la ville sur la ville. Bon très bien. Moi je raisonne en géographe… il faut maîtriser la périphérie. Parce que c'est là le dilemme. Ces deux établissements réfléchissent de reconstruire la ville dans leur périmètre et ne se préoccupent pas de ce qui se passe autour. Ils s'en tiennent à leurs limites* » (Technicien PNRC, entretien, 26/4/2).

Non seulement les SCOT ne se préoccupent pas de ce qui se passe autour ou à l'extérieur de leur périmètre, mais ce fonctionnaire du Parc à la ferme impression que le PNRC sert à recevoir le trop-plein des vallées en l'occurrence le surplus de population.

Les SCOT de Grenoble et de Métropole-Savoie recoupent en partie le périmètre du PNRC alors que celui du Nord-Isère lui est juxtaposé. De là, le découpage (ou une répartition) du PNRC entre une partie sous l'influence de Grenoble et une partie sous l'influence de Chambéry et Voiron.

Le débat Parc et SCOT « *est le même que celui de l'articulation entre Pays et agglomérations* », c'est-à-dire qu'il y a des outils de développement et de planification (avec des fonctions complémentaires) qui se superposent dans différents espaces, selon différentes temporalités, et qui ne sont pas porteurs de logiques d'action toujours similaires.

> « *Dans la conception de la DATAR, les Pays doivent être privilégiés autour de la logique des bassins d'emploi et donc à partir des agglomérations. Il en va de même des SCOT de la loi SRU. C'est une vision qui revient à nier l'intérêt d'un PNR parce que si le territoire du Parc est très découpé en fonction des besoins propres à chacune des agglomérations, le rôle du Parc est forcément réduit à une approche ou un traitement environnemental. Il n'encourage pas la prise en mains des destinées des territoires par ses acteurs et ses élus* » (Administrateur PNRC, entretien, 13/9/2).

Le PNRC revendique un SCOT« complémentaire » rural aux SCOT des agglomérations « *puisque toutes les parties Sud, Est et Ouest du territoire sont complètement saturées* » par Chambéry, Grenoble et Voiron alors que la moitié de communes chartrousaines ne sont pas « couvertes » par aucun PLU, SCOT et Contrat. « *Notre Charte témoigne d'une posture ruraliste, d'un souci de se protéger de la ville, connotée négativement* » admet M. Forestier (*in* FPNRF, 2000: 11). De fait, la posture n'est guère adaptée aux récentes évolutions.

Les cols qui semblaient défendre la montagne étaient seulement des verrous « psychologiques ». « *Les communes*, poursuit Forestier, *n'ont pas su anticiper la demande sociale* ». Il propose ce slogan: « La Chartreuse: Parc-Porte des villes alpines » afin d'insister sur un point : les Parcs n'ont ni la vocation, ni l'intérêt, à se méfier de l'extérieur (*in* FPNRF, 2000: 12).

En conséquence de cette ouverture, explique ce fonctionnaire du Parc, l'idée première est d'élaborer un SCOT sur les parties non couvertes et de manière à faire réfléchir les collectivités à leur devenir et à leur choix en matière de développement en faisant abstraction des limites départementales entre l'Isère et la Savoie. Outillée d'un SCOT complémentaire, la Chartreuse pourrait passer des conventions avec les SCOT des agglomérations voisines.

Ce maire de Chartreuse (entretien, 5/11/2) est en faveur de la création d'un outil SCOT complémentaire parce qu'il plaide pour une prise en compte de la moyenne montagne périurbaine dans l'aménagement sous influence d'agglomérations localisées en vallée:

« *Si la vallée ne prend pas en compte la moyenne montagne, elle n'aura pas les moyens d'assumer la gestion des espaces naturels. Il y a 50 ans, les espaces naturels étaient gérés par les agriculteurs. Si on veut que les espaces restent libres à la consommation naturelle pour les randonneurs et les skieurs, il faudra bien que la communauté urbaine passe avec nous des conventions de gestion d'espaces naturels. Qu'ils participent au financement des services (forêts, chemins, équipements touristiques). On ne veut pas adhérer à la Métro. Ce serait entrer dans une logique urbaine. Est-ce qu'on est condamné à être dans la Métro?* ».

Le dilemme est le suivant: la ville (symbolisés par celle de Grenoble) à besoin des massifs montagnards périurbains pas nécessairement comme une réserve foncière mais bien plus comme lieu d'évasion. Donc forcément des communes de Chartreuse sont condamnées à être dans la métropole

Grenoble sont qu'elles sont liées dans un sens fonctionnel. Cependant, il n'est pas directement dans l'intérêt des communes de moyenne montagne périurbaine d'adhérer à des structures intercommunales urbaines (p. ex. la Métro de Grenoble).

Ces communes de moyennes montagnes périurbaines n'ont pas à payer les factures pour entretenir ces espaces de qualité. La réflexion du Parc vise à explorer la faisabilité de ce projet sur le plan administratif et politique d'autant plus que leur Charte est en cours de révision. Cette idée, pourtant jugée pertinente par le préfet de l'Isère, n'a pas pu pour le moment se concrétiser à l'échelle territoriale du Parc.

Du côté de l'avant-pays savoyard sur le département de la Savoie, il n'y avait pas non plus de document de planification et le préfet de la Savoie ne voulait pas accéder à la revendication du Parc même s'il la jugeait pertinente en terme d'aménagement, au risque pour lui d'avoir un « trou » à gérer avec des communes laissées pour compte sur la partie savoyarde.

Mais la Charte de Parc peut avoir la valeur d'un SCOT puisqu'elle s'impose théoriquement aux documents d'urbanisme. C'est là tout le problème de la volonté politique qui est explicite dans cet exemple.

La réponse formulée par le Parc à cette objection consiste à produire un SCOT complémentaire chartrousain sur un espace interdépartemental qui prendrait toutes les communes du territoire du PNRC, donc non couverte aujourd'hui par un SCOT, ainsi que toutes les communes de l'Avant-Pays Savoyard qui sont dans cette même situation. La première constatation est celle du périmètre du Parc qui ne correspondrait plus à la définition même d'un espace patrimonial cohérent. Ensuite, le cadre législatif des PNR ne leur permet pas de porter un SCOT :

> « *Voilà, le périmètre ne correspondra pas, c'est-à-dire que le périmètre sera plus grand que celui du Parc. C'est effectivement inconcevable. Nous menons une exploration juridique qui est à faire avec les services des deux DDE pour*

> *définir la nature des EPCI qui pourraient être porteurs de cette élaboration de SCOT et savoir quel rôle le Parc peut y jouer, mais la solution n'est pas évidente* » (Administrateur PNRC, entretien, 13/9/2).

Cette démarche, inscrite dans la loi *SRU*, crée une couche supplémentaire au PNR (dont le périmètre est différent) puisqu'elle impose un EPCI spécifique au SCOT avec un statut possible de Syndicat mixte.

Le syndicat mixte du Parc doit éventuellement se dédoubler pour en former un 2e spécifique au SCOT
> « *Mais la question juridique qui se posait et qui n'a pas été tranchée c'est de savoir si un Syndicat mixte de Parc qui inclut d'autres collectivités que les communes avec les départements et les régions pouvait de ce fait être porteur d'un SCOT* » (Administrateur PNRC, entretien, 13/9/2).

En théorie, la réponse est affirmative puisqu'il s'agit de créer un 2e syndicat mixte explicitement pour le SCOT. Dans la pratique toutefois, le niveau de complication du système atteint des sommets. Pour ces acteurs, l'essentiel est d'aller chercher le meilleur de chacun de ces outils pour se donner les moyens de tenir le foncier.

L'exploration « juridique » sur la création d'un syndicat mixte de SCOT complémentaire comporte plusieurs facettes. Sous quelles conditions le Parc peut-il gérer directement les SCOT qui pénètrent dans son territoire? Un Parc peut-il gérer un SCOT dont les limites géographiques sortent de son périmètre? Dans l'affirmative, il y aurait un premier outil « Parc » secondé d'un deuxième outil « SCOT », mais l'organisme gestionnaire du Parc ne peut pas en être le porteur puisqu'il n'en a pas le mandat. Alors que l'élu désireux de s'engager dans les projets Parcs et SCOT se retrouverait à terme avec deux outils d'aménagement, certes complémentaires, mais gérés par deux organismes différents (sans compter la présence des Contrats de Pays et la DTA).

Selon le PNRC, le processus de révision de la Charte peut être un exercice pour préparer une formalisation réglementaire menant au SCOT. Outillée d'un SCOT, la Chartreuse pourrait traduire plus finement les orientations sur le terrain avec un niveau d'acceptation plus poussé des objectifs de planification de la part des communes. En somme, la traduction réglementaire serait plus précise et formalisée avec un SCOT qu'une Charte de Parc. Dans cette logique, la Charte donne les grands principes d'actions des PNR et le SCOT viendrait l'appuyer:

> « *De manière idéale sur un territoire qui ne connaîtrait pas des pressions très fortes, l'élaboration d'une Charte de Parc assez fine dans ses prescriptions paysagères peut apparaître suffisante et pas nécessiter d'être complété par un document réglementaire plus précis et plus formalisé. En l'occurrence, la charte, compte tenu à la fois, de ses délais d'élaboration qui vont être assez courts du fait qu'elle s'adresse à des communes qui étaient déjà impliquées dans l'avis du Parc mais également à d'autres en périphéries qui ne l'étaient pas jusque-là. Il sera difficile d'aller dans un exercice très aboutit dans la finesse des prescriptions et leurs traductions spatiales. Le SCOT s'imposera en aval comme un document qui précisera, à une échelle qui ne sera pas partenaire, mais qui sera beaucoup plus fine localement et qui précisera les choses* » (Administrateur PNRC, entretien 13/9/2).

De prime abord, cette réflexion est cohérente, vue de l'intérieur de la structure Parc. Une conséquence d'une superposition totale ou partielle d'un Parc ou d'un SCOT demeure la possibilité à l'effet qu'une commune quitte la première structure au profit de la deuxième. N'est demeure pas moins que les SCOT sont organisés autour de bassins d'emplois alors que le Parc lui se structure autour d'espaces patrimoniaux.

L'autre danger provient du comportement des maires qui pourront toujours et encore suspecter le PNRC de vouloir s'ingérer dans les affaires municipales. Il y a le danger de les voir se retirer à la fois du Parc et du SCOT.

Quelles communes rurales, soucieuses de la qualité de vie qu'elle offre tournée vers la nature, voudraient adhérer à un document SCOT tourné vers la ville? Par exemple, les communes du Balcons Sud de Chartreuse dont Sarcenas, Mont-Saint-Martin Proveysieux et Quaix ont toujours refusé d'adhérer au SCOT Grenoble. Le maire du Sappey également refuse d'adhérer à une structure urbaine telle que la Métro de Grenoble même s'il a le pouvoir de le faire. Il préfère militer en faveur du renforcement du poids politique de la moyenne montagne face à l'approche envahissante de la ville :

> « *La Métro considère-t-elle qu'il y a un enjeu pour Grenoble et la communauté urbaine de protéger et de valoriser les villages de moyenne montagne qui sont les jardins de Grenoble? Si à la question posée de la gestion des espaces naturels la seule réponse que l'on trouve c'est d'appartenir à la Métro, cela voudrait dire que l'on appartient à la Métro uniquement pour des raisons financières. La question est de savoir qu'est-ce que l'on fait de ce territoire montagnard? Quelle importance ce territoire a-t-il aux yeux des urbains? Cela ne se règle pas uniquement par l'adhésion à la Métro. Sans compter que la Métro n'a pas une envie folle de nous avoir avec eux. On est des territoires coûteux. On a pas envie demain d'être dans un Schéma directeur de la Métro et tout à coup d'être considéré comme leur réserve foncière de l'urbanisation de la vallée. Notre destin, il est sur le massif de Chartreuse, là où il y a un intérêt à développer un projet territorial identitaire* » (Maire en Chartreuse, entretien, 5/11/2).

La question « Qu'est ce que l'on fait de ce territoire montagnard et périurbain? » est considérée sous un angle politique et la fiscalité métropolitaine compte pour beaucoup dans la balance. Dans les faits, pendant que cette question attends des réponses, l'urbanisation se faufile de métropoles en métropoles à travers champs et montagnes.

Le PNRC décida d'explorer la voie de la création un SCOT Chartreuse après qu'il ait constaté son manque de prise sur le terrain d'une part, et face au manque de préoccupation des villes au sujet de ce qui se passe au-delà les limites de leur SCOT d'autre part:

« Quand on voit les pressions foncières et le prix du foncier (dans le Grésivaudan, la région grenobloise, et dans de moindres mesures à Chambéry), c'est impressionnant! Vous avez du haut de gamme, (les cadres supérieurs et les populations aisées) qui n'hésitent pas à faire de la distance pour avoir de plus grands terrains, des propriétés, de ne pas avoir de voisins, ça, on les retrouve en Chartreuse. Ou alors il y a la catégorie, « modeste » qui ne trouve pas par manque de ressources, quand les terrains par exemple à Corenc dépasse 1 000 FF le mètre carré, ces populations migrent et passent nos soi disant barrières géographiques, col de Porte, en hiver c'est du sport et bien la moitié de la population de la population active de Saint-Pierre, passe le col de Porte chaque jour. Les gens viennent habiter maintenant dans le cœur du massif. Et ça ne va pas aller en s'améliorant. Quand on dit "Reconstruire la ville sur la ville", très bien, mais, si les élus d'ici ne donnent pas un coup de main, ne s'intéressent pas à ce qui ce passe là, ils ne vont jamais reconstruire leur ville sur leur ville » (Technicien PNRC, entretien, 26/4/2).

Ce « coup de mains » des élus de la ville semble passer par un SCOT complémentaire. La volonté de construire un outil SCOT complémentaire émerge premièrement d'une constatation des limites de la Charte quant à sa faible capacité de traduire ses orientations concrètement dans l'espace; et deuxièmement, d'acquérir un poids politique décisif typiquement pour la moyenne montagne.

Pour ce maire, l'enjeu central est la maîtrise du foncier en moyenne montagne et tous les outils qui permettent de mieux atteindre ces objectifs sont les bienvenus.

> « *On est d'autant plus fort pour freiner l'évolution foncière que l'on a les moyens d'entretenir les espaces naturels. Ils sont de plus en plus laissés à l'abandon, ne bénéficient pas d'infrastructures pour être attractifs et utilisés par le tourisme de proximité; c'est clair qu'ils favorisent l'urbanisation. De tout temps, les zones agricoles étaient des barrages à l'urbanisation. Si elles sont à l'abandon, elles sont fragiles. Je pense que dans la vallée des gens ont en tête l'idée que quand la vallée sera saturée, ils viendront ici. Sauf qu'ils disent à toutes les minutes: "Notre qualité de vie, notre image, notre valeur ajoutée vient du fait que nous sommes dans les Alpes, dans le Sillon Alpin"* » (Maire de Chartreuse, entretien, 5/11/2).

Une analyse cartographique sur l'évolution des produits de la taxe foncière sur les propriétés bâties, de la taxe d'habitations, la taxe professionnelle et la valeur locative cadastrale alimente le débat sur la croissance de l'emprise urbaine en moyennes montagnes.

La base d'imposition est constituée par le revenu cadastral égal à 50 % de la valeur locative cadastrale, telle qu'elle résulte des mises à jour régulières effectuées par l'Administration. Le montant de la taxe s'obtient en multipliant la base d'imposition par les taux votés par chacune des collectivités locales bénéficiaires, pour l'année considérée[79].

---

[79] La taxe foncière sur les propriétés bâties est établie annuellement à raison des propriétés bâties situées en France à l'exception de celles qui font l'objet d'exonération permanentes (propriétés publiques, bâtiments ruraux à usage agricole…) ou temporaires (destinées à favoriser le développement immobilier). Les propriétés imposables sont constituées de toutes les constructions fixées au sol à perpétuelle demeure et présentant le caractère de véritables constructions. En 2002, le produit en matière de taxe foncière sur les propriétés bâties s'est élevé à 18,35 milliards d'euros.

De 1982 à 1990, le produit de la taxe sur les propriétés bâties a progressé de plus de 260 % dans le secteur Urbain de la Chartreuse et de plus de 230 % dans le Vercors-Centre, le Trièves, la Moyenne et la Haute-Chartreuse. Les constatations concernant l'augmentation des coûts liés à l'accès au sol en moyenne montagne périurbaine se confirme avec un produit qui s'est multiplié par presque 6 entre 1982 et 2000 en Chartreuse alors que dans le Vercors, ce même produit total de la taxe foncière sur les propriétés bâties à quadruplé (Tableau 11).

Valeurs arrondies en millions de FF	1982	1990	2000	82-90 (%)	90-00 (%)	82-00 (%)
Haute-Charteuse	1,7	6,1	12	257,5	95,4	598,7
Cœur	0,6	1,4	2,4	140,1	74,1	317,9
Moyenne Chartreuse	3,1	10,8	22,5	242,3	109,0	615,3
Vallée	1,6	5,1	11	221,8	112,9	584,9
Région Urbaine	34,6	126,9	233	266,7	83,6	573,2
Total Chartreuse	41,7	150,3	281	261,0	86,8	574,3
Gervanne	1,7	4,6	7	170,4	54,3	317,2
Royans-Drôme	0,4	1,5	2,5	233,9	70,3	468,6
Vercors-Centre	1,5	4,2	8,9	183,1	110,4	495,6
Diois	0,9	3	8,6	238,8	190,3	883,7
Trièves	7,8	24	37,5	207,9	56,1	380,7
Quatre-Montagnes	1,9	4,5	6,9	138,4	53,0	264,7
Isère-Royans	14,5	42,6	73,1	193,7	71,5	403,5
Total Vercors	28,7	84,4	144,5	201,7	83,7	454,1
Total Chartreuse et Vercors	56	193	354	243,6	83,4	530,2

Tableau 12 : Évolution du produit de la taxe foncière sur les propriétés bâties en Chartreuse et Vercors (1982-2000)
Source: DGI-Role (1982, 1990 et 2000)

Au cours de la première période (1982-1990), le produit du secteur Région Urbaine a crû de 266,7 %; alors qu'au cours de la deuxième période (1990-2000), le secteur Diois voit son produit de la taxe sur les propriétés bâties croître le plus avec +190,3 %.

La hausse de la valeur locative des propriétés, la multiplication du nombre de résidences et la croissance des taux d'imposition expliquent ces croissances. En Chartreuse, le secteur Moyenne Chartreuse (hors secteur Région Urbaine) bénéficie d'un apport très important en taxe sur les propriétés bâties (22,5 M de FF en 2000). L'enrichissement relatif des communes se traduit avec des recettes fiscales issues de la taxe sur les propriétés bâties. Dans le secteur Trièves, le produit passe de 7,8 à 37,5 M de FF entre 1982 et 2000. Il est ainsi possible de constater le poids très important des taxes foncières sur les propriétés bâties dans l'assiette fiscale des communes. Alors pourquoi arrêter la métropolisation?

Par ailleurs, les locaux d'habitation suffisamment meublés et leurs dépendances (jardins, garages et stationnements privatifs) sont imposables à la taxe d'habitation. La taxe d'habitation est due par toute personne qui dispose au 1er janvier de l'année d'imposition de locaux imposables dans la commune, à quelque titre que ce soit (propriétaire, locataire et occupant à titre gratuit)[80] (Tableau 12, page suivante).

En Chartreuse, les revenus communaux tirés de la taxe d'habitation se sont multipliés par quatre entre 1982 et 2000 passant de 39,8 à 166,9 millions FF.

---

[80] La taxe d'habitation est calculée d'après la valeur locative cadastrale des locaux d'habitation résultant des évaluations foncières des propriétés bâties mises à jour par l'administration. Le montant de la taxe est égal au produit de la base d'imposition des taux votés par chacune des collectivités locales bénéficiaires pour l'année considérée. En 2002, le produit de la taxe d'habitation s'est élevé à 11,4 milliards d'euros (France).

Valeurs arrondies en millions de FF	1982	1990	2000	82-90 (%)	90-00 (%)	82-00 (%)
Haute-Charteuse	1,2	4,8	8,4	284,2	76,5	578,0
Cœur	0,5	1,2	2	140,7	59,7	284,4
Moyenne Chartreuse	2,8	8	13	192,2	58,1	361,9
Vallée	1	3	6	226,6	83,6	499,6
Région Urbaine	34	83	137,5	141,9	65,6	300,7
Total Chartreuse	40	100	166,9	152,0	66,0	318,5
Gervanne	0,3	0,8	1,4	149,5	70,5	325,3
Royans-Drôme	1,8	3,5	4,6	97,0	30,0	156,2
Vercors-Centre	0,4	1	2	206,5	71,1	424,3
Diois	1,5	3,8	6,6	154,3	71,8	337,0
Trièves	1	3	5,9	224,3	83,8	496,2
Quatre-Montagnes	5,6	17	30	210,7	75,6	445,7
Isère-Royans	0,8	2,3	3,6	202,9	56,7	374,6
Total Vercors	11	32	54	184,1	69,4	381,1
Total Chartreuse et Vercors	51	132,6	221	159,1	66,9	332,3

Tableau 13 : Évolution du produit de la taxe d'habitation en Chartreuse et Vercors (1982-2000)
Source: DGI-Role (1982, 1990 et 2000)

En Vercors, l'évolution du produit de la taxe foncière est spectaculaire avec un total tiré de la taxe d'habitation passant de 11,3 à 54,4 millions FF (+381,1 % entre 1982 et 2000).

Les revenus des Administrations tirés de la taxe d'habitation ont bondi de plus de 230 % dans le Trièves et la Haute-Chartreuse entre 1982 et 1990 en raison de la force conjuguée du dynamisme de la construction résidentielle, de la hausse de la valeur locative et de la hausse des taux votés. Par ailleurs, tous les secteurs, à l'exception de Royans-Drôme et Cœur de Chartreuse, ont connu une hausse importante des revenus en taxe d'habitation de l'ordre de 140 %.

Entre 1990 et 2000, la croissance du produit de la taxe d'habitation a particulièrement ralenti (mais demeure tout de même très haute) pour se situer entre 30 % et 84 % avec des sommets dans les secteurs Haute-Chartreuse, Vallée, Quatre-Montagnes et Trièves.

Le secteur Haute-Chartreuse, qui se croyait protégé par les cols de l'influence urbaine, récoltait que 1,2 million FF en taxe d'habitation en 1982. En 2000, elle en récolte 7 fois plus avec 8,3 millions FF. Ces tendances lourdes affectent tous les secteurs de Chartreuse et du Vercors dans des proportions similaires.

C'est dans le secteur Royans-Drôme où le produit de la taxe d'habitation progresse le plus lentement (mais avec tout de même une hausse importante de 156%!). Cette manne financière justifie un grand nombre de positionnement politique, car la valeur foncière grimpe plus rapidement que l'étalement urbain en soit.

La taxe professionnelle représente des enjeux communaux et intercommunaux majeurs dans la Chartreuse et le Vercors étant donné les impacts important des entreprises sur l'économie locale tant en matière d'emplois que de revenus fiscaux.

La base d'imposition de la taxe professionnelle est égale à la somme des deux éléments. Le premier élément est constitué par la valeur locative des immobilisations corporelles dont a disposé le redevable pour les besoins de la profession. Il s'agit aussi bien des immobilisations assujetties à la taxe foncière (bâtie ou non bâtie) que des autres immobilisations (équipements et biens immobiliers). Le deuxième élément était constitué par un certain pourcentage des salaires versés par le redevable ou des recettes encaissées.

La taxe est établie dans chaque commune où le redevable dispose de locaux ou de terrains. Les taux varient, dans des limites fixées par la législation nationale, en fonction des décisions des différentes collectivités ou organismes locaux[81].

---

[81] Le montant de la taxe professionnelle est obtenu en multipliant la base d'imposition par les taux votés par chacune des collectivités locales bénéficiaires. En 2002, le produit de la taxe professionnelle s'est élevé à 24,4 milliards d'euros.

Le produit total de taxe professionnelle en Chartreuse s'est multiplié par plus de 6 entre 1982 et 2000 passant de 117,6 à 752 millions de FF. Certes, le secteur Région Urbaine y est pour beaucoup passant de 101,1 à 674,4 millions FF. À lui seul, le secteur Région Urbaine compte pour 90 % de l'apport total en taxes professionnelles de la Chartreuse (Tableau 13).

Valeurs arrondies en millions de FF	1982	1990	2000	82-90 (%)	90-00 (%)	82-00 (%)
Haute-Charteuse	1,7	4,1	6,5	137,8	56,7	272,8
Cœur	0,6	1	1,7	69,7	62,5	175,6
Moyenne Chartreuse	10,5	20,5	51	95,2	150,7	389,5
Vallée	3,7	6,1	18,7	65,7	204,5	404,6
Région Urbaine	101	218	674	115,6	209,4	567,2
Total Chartreuse	117,6	249,8	752,7	112,3	201,3	539,8
Gervanne	0,1	0,3	0,2	177,0	-13,4	140,0
Royans-Drôme	4,6	7,6	8,5	64,9	11,7	84,1
Vercors-Centre	0,4	0,9	1,4	116,0	56,7	238,6
Diois	2,3	4,7	8,5	100,7	80,7	262,8
Trièves	0,8	2,8	3,9	249,4	39,4	387,2
Quatre-Montagnes	5,7	14	21	148,0	51,8	276,4
Isère-Royans	5,7	10,6	17,7	90,6	64,2	213,0
Total Vercors	19,6	41,1	61,6	109,7	49,8	214,0
TotalChartreuse et Vercors	137	290,9	814,3	111,9	179,9	493,3

Tableau 14 : Évolution du produit de la taxe professionnelle en Chartreuse et Vercors (1982-2000)
Source: DGI-Role (1982, 1990 et 2000)

Tous les secteurs de Chartreuse et du Vercors ont connu une hausse importante de leur apport en taxe professionnelle. En Chartreuse, le produit a plus que quintuplé alors qu'il a facilement triplé en Vercors. Par exemple, en Chartreuse, ces chiffres témoignent d'une vigueur commerciale et industrielle du canton de Saint-Laurent-du-Pont dans le secteur Moyenne Chartreuse.

Dans le Vercors, le produit de la taxe professionnelle a triplé passant de 19,6 millions FF à 61,6 millions FF. L'analyse cartographique montre qu'en Vercors le dynamisme économique est non seulement moins soutenu qu'en Chartreuse mais aussi l'apport en taxe professionnelle est largement moins élevé.

La taxe professionnelle du secteur Vallée a bondi de 204,4 % (de 0,9 FF à 4,7 millions FF) ce qui la place largement au-dessus du secteur Quatre Montagne dans le Vercors, secteur qui bénéficie pourtant du plus grand apport en taxe professionnelle du Vercors (2,6 millions FF en 2000).

Enfin, voici cette fois une analyse de l'évolution de la valeur locative cadastrale pour l'ensemble de la Chartreuse et du Vercors entre 1982 et 2000. En matière de fiscalité locale, la valeur locative cadastrale ne représente pas le loyer aux conditions normales du marché, mais le rendement théorique d'une propriété déterminée par l'administration.

Or, cette valeur locative cadastrale votée était en moyenne de 5 318 FF en 1982 dans le secteur Haute-Chartreuse pour passer à 14 554 FF en 2000 (+173,7 %) (Tableau 14 ci-dessous). Ce taux d'augmentation n'a jamais été atteint dans le Vercors. Le plus près était le secteur Royans-Drôme avec une valeur locative moyenne de 4 589 FF en 1982 bondissant à 11 250 FF en 2000 (+145,2 %) (Tableau 14).

La valeur locative cadastrale brute la plus élevée se trouve dans le secteur Région Urbaine avec 23 814 FF en moyenne (2000). Elle a atteint 15 411 FF dans le secteur Quatre-Montagne en Vercors.

Une situation se présente où des communes juxtaposées ont chacune une valeur locative cadastrale très différente. À Corenc, par exemple, elle est de 23 814 FF alors que celle du Sappey-en-Chartreuse (quelques kilomètres en amont dans la Chartreuse) est de 14 554 FF. Ces montants différents joue un rôle dans le choix des lieux d'habitation des ménages.

Valeurs en milliers FF	1982	1990	2000	82-90 (%)	90-00 (%)	82-00 (%)
Haute-Charteuse	5,3	11	14,6	109,6	30,6	173,7
Cœur	4	7,2	9,3	79,6	298,	133,2
Moyenne Chartreuse	5,5	10	13,7	87,3	32,4	148,1
Vallée	6,6	12,2	15,6	85,8	28,0	137,9
Région Urbaine	10,7	18,8	23,8	76,3	26,8	123,5
Moyenne communale	7	12,9	16,7	86	26,2	140,3
Gervanne	4	7,4	9,6	84,7	29,6	139,4
Royans-Drôme	4,6	8,8	11	91,5	28,0	145,2
Vercors-Centre	4,9	8,3	10,1	70,4	21,6	107,2
Diois	4,1	7,5	9,3	83,2	24,1	127,4
Trièves	4,5	8,4	11,1	84,9	33,0	145,8
Quatre-Montagnes	7	12,4	15,4	75,7	24,5	118,8
Isère-Royans	4,3	8,1	10,4	90,7	28,1	144,3
Moyenne communale	4,8	8,7	11	82,2	26,8	131,1
Total Chartreuse et Vercors	4,3	7,9	10,2	85,6	29,4	140,2

Tableau 15 : Évolution de la valeur locative cadastrale en Chartreuse et Vercors (1982-2000)
Source: DGI-Role (1982, 1990 et 2000)

La valeur locative cadastrale de Chartreuse et du Vercors, a augmentée dans les secteurs de Royans-Drôme et de Haute Chartreuse avec des taux dépassant chacun 91 % entre 1982 et 1990. Entre 1990 et 2000, la tendance s'est poursuivie mais avec des taux plus faibles évoluant entre 20 et 33 % pour l'ensemble des secteurs de Chartreuse et du Vercors.

L'évolution de la valeur locative cadastrale moyenne évolue sensiblement au même rythme en Chartreuse et en Vercors. Elle a globalement doublé ou triplé entre 1982 et 2000 ce qui dépasse largement l'inflation sur les produits de consommation.

Bien que le PNRC n'ait pas produit ce type d'analyse à partir des impôts locaux, il a voulu sensibiliser les élus communaux au fait urbain dans le Parc en présentant des analyses statistiques sur la population.

Aux dires de ce technicien du PNRC (entretien, 24/4/2) cette initiative de sensibilisation primaire au fait urbain « *a permis de faire prendre conscience aux élus quoiqu'on veuille bien agir pour les petites fleurs et l'agriculture, la structure foncière n'allait pas tenir longtemps* » face à la pression urbaine. Leurs analyses « extrêmement sommaires » pour reprendre son expression ont permis de montrer que les phénomènes induits des pressions touristique et urbaine et ont dépassé les cols et qu'elles ne sont pas qu'autour mais aussi « dedans » le massif de Chartreuse.

Il y a une tendance au nivellement vallée / moyenne montagne. Le Parc, participant à la préparation de la DTA Alpes du Nord, (Directive territoriale d'aménagement) a tenté de faire reconnaître cette situation à l'échelle du sillon alpin.

Les acteurs publics, notamment les acteurs de l'État, sont d'avis que le massif se protège lui-même en prétendant que présence du Parc et du relief suffisaient. Pour cette raison, les porteurs de la DTA Alpes du Nord écartaient du groupe de travail les Parcs de Chartreuse et du Vercors (et celui des Bauges). « *Ils nous écartaient de la réflexion de la maîtrise de l'urbanisation dans le sillon alpin* » déplore ce technicien du PNRC alors qu'y participaient les intercommunalités de Belledonne et du Grésivaudan.

Donc, pourquoi maîtriser l'urbanisation dans les vallées alors que dans les faits le phénomène se reporte directement dans les massifs? Ceci explique en partie leur idée de construire un SCOT complémentaire Chartreuse pour venir remplir le « vide » selon la logique qu'un premier SCOT centré sur la ville de Grenoble repousse les pressions au-delà de son périmètre, qu'un autre les traite à son tour pour mieux les repousser encore une fois au-delà de son périmètre[82].

En définitive, le cas du SCOT complémentaire Chartreuse montre qu'il est difficile d'imaginer ce massif comme étant une entité à part entière

---

[82] Le périmètre du SCOT de Grenoble est l'un des plus large en France avec l'inclusion de plusieurs communes rurales du Nord-Isère à 50 kilomètres de Grenoble. Ce qui leur pose problème est particulier à la logique « fond de vallées » des SCOT qui les entourent.

sur le plan administratif et politique. « *On est obligé de composer avec ce qui se passe autour* » en matière d'intercommunalité et de dynamique socio-politique; ce qui fait en sorte que le périmètre Parc est quasi fictif sur le plan réglementaire. L'idée n'est donc pas de créer un contre-pouvoir Parc, mais plus de viser la complémentarité pour être dans une dynamique de développement et d'organisation du territoire au même titre qu'un SCOT. En somme, le SCOT complémentaire permettrait au Parc se de mettre à niveau:

> « (...) *le Parc tout seul et sa belle petite Charte ne pèse pas devant les enjeux de l'agglomération. Même si notre petite charte verte s'impose au SCOT. Se sont des communes qui tiennent tout de même à leur cachet. Le Sappey est une commune facilement accessible. Il y a une pression mais la commune tient son POS et arrive à contenir, mais si elle était laxiste, elle aurait déjà doublé la population. Ils tiennent, mais ça commence à leur glisser entre les mains* » (Technicien PNRC, entretien, 24/4/2).

Ces réflexions évoluent dans les hautes sphères politico-administratives, mais sur le terrain, que vaut la commune face à la pression foncière avec un lobbying immobilier très fort? Pour y voir plus clair, une analyse plus détaillée de la fiscalité municipales serait nécessaire.

Que peut faire le Parc lorsque les agriculteurs, dont les successeurs n'habitent plus dans le coin décident de vendre leur propriété et d'empocher la plus-value? « *Que pouvez-vous faire contre cela?* » demande notre interlocuteur du Parc. Le maire a toujours la possibilité de maintenir les terrains en question en zone non constructible même si cela peut lui poser des problèmes de conscience[83].

---

[83] Que peut (ou doit) faire un maire face à une situation dans laquelle un couple d'agriculteurs, à la retraite, n'a pas suffisamment de revenus pour vivre. Leur seul patrimoine est une vaste terre agricole ancestrale au cœur du village aux portes de Chartreuse. Cette terre vaut plusieurs centaine de milliers d'euros. Le maire a-t-il le devoir de maintenir cette terre en zone non-constructible alors que le couple d'agriculteurs pourrait empocher une grande somme provenant de la vente d'une petite parcelle pour fin de construction?

Comment le Parc peut-il continuer à atteindre des objectifs de développement et de préservation à l'échelle d'un massif s'il n'a pas de prise sur le terrain dans le double sens géographique et politique? Et puis le MEDD, semble bien plus s'intéresser aux actions des PNR en matière environnementale :

> « *Le Ministère est content si on peut lui montrer qu'on a bien travaillé sur les fleurs, Natura 2000 et des choses comme cela. Il est content, mais si on lui dit "vous voyez la problématique, le contexte géopolitique". Il nous dira poliment: "Oui, mais alors en termes de patrimoine vous avez fait quoi?" Il a du mal à s'ouvrir à ces questions même si c'est un Ministère de l'Aménagement.* Du coup, *on ne sait pas bien comment s'y prendre face au terrain.* **On bricole** » (Technicien PNRC, entretien, 24/4/2).

Sans alternative approprié face à la montée de l'emprise foncière les institutions bricoles en attendant une solution consensuelle.

En définitive, le terrain pose au PNR d'importants problèmes de transformations sociales, économiques, paysagères et politiques. Transformations d'ailleurs qui militent rarement en faveur de l'atteinte des objectifs de développement et de préservation. Constat d'échec? Non, parce que le PNR, bien conscient des limites de cet outil, cherche diverses autres solutions selon les possibilités qui se présentent. La tentative de construire un outil SCOT complémentaire constitue peut-être une ultime tentative afin de justement mieux « s'y prendre face au terrain ».

Le terrain évolue et se transforme comme une matière indocile qui inéluctablement s'urbanise. Il ne veut pas toujours de soumettre aux forces de l'outil Parc, étant la sensibilisation de la population ainsi que l'éducation citoyenne et environnementale. L'atout de l'outil Parc permet la créativité et l'expérimentation dont les résultats s'évaluent difficilement. Pourquoi ne pas essayer d'organiser une exposition photos qui montrent les mutations paysagères de la Chartreuse et du Vercors? Peut-être les élus vont-ils comprendre le message et agir en conséquence? Comment se fait-il qu'ils comprennent le message mais ne l'appliquent pas? Dans ce cas, essayons de construire un autre outil qui nous permettrait, par voie contournée, de mieux maîtriser le terrain en fonction de nos missions. Outillé d'un SCOT complémentaire Chartreuse, le PNR aura peut-être une meilleure « prise » pour « verrouiller » le foncier et aménager le paysage…

Le mode d'emploi pour mieux faire l'aménagement, la gestion et la planification dans des moyennes montagnes sous pressions touristique et urbaine n'est pas encore écrit. Les outils Parc, PLU, SCOT et autres contrats permettent certainement d'en faire une partie, mais la résultante ne fait pas l'unanimité tant le dessin (et le dessein) à produire (voire à imiter) est imprécis et changeant en fonction des équipes municipales et des transformations socio-économiques.

Équipé d'outils plus ou moins complémentaires, l'acteur veut faire du développement et de la préservation (sans mode d'emploi) à partir d'objets matériels tangibles (forêts, parcelles, routes, maison, oiseaux, plantes et autres). Il suggère de mettre un peu moins de déchets ici, un peu plus de vautours là, d'éviter de couper les arbres par-ci et de sécuriser la piste menant au sommet.

Cette troisième section abordait les PNR en tant que techno-structure à l'image d'un outil permettant certains types d'actions plus que d'autres lorsque confrontés aux problèmes concrets du terrain. Cependant, l'ampleur des problèmes concrets du terrain dépasse la portée de l'outil PNR. Les acteurs de Chartreuse en ont témoigné dans l'affaire des gorges du Guiers Mort.

La question n'est pas tant de savoir s'il y a une place pour le PNR en milieu périurbain, mais plutôt de mieux comprendre, dans la perspective des maires, comment ils comptent utiliser cet outil (puisqu'au fond ils le désirent). Même si l'apparition de Contrats de Pays en 1995 fut plutôt mal vécue en Chartreuse, leur chevauchement avec le Parc permet aux maires de mieux relever les défis de développement et de protection auxquels sont confrontées leurs communes.

En Vercors, le label Parc est véritablement considéré comme un opérateur auprès de plusieurs intervenants politiques et institutionnels notamment la Région. Pour M. Charron, maire de Lans, le label permet d'obtenir des moyens d'agir plus largement et plus facilement. « *Le Parc a une vision plus large du territoire (à l'échelle du massif du Vercors) qui peut aider. Il fait des études pour nous. Il fait des préconisations. Propose des orientations* ».

Les acteurs sont ainsi laissés à eux-mêmes afin de trouver des solutions aux problèmes que pose le terrain, comme les transformations d'un patrimoine culturel et naturel en valeurs urbaines et en espaces banalisés.

En Chartreuse, au lieu cette fois de jouer la carte de la gestion sur le micro-espace (champ et parcelle), le PNRC a plutôt tenté de renforcer son rôle de planification en construisant un outil SCOT complémentaire. Cette expérimentation montre bien la force créatrice de l'outil PNR, mais aussi sa limite parce que n'est-ce pas là un constat d'échec? La réponse est non, dans la mesure où l'ampleur des pressions touristique et urbaine dans les massifs de Chartreuse et du Vercors pousse les acteurs Parc à tester au maximum le pouvoir de cet outil, ce qui peut, à terme, amener les administrations à l'améliorer. Un des résultantes de toutes ces initiatives est le processus de monturbanisation.

Dans cette première partie, il était question essentiellement de montrer par étapes, comment les acteurs PNRC et PNRV abordent les pressions touristique et urbaine, quels sont les traits de la monturbanisation, comment l'outil PNR atteint des limites fonctionnelles et comment les acteurs PNRC et PNRV tentent d'avoir une meilleure prise sur le terrain pour mieux atteindre leurs objectifs.

Particulièrement en moyenne montagne périurbaine, la rencontre des objectifs de développement et de préservation est compliquée pour plusieurs raisons. Premièrement, ces objectifs comportent certaines contradictions internes en commençant par l'incompatibilité d'usages multiples et intensifs du sol.

La moyenne montagne attire les amants de la nature, les citadins et les touristes étant donné le cadre de vie agréable et la variété de loisirs qu'elle offre. À l'opposé, cet attrait comporte son lot de conséquences négatives sur le patrimoine culturel et naturel: l'érosion des sols, la dégradation des sites, la production de déchets et la surconsommation d'eau. Dans ces conditions, comment la présence d'un Parc (dont l'image attire encore plus les touristes) pourrait-elle contribuer à la protection du patrimoine culturel et naturel?

La meilleure réponse des Parcs est de poser des questions aux élus et d'engendrer des débats parce qu'il existe bien des pistes de solution comme la valorisation du tourisme « doux ». Mais le tourisme « doux » n'est pas la norme pour le moment et lorsqu'il le deviendra, il pourra difficilement être qualifié de « doux » étant donné la grande quantité de gens qui le pratiquera. De nombreux acteurs préfèrent le tourisme traditionnel avec de gros moyens financiers.

Une autre piste de solution est de réfléchir à « Comment construire en moyenne montagne ». Cette question se heurte à des images traditionnelles de la montagne, c'est-à-dire lorsque l'habitat et son environnement ne formaient qu'un. Il n'y avait pas les moyens techniques d'aujourd'hui, les influences architecturales se résumaient à quelques-unes et les matériaux utilisés provenaient de la région. Le désir de produire ou plutôt reproduire les images d'Épinal du bâti en montagne en irrite plus d'un parce que les résultats sont souvent à l'opposé de ceux attendus. Les matériaux de style « origines » sont parfois plus chers et moins disponibles que les matériaux sur catalogue.

Pendant ce temps, les Parcs voient le terrain leur « glisser entre les mains » et doivent trouver des astuces tel le bricoleur straussien pour mieux, malgré ces limites, atteindre des objectifs de développement et de préservation somme toute honorables. Cette situation est très intéressante parce qu'elle permet de mieux comprendre le comportement des acteurs dans des conditions où aucun outil ne semble pouvoir convenir au problème que pose le terrain.

PARTIE 4 L'ACTEUR, CE BRICOLEUR AU COEUR DES TERRITOIRES

Chacun porte son âge
Sa pierre et ses outils
Pour bâtir son village
Sa ville et son pays
Gilles Vigneault

Cette dernière partie propose un cadre théorique visant à approfondir les mécanismes d'aménagement, de gestion et de planification à l'oeuvre dans des PNR de moyennes montagnes en milieu périurbain. Cette proposition conceptualise comment se produit la monturbanisation à partir d'un jeu d'acteurs et d'institutions. On l'a vu, la métaphore du bricoleur est régulièrement utilisé sur le terrain à travers des expressions comme « on bricole », « nous fabriquons », « il faut bien choisir notre outils », d'autres encore bricolent avec des restes de territoires, etc.

L'approche retenue s'inspire de C. Lévi-Strauss (1962) selon lequel l'individu confronté à un univers perpétuellement en changement agit comme un bricoleur. Depuis la proposition de Lévy-Strauss, la bureaucratie et la technocratie a changé les outils, les projets et les stratégies du bricoleur sauf que demeure cette même pulsion de se réaliser, d'inventer et de découvrir.

Les explications suivantes postulent que toutes les actions et toutes les décisions de l'acteur-bricoleur s'inscrivent dans des oppositions très contraignantes et que le sentiment de liberté est relatif. Nous faire ceci, mais notre outil n'Est pas approprié. Le besoin de se réaliser passe par une mise en scène spontanée de soi à travers un projet. La portée du projet varie selon les conditions humaines, matérielles et techniques de mise en œuvre comme le montre les limites et le mandat des Parcs naturels régionaux et les Contrats de pays.

Les acteurs en scène dans le Vercors et la Chartreuse sont perpétuellement confrontés à des tensions entre des volontés personnelles et un cadre politiquo-administratifs qui, d'un côté contraint et, de l'autre, autorise certains comportements. Bien que pertinentes et encore d'actualité les initiatives de consultances architecturales dans le Vercors (remontant à près de trente ans) a laissé des traces à un point tel que les compétences en matière d'urbanisme demeurent la prérogative des communes. Ainsi, un projet urbanistique à l'échelle des massifs est très difficile à envisager et le fait urbain demeure tabou.

La métaphore du bricoleur aide à comprendre les processus décisionnels qui orientent les actions et les décisions. Comme le bricoleur limité par un nombre d'outils, les acteurs du PNRC et du PNRV ne peuvent pas faire « n'importe quoi » même si leur charte autorise des expérimentations. Leur projet entre en compétition avec les projets des autres (EPCI, par exemple) et doivent nécessairement trouver les « articulations » complémentaires les uns avec les autres au risque de perdre leur mandat.

L'acteur-bricoleur possède une marge de liberté, mais cette marge de liberté est contrainte structurellement par sa personnalité, ses capacités intellectuelles, ses schèmes mentaux, etc. Ainsi, la politisation des Parcs transforme le projet de territoire en scène politique sur laquelle interviennent les acteurs aux capacités particulières. Cette scène territoriale repose, par exemple, sur une interprétation les opportunités économiques, sociales et politiques qui déterminent les projets. La liberté de l'acteur-bricoleur consiste à choisir parmi ses ressources idéelles (comme des symboles, des images mentales et des représentations) et matérielles (de l'argent, des équipements et des ressources). Ces ressources définissent en quelque sorte son répertoire ou son coffre à outils à partir duquel il crée.

D'un autre côté, plus son répertoire se développe, plus il a le sentiment bien réel d'être interdépendant avec son environnement (législatif, social et physique) et que ce agit de moins en moins sur lui.

L'environnement de l'acteur-bricoleur n'est pas neutre, il s'influence mutuellement puisque chacun porte des codes de conduite, des intérêts, des normes et des valeurs pouvant être interprétés comme autant de contraintes que de catalyseurs de liberté (Dear et Wolch, 1989). De cette façon, le libre arbitrage et la structure s'opposent et s'influencent réciproquement.

Sans aller jusqu'à trancher le débat philosophique sur le libre-arbitrage des individus, retenons simplement que l'acteur-bricoleur véhicule des habitus et des comportements inscrits dans le temps et dans l'espace. L'acteur-bricoleur est soumis à un cadre structurel tout en faisant preuve de volonté relative puisqu'il est moteur de changements.

4.1 Acteur devenu bricoleur à la rationalité limité

Les actions et les décisions résultent d'un jeu de forces structurelles et de libre arbitrage prenant appui sur des parcours de vie et des cheminements collectifs. Les acteurs du Vercors et de Chartreuse s'adaptent et se positionnent face à la création des SCOT, par exemple. L'adoption de la *Loi sur la solidarité et le renouvellement urbain* implique la création de structures SCOT auxquelles les acteurs se soumettent. Par ailleurs, cette loi garde une marge d'application locale par l'intermédiaire de l'obligation de considérer les autres outils de planification territoire.

Cette conceptualisation rappelle qu'en tous lieux et qu'en tous moments, les habitus des acteurs sont en partie déterminées par des cheminements individuels et collectifs contribuant à expliquer les pratiques et leurs intérêts (Bryant, 1995, Bryant *et al.*, 1996; Bryant *et al.*, 2000) Le cadre d'action est évolutif et se modifie dans le temps et dans l'espace, c'est-à-dire prégnant autant aux échelles spatiales et temporelles courtes que longues. Pour cette raison, le contexte ne se situe pas nécessairement à de grandes échelles et il peut se résumer à la commune. L'ensemble est mis en relation par des médiateurs culturels, économiques, législatifs et politiques (la bureaucratie, les lois et les règlements) qui normalisent les cheminements individuels et collectifs.

L'acteur agit et pense à l'image du bricoleur straussien, libre de vouloir faire, mais contraint par des structures sociales, spatiales et politiques.

La conceptualisation trouve son écho dans la montée en puissance de divers projets de constructions territoriales, avec les PNR en figure de proue. Selon cette exploration théorique de Lévy-Strauss (1962), derrière tout acteur se cache un bricoleur. L'acteur « territorialisé » véhicule et transpose ses symboles et attentes envers la montagne comme l'expliquent les géographes et les politologues. La perspective de l'anthropologue Lévy-Strauss précise quant à elle que l'acteur territorialisé évolue ainsi dans un monde « clôt » avec lequel il transige obligatoirement.

4.1.1. L'individu, d'acteur à bricoleur

L'image du bricoleur correspond à celle du fonctionnement de l'acteur sociologique dans sa façon d'agir et de penser au quotidien, à savoir en première analyse, comme une personne mue par une volonté d'adapter son environnement immédiat en le transformant comme le fait un bricoleur.

Non seulement la métaphore de la « construction » est d'usage courant dans le langage usuel et scientifique, mais aussi celle d'« outils » d'aménagement, de gestion et planification que sont les SCOT, PLU, PNR et autres « articulations » entre « projets » de territoires. Ce sont tous des mots courant dans le langage du bricoleur. Si les outils d'aménagement, de gestion et de planification sont entre les mains d'autorités publiques, la question du bricoleur qui les manipule se pose: comment la notion de bricolage se définie-t-elle? En quoi permet-elle de mieux comprendre la mécanique des interventions sur l'espace?

Pour répondre à ces questions, dans un premier temps est explicitée la signification du mot acteur entendu au sens sociopolitique du terme; est ensuite analysée la littérature ayant utilisé la métaphore du bricoleur afin de vérifier comment les auteurs la définissent et en quoi elle est utile; et finalement est exposée la spécificité fondamentale de l'acteur-bricoleur du point de vue de son comportement.

4.1.2 Acteur sociopolitique aux visages multiples

La notion d'acteur est fréquente dans le discours scientifique de géographes et plus particulièrement dans le champ de l'aménagement et du développement (Bachelard, 1993) et comme catégorie d'analyse en sociologie (Faucault, 1966).

Selon Brunet (1993: 17-18), les principaux acteurs qui entrent en jeu dans les processus géographiques sont l'individu (ainsi que la famille, ou le ménage, formes sous lesquelles la décision individuelle se manifeste souvent), le groupe, plus ou moins informel (association, clan, lobby), l'entreprise, la collectivité locale et l'État. Les deux derniers ont, par définition et par fonction, un pouvoir formel sur le territoire, dont ils gèrent une maille (comme un échelon politique) et ses éventuelles subdivisions en Régions, Départements, Communes et ses déclinaisons Parc, Pays, Communautés de communes, etc.

Les acteurs agissent sur l'espace selon leurs moyens et leurs stratégies qui dépendent en partie de leurs représentations y compris de leurs représentations de l'espace (Gumuchian, 1991). Il s'ensuit des inégalités substantielles dans leurs effets sur l'espace et des décalages par rapport aux ambitions réelles des acteurs, ou aux qualités des lieux et des territoires.

La sociologie contemporaine offre plusieurs visages de l'acteur (Corcuff, 1995): l'*Homo œconomicus*, un acteur rationnel, qui agit en calculant au mieux ses avantages et ses coûts. C'est le modèle le l'individu égoïste et calculateur. Il y a l'acteur stratège qui agit en fonction d'une « rationalité limitée »[84]. Son information et ses capacités d'analyse étant limitées, le sujet se contente d'agir de façon raisonnable, plutôt que rationnelle. C'est ainsi que procède le choix d'adhérer à un ou plusieurs projets de territoire selon un calcul risqué souspesant les avantages et inconvéniants.

Selon Elster (1985), l'acteur stratège est « *un animal qui évite les gaffes* ». De ce fait, il agit de façon raisonnable plutôt que rationnelle. Il y a l'acteur engagé (comme le héros ou le militant) qui agit au nom de valeurs (l'honneur, la gloire et la justice) et qui s'engage selon ses passions. Une variante collective de cet acteur est celle du mouvement social organisé, porteur d'une forte identité et d'un projet de transformation de société.

Quatre formes d'actions typiques guident les acteurs selon Max Weber (1965): l'*action traditionnelle*, qui se rattache à la coutume, au domaine routinier ou aux normes sociales en vigueur; l'*action affective* qui est guidée par les passions (la colère, la jalousie); et enfin l'*action*

---

[84] Au sens plus général, la rationalité renvoie, en sociologie, aux « raisons » (c'est-à-dire aux motifs conscients) qui poussent un individu à agir de telle ou telle façon, soit la « rationalité subjective ». Deux rationalités peuvent se contredires. Dans un sens plus restreint, la rationalité suppose l'efficacité et la cohérence entre les buts et les moyens de l'action. Est rationnelle une action qui cherche les moyens les plus efficaces pour atteindre un but donné. Pour les économistes classiques, le postulat de rationalité des comportements implique simplement que l'*Homo œconomicus* soit un calculateur avisé qui effectue des choix en tenant compte du solde de ses coûts, de ses gains et de ses risques. Simon (1983) parle de « rationalité limitée » pour souligner le fait que les acteurs ne sont pas capables d'élaborer les choix les plus rigoureux (faute d'information suffisante, de capacités de raisonnements et de temps). La plupart du temps, ils se contentent d'adopter des solutions raisonnables plutôt que rationnelles, satisfaisantes plutôt qu'optimales.

rationnelle.

Weber décompose l'action rationnelle en deux catégories: d'une part, l'action rationnelle implique l'adéquation entre fin et moyen (l'activité du stratège, du savant, ou de l'entrepreneur qui cherche à ajuster au mieux leurs moyens en fonction d'un but donné); d'autre part, l'action rationnelle guidée par des valeurs (la gloire, l'honneur, la justice) où le sujet défend ses idéaux sans forcément rechercher l'efficacité de son action.

Pour Weber (*in* Stanislav, 1983), une même action peut relever de plusieurs logiques à la fois. Et il n'est jamais vraiment possible de démêler la part respective de chacune d'entre elles. Or, l'acteur-bricoleur se positionne certes dans une forme d'action typiquement rationnelle mais aussi raisonnable cherchant l'adéquation entre la fin et les moyens, bien que le bricoleur ne vise pas nécessairement l'efficacité pure car sa survie n'en dépend pas.

Il existe au moins trois catégories d'acteurs : les acteurs sociaux (p. ex. l'association de protection de la nature), économiques (p. ex. la chambre de commerce et d'industrie) et politiques (p. ex. l'élu et le maire). Parmi ces catégories, les acteurs peuvent être individuels ou collectifs et agir à plusieurs titres (le maire militant agriculteur).

En tant que catégorie d'analyse, le concept d'acteur est d'une utilité indéniable pour mieux comprendre et expliquer divers fonctionnements de la société grâce à l'étude de leurs valeurs, culture, position sociale, réseaux de relations… Ce concept masque une réalité sociale multiple et accentue une vision unidimensionnelle de l'individu. En fait, une personne peut jouer plusieurs rôles à la fois selon l'heure de la journée, du mois, de l'année ou de sa vie tout dépendant dans quels cadres sociopolitiques et spatiaux elle se situe.

Pour Goffman (1973), les acteurs se meuvent au sein de scènes multiples de la vie quotidienne, à travers des logiques d'action diverses, confrontés à des expériences plurielles, mobilisant des aspects différents, parfois contradictoires, de leur personne.

Les acteurs sont ainsi caractérisés par des désirs, des intérêts, des ressources cognitives et affectives auxquels ils font appel pour agir. Les trois catégories d'aménagement, de gestion et de planification reposent sur des acteurs qui interagissent entre eux à différents moments, différents lieux et par différents médiums.

Un individu devient un acteur entendu au sens sociologique du terme lorsqu'il agit dans et sur un environnement donné selon un motif et des représentations qui lui sont propres, la plupart du temps pour défendre ou promouvoir un intérêt. La définition du concept d'« acteur » est variable selon le sens retenu des mots action et environnement.

L'acteur peut intervenir directement sur l'environnement matériel en accomplissant un geste[85]; il peut aussi intervenir indirectement en « obligeant » un ou plusieurs individus à poser un geste à sa place. La planification à la française dont il a été question procède de cette façon selon aussi une perspective hiérarchique. Ces individus, à qui une tache est dictée, sont-ils fondamentalement des acteurs ou de « pantins » soumis à des structures? Dans le cas d'une intervention sur l'environnement immatériel comme les réseaux sociaux, une quelconque définition de l'acteur est délicate. Un acteur informel (lobbyiste) peut-il être un acteur dans la mesure où la nature de ses actions et de leur portée sur l'environnement est difficilement mesurable.

Le geste primaire demeure bel et bien une action physique (le geste de la main) visible entraînant une chaîne de réactions plus ou moins

---
[85] Une conception mécanique des pratiques sociales suppose qu'un geste entraîne forcément une action correspondant à une volonté précise bien que les actes manqués soient une réalité sociale omniprésente. Par accord implicite, chaque acte est forcément un acte « réussi » socialement déterminé. Mais ce n'est pas toujours vrai: « ... *il semble que l'acte manqué puisse être parfois une action tout à fait correcte, qui ne fait que se substituer à l'action attendue ou voulue* » (Freud, Introduction à la psychanalyse, Paris, Payot, « Petite Bibliothèque Payot », [1922] 1961: 24.)

longues et influentes à l'image du bricoleur manœuvrant ses outils. Ainsi, l'aménagement du territoire est une succession d'actions directes visant une meilleure répartition des équipements et services dans un territoire.

À l'opposé, l'acteur a aussi une définition a-spatiale. La scène sur laquelle se déroulent ses actions n'est pas forcément localisable ni dans l'espace ni dans le temps. Il peut s'agir d'une scène informelle. La scène d'action peut se dissiper et faire place à un spectacle considéré à tors comme une scène. Ceci représente une difficulté méthodologique importante en sociologie parce que les informations recueillies ne permettent pas toujours d'expliquer les motifs réels des actions.

En dépit de ces réserves, les acteurs de la gestion de l'espace demeurent une réalité et ce concept explique les changements sociaux, politiques et économiques, et ce, justement par un jeu d'acteurs. En géographie, les acteurs les plus classiques sont les acteurs « locaux », « sociaux », « politiques », et « économiques ». De plus, d'autres acteurs sont qualifiés de « socioéconomiques », de « territoriaux », de « sociopolitiques » voire « publics » et « privés », « individuels » ou « collectifs ».

Les acteurs de la gestion de l'espace sont ceux qui interviennent directement en raison de leurs métiers et leurs fonctions professionnelles (les agriculteurs, l'Office National des Forêts) et en raison de leurs activités de loisirs (les randonneurs, les pêcheurs et les chasseurs) et indirectement, comme le font les PNR, les élus, les chambres de commerce, *etc.* qui parfois « font faire » plus qu'ils ne font eux-mêmes.

Si bon nombre de caractéristiques distinguent les acteurs les uns des autres selon leur statut économique, social ou politique, un fonctionnement anthropologique de type bricoleur les unit fondamentalement et aide à en comprendre leur logique d'action profonde.

4.1.3 Définition du concept d'acteur-bricoleur

La racine française du verbe bricoler est « bricole » (datant de 1390) signifiant en partie la bricole synonyme de babiole et une « machine de guerre ». La racine italienne proche est *briccola* signifie catapulte (Dubois, Mitterand et Dauzat, 1993). Par la suite, ce sens glissa pour désigner indistinctement une « courroie de machine », un « ricochet » et une « tromperie ».

Le verbe bricoler et ses vocables bricole et bricoleur définissent ainsi le produit d'une réalisation fait par un individu, d'où l'acteur-bricoleur.

À partir de la fin du XVe jusqu'au XVIIe siècle, le verbe « bricoler » était synonyme de « ricocher et d' aller en zigzag ». En effet, au billard la bricole est un carambolage obtenu après que la bille du joueur ait touché une ou plusieurs bandes.

L'acteur-bricoleur ne va donc pas en ligne droite comme le suppose le projet rationnel et technique de l'acteur sociologique. Propre aux sciences administratives. À l'image de la bricole au billard, il suit un cheminement en étroite relation avec son environnement qui autorise certains types de déplacement plus que d'autres. Le verbe « bricoler » prit ensuite le sens de « travailler » comme le fait de gagner sa vie à des besognes variées, peu durables, à de petits travaux ou bien s'occuper à de petits travaux manuels de réparations et d'agencement (Enc. Univ. Larousse, 2002).

En 1778, le bricoleur (selon de La Conterie) prit le sens de celui qui « va çà et là » selon les résistances (ou les nuisances) et les opportunités qui se présentent en cours de mandat. Par extension, le bricolage à la fin de XIXe siècle était la résultante d'un travail concret et manuel d'où provient son sens familier usuel: arranger, réparer, fabriquer quelque chose avec les moyens du bord.

4.1.4 Acteur-bricoleur en Sciences

L'acteur-bricoleur est un trait commun à l'acteur sociologique comme l'agriculteur, l'élu ou le militant. Il s'agit d'un fondement anthropologique commun aux acteurs.

Le nom bricoleur associé à celui d'acteur précise sa façon de faire et de décider. Le bricolage est une activité tant cérébrale que manuelle aux multiples manifestations dont les origines remontent au néolithique. D'une perspective théorique, le bricolage est avant tout synonyme d'activités et de processus qui se sert d'une recombinaison d'éléments mentaux déjà connus comme les représentations mentales.

Lévi-Strauss, dans son livre *La pensée sauvage* (1962), traite d'un attribut universel à l'esprit humain: soit la pensée à l'état sauvage. La pensée sauvage est présente dans tout homme (« contemporain ou ancien, proche ou lointain »), tant qu'elle n'a pas été cultivée et domestiquée à des fins de rendement. Il utilise le procédé métaphorique de l'image du bricoleur qui bricole pour mieux faire comprendre aux lecteurs comment s'élabore une pensée mythique ou magique. Lévi-Strauss aborde les mythes, les rites, les croyances et les autres faits de culture comme autant d'êtres « sauvages » comparables à tous ceux que la nature engendre sous d'innombrables formes, animales, végétales et minérales.

Comme le souligne Lévi-Strauss, aucun programme d'action définis les outils du bricoleur. Les matériaux dont il dispose n'ont pas d'affectation précise. Chacun d'eux peut servir à des emplois divers selon les difficultés rencontrées. Ces objets n'ont rien en commun si ce n'est qu'on peut en dire: « ça peut toujours servir » selon les circonstances. Ainsi, la Charte des Parcs est ponctuellement « sortit du tiroir » pour mieux outiller le décideur.

Lévi-Strauss aborde la métaphore du bricolage mythologique dans le but d'exposer l'essor de la pensée mythique. Comme pour le bricolage, la pensée mythique consiste en une pensée intuitive dont l'inspiration provient du concret, c'est-à-dire de ce que la nature offre et pose comme problème.

De la même manière, le terrain (PNRC et PNRV, par exemple) renvoie une série de problèmes (relief et transformations socio-politiques et paysagères). Un exemple de cette inspiration tirée du concret est la maîtrise par l'homme néolithique des arts, de la poterie, du tissage, de l'agriculture, et de la domestication des animaux. Chacune de ces techniques, poursuit Lévi-Strauss, suppose des siècles d'observations actives et méthodiques, des hypothèses contrôlées, pour les rejeter ou pour les avérer au moyen d'expériences répétées, donc l'homme néolithique bricolait.

L'anthropologue est d'avis que personne aujourd'hui ne songerait à expliquer ces conquêtes de l'agriculture, notamment, par l'accumulation fortuite d'une série de trouvailles faites au hasard ou révélées par le spectacle passivement enregistré de certains phénomènes naturels.

Le fondement de la pensée mythique est de s'exprimer à l'aide d'un « répertoire », c'est-à-dire d'un ensemble d'objets concrets et abstraits comme nous le verrons plus loin. De la même façon, un bricoleur possède un ensemble de matériaux (et sa boîte à outils ou son répertoire) à portée de mains. Lévi-Strauss voit la pensée mythique comme un objet pensant qui puise dans un répertoire les ressources dont la composition est hétéroclite. Les ressources – intellectuelles dans le cas présent – se multiplient au fur et à mesure que les connaissances et les savoirs s'acquièrent.

Le contenu du répertoire est limité dans le temps et la pensée mythique n'a d'autre choix que « *de s'en servir, quelle que soit la tâche qu'elle s'assigne, car elle n'a rien d'autre sous la main* » à l'image du bricoleur qui doit puiser dans son coffre contenant un certain nombre d'outils plus ou moins spécialisés et appropriés. Il ne reste plus qu'à apprendre a s'en servir comme l'expliquait justement les tout premiers administrateurs du PNRV.

Le bricoleur fonctionne sur la base de concepts et de signes tout en préférant l'expérience sensitive et intuitive aux abstractions spéculatives. Ainsi, ses faits et ses gestes sont nécessairement un compromis entre la fin et les moyens: l'œuvre se définit et s'explique partiellement par la composition des outils disponibles à portée de mains.

Cette adaptation suppose que le bricoleur a une aptitude pour exécuter un grand nombre de tâches diversifiées, sur un temps court et un contexte d'action restreint comme lorsque le Parc doit disposer des ses ressources humaines et financières dans divers projets :

> « Pendant la phase de démarrage d'un contrat de Pays, nous consacrons [chargée de mission "Développement" du Parc du Pilat], *près de 80% de notre temps au SIVOM. Si bien que les élus - et nous avec eux - finissent par oublier un peu notre casquette "Parc", d'autant qu'aux réunions participent également d'autres animateurs du Parc (…). Il nous manque de disponibilité pour des tâches spécifiquement Parc.* » (FPNRF, 1991: 10).

Selon Lévi-Strauss, le bricoleur ne subordonne pas chacune des tâches à l'obtention de matières premières et d'outils conçus et procurés à la mesure de son projet. Son univers instrumental est clos et la règle de son jeu est de toujours s'arranger avec les moyens du bord, c'est-à-dire un ensemble à chaque instant fini d'outils et de matériaux. Son projet ne peut pas attendre. De la même manière, les acteurs Parc doivent transiger avec des ressources limitées et le traitement cohérent de l'urbanisation peut attendre.

Le bricoleur accumule des outils et des matériaux qui peuvent un jour servir et cette accumulation n'est pas en rapport avec le projet du moment, ni d'ailleurs avec aucun projet en particulier,. Cette accumulation est le résultat contingent de toutes les occasions qui se sont présentées de renouveler ou d'enrichir son stock, ou de l'entretenir avec les résidus de constructions et de destructions antérieures. Lajarge (2000) mentionnait ainsi à juste titre que les acteurs du PNRC bricolaient avec « les restes de territoires politiques décomposés ».

L'ensemble des moyens mis à disposition du bricoleur n'est donc pas définissable par le projet (ce qui supposerait d'ailleurs l'existence d'autant d'ensembles instrumentaux que de genres de projets.

L'ensemble des moyens en possession du bricoleur se définit par son instrumentalité, autrement dit et parce que les matériaux et les outils sont recueillis ou conservés en vertu du principe que « ça peut toujours servir ». De tels éléments sont à demi particularisés, c'est-à-dire suffisamment facile d'usage pour que le bricoleur n'ait pas besoin de l'équipement et du savoir de tous les corps d'État pour s'en servir. L'outil doit simplement avoir les apparence de son utilité potentielle afin qu'il soit astreint à un emploi précis et déterminé comme l'outil Parc basé sur un discours séducteur. Donc, ce qui détermine l'acteur-bricoleur s'est sa volonté de travailler, de s'occuper et de se réaliser indépendamment des moyens à sa disposition, car de toute façon concevoir des outils et apprendre à les utiliser est un projet en soi.

La première démarche du bricoleur est pratique et rétrospective: il se retourne vers un ensemble déjà constitué, formé d'outils et de matériaux. Il en fait ou en refait l'inventaire pour répertorier, avant de choisir entre eux les réponses possibles que l'ensemble peut offrir au problème qui se pose. Tous ces objets constituent son trésor. Il s'interroge pour mieux comprendre ce que chacun d'eux pourrait « signifier », contribuant ainsi à définir un ensemble instrumental que par la disposition interne des parties.

Mais les possibilités de permutation d'un outil à l'autre demeurent toujours limitées par l'histoire particulière de chaque pièce, et par ce qui subsiste en elle de prédéterminé, dû à l'usage originel pour lequel elle a été conçue, ou par les adaptations qu'elle a subies en vue d'autres emplois. Par exemple, la fonction première de l'outil SCOT est été modifiée pour le rendre complémentaire à l'outil Parc naturel régional de Chartreuse. Surtout l'affaire du Groupement pour la consultance architecturale du Vercors a marqué l'histoire de cet outil de contrôle des permis de construire. Jugé trop hégémonique par les communes qui ne veulent toujours pas entendre parler d'une compétence Parc en la matière. L'histoire de chaque pièce et « ce qui subsiste en elle de prédéterminé » limite les possibilités d'adaptation d'un matériau en un matériau différent (un matériau de remplacement).

Le bricoleur opère davantage au moyen de signes pratiques que de concepts théoriques. L'anthropologue Lévi-Strauss imagine le bricoleur enfermé dans un univers pragmatique clos. Les systèmes (psychiques et techniques) dans lesquels évoluent l'acteur-bricoleur sont fermés. Il s'en suit donc une incessante reconstruction à l'aide des mêmes matériaux où en fait ce sont toujours d'anciennes fins qui sont appelées à jouer le rôle de moyens: les signifiés se changent en signifiants, et inversement par un processus de recyclage.

Cette formule, partie intégrante de la définition du bricolage suppose que la totalité des moyens disponibles doit être aussi implicitement inventoriés ou conçus, pour que puisse se définir un résultat qui sera toujours un compromis entre la structure de l'ensemble instrumental et celle du projet. Une fois réalisé, celui-ci sera donc inévitablement décalé par rapport à l'intention initiale particulièrement lorsque le dessein dépasse les diverses possibilités offertes par la boîtes à outils. Ainsi, émerge la monturbanisation.

Le bricoleur « parle » non seulement avec les choses, mais aussi au moyen de choses, racontant, par les choix qu'il opère entre des possibles limités, le caractère et la vie de son auteur. Sans jamais remplir son projet, le bricoleur y met toujours quelque chose de lui-même tel que ce fut le cas avec la réaction de P. Baffert (artisan du Parc de Chartreuse) qui voulait voir son Parc naître en dépit de l'adoption de la loi *Paysage* en 1993.

Le propre du bricolage, sur le plan pratique, est d'élaborer un ensemble structuré, non directement avec d'autres ensembles structurés comme un projet finalisé, mais en utilisant des résidus et des débris d'événements. En cela, la pensée mythique est similaire au bricolage. Elle édifie des ensembles structurés au moyen d'un ensemble structuré, qui est le langage, précise Lévi-Strauss; mais ce n'est pas au niveau de la structure qu'elle s'en empare: elle bâtit ses « *palais idéologiques avec les gravats d'un discours social ancien* » (Strauss, 1962: 36).

Ainsi, par exemple, le processus de construction de l'outil SCOT, complémentaire à la Chartreuse par exemple, s'élabore à partir d'acquis juridiques et politiques antérieurs, mais pas seulement parce qu'en cours de construction les acteurs acquièrent différents capitaux (utiles par ailleurs).

Le bricolage, d'une perspective théorique, est vu sous plusieurs angles dont l'idéel (des idées et des concepts) et le matériel (des moyens concrets comme de l'argent). Tout concoure au bricolage selon Lévi-Strauss parce que l'environnement se compose d'autant d'objets mentaux que tangibles allant d'une idée aux moyens de mise en œuvre de cette idée.

Lévi-Strauss utilise le sens ancien du terme bricoleur évoquant un mouvement incident comme des incidents forcément imprévus au jeu de balle, au billard, à la chasse et à l'équitation lorsque la balle rebondit, le chien divague et le cheval s'écarte de la ligne droite pour éviter un obstacle.

Le bricoleur reste celui qui œuvre de ses mains, en utilisant des moyens détournés: il n'y a pas toujours une adéquation parfaite entre la fin visée et les moyens utilisés (bien que les outils font toujours défauts et les compétences pour les manipuler sont un art en soit). Le bricolage, rappelle Lévi-Strauss, peut atteindre sur le plan technique des résultats brillants et imprévus. Le bricolage serait en quelque sorte l'amorce d'une théorie de l'innovation. Par exemple, il a noté le caractère parfois mythopoétique du bricolage: que ce soit sur le plan de l'art, dit « brut » ou « naïf »; dans l'architecture fantastique de la villa du facteur M. Cheval[86], dans celle des décors de Méliès[87]; ou encore celle immortalisée par « Les Grandes

---

[86] Le facteur des postes M. Cheval est né à Charmes en 1836. Il a réalisé son « Palais idéal » à Hauterives (45 km au nord-est de Valence, France), soit une construction naïve et fantastique constituée d'un assemblage de roches diverses et de galets qu'il ramassait lors de ses nombreuses tournées. Il est mort en 1924, laissant son d'œuvre aujourd'hui classé monument historique.
[87] Méliès a produit dans son film *Voyage dans la lune* des décors fantastiques de carton-pâte et de toiles peintes. Le film est composé de dix scènes, trente tableaux, dix-huit décors pour un groupe d'astronomes qui part sur la Lune à bord d'un engin spatial.

Espérances » de Dickens, sans doute d'abord inspiré par l'observation, du « château » suburbain de Wemmick... L'exacte reproduction em miniature d'un vrai fort avec pont-levis et fossé.

Le terme bricolage apparaît dans la traduction française de *Beyond freedom and dignity* (*in* Smith 1945/1971: 567) de Skinner où lui-même se définit comme un bricoleur... scientifique. À cet effet, sa démarche ressemble au fond à celle des PNR. Ses réflexions semblaient toujours comporter un aspect pratique, concret, technique et expérimental comme dans un bricolage.

Skinner s'attela à une tâche que Smith (1994) qualifie « d'ingénérie du comportement »: celle d'améliorer l'environnement de l'enfant et la santé mentale de la mère en inventant « un berceau à air filtré », présenté sous le titre « Bébé dans une boîte ». Voici comment, dans la meilleure veine « skinnérienne », il expose sa démarche de bricoleur:

> « *Nous commençâmes par analyser point par point la routine accablante de la jeune mère. Nous nous posions qu'une seule question: telle pratique est-elle importante pour la santé physique ou psychologique du bébé? Quand elle ne l'était pas, nous décidions de la supprimer. Puis, nous nous lançâmes dans notre bricolage* »[88].

Cet exemple montre la démarche empirique et pragmatique du bricoleur à partir d'une question qui ouvre la voie à des explorations et des découvertes potentiellement jamais attendues, mais souvent innovantes.

Ces tableaux représentent entre autres une fusée qui atterrit dans l'œil de la lune, des Sélénites [les kidnappeurs lunaires] mi-crustacés, mi-oiseaux.

[88] Skinner, tel un bricoleur expérimentant diverses possibilités, résolut les problèmes de confort thermique et de liberté de mouvement du bébé en dotant son berceau de systèmes de régulation de la température. Nu, à l'exception d'une couche, l'enfant jouait sans être entravé, irrité ou blessé par des vêtements, d'où un minimum de pleurs et de tracas. Le filtrage de l'air pénétrant dans le compartiment éliminait bien des petits ennuis de santé. Le drap recouvrant le « matelas » n'était au départ qu'une sorte d'essuie-mains en rouleau que l'on pouvait renouveler en tirant dessus. Les échanges quotidiens entre la mère et l'enfant se déroulaient dans l'environnement pratiquement insonorisé du berceau.

Par ailleurs, dans un article influent publié sous le titre de « *Evolution and tinkering* »[89], Jacob (1977) discute de l'évolution génétique avec la métaphore du bricolage en renfort.

Sa thèse découle des découvertes récentes en génétique révélant que la plupart des gènes humains se retrouvent dans le code génétique de plusieurs espèces animales. Intrigué par ces découvertes, une image lui vient en tête. Il s'agit de l'image du bricoleur qui utilise les mêmes matériaux et outils pour en définitive produire des œuvres différentes. En conséquence de quoi, songea-t-il, il est fort probable que la diversité animale repose sur une utilisation différente des même composantes que celles des humains[90].

Selon Jacob, l'évolution biologique, le travail scientifique, l'imagination et le mythe sont des formes de bricolage. Il reprend cette idée pour mieux la développer dans *Le jeu des possibles* (1981: 70-74).

> « *L'évolution de l'espèce humaine travaille sur ce qui existe déjà, soit qu'elle transforme un système ancien pour lui donner une fonction nouvelle, soit qu'elle combine plusieurs systèmes pour en échafauder un autre plus complexe* ».

Par exemple, le processus de sélection naturelle ne « ressemble à aucun aspect du comportement humain ». Elle opère à la manière d'un bricoleur qui ne sait pas encore ce qu'il va produire, mais récupère tout ce qui lui tombe sous la main, les objets les plus hétéroclites, bouts de ficelle, morceaux de bois, vieux cartons pouvant éventuellement lui fournir des matériaux. En définitive, un bricoleur profite de ce qu'il trouve autour de lui pour en tirer quelques objets utilisables, notamment pour la fabrication d'outils.

À la lumière des propos précédents, le bricoleur est: (1) un individu

---

[89] Les mots *bricoler* et *bricoleur* n'ont pas de traduction anglaise parfaite bien que le verbe *tinkering* ou le mot *tinkerer* leur soit proche.

[90] Pour une explication plus approfondie du processus d'assemblage génétique se rapporter à Duboule (1998).

oeuvrant de ses mains (2) sur la base de perceptions et de concepts (3) porteurs d'une idéologie (4), ses ressources sont limitées et de composition tant intellectuelle que matérielle (5) se combinant avec « un art de faire sensitif et intuitif » (6). Cette première définition rejette pour le moment la connotation « zigzag » du mot bricolage.

4.2 Bricoler « çà et là »

Dans un article à saveur autobiographique, Thoenig (1999: 1) parle du « *bricolage de ses engagements* » au sens premier de zigzag et de ricochet pour qualifier et expliquer son parcours professionnel et ses rapports personnels à la recherche. Dans un passage central de son article Thoenig aborde en filigrane sa conception du bricolage:

> « *Entre la communauté scientifique et la cité, j'éprouve de la peine à distinguer les frontières. De là à parler d'une ligne de conduite disciplinée, qu'ordonnerait quelque projet à long terme ou que régirait une quelconque finalité stable, il y aurait beaucoup d'exagération* ».

Ainsi, l'état actuel de ses engagements « *entre la communauté scientifique et la cité* » n'a pas été dicté par une planification consciente ou un projet de carrière contenant un ensemble d'engagements prédéfinis à mettre en place.

La démarche du bricoleur est très similaire en entreprenant une action qui s'inscrit dans un cadre souple bien qu'il ait une idée tout à la fois vague et précise de ce qu'il veut accomplir et des moyens qu'il compte utiliser à cette fin. Thoenig (1999) explique son commentaire: « *Le tout* [son cheminement personnel] *relève beaucoup plus d'une séquence de compromis entre des opportunités que balisent deux sortes de butoirs* »[91].

Le sens implicite qu'il confie au mot bricolage correspond bien à

---

[91] Le premier butoir tient au « *jugement ou au pari* » qu'il a pu faire quant à « *l'intérêt et au risque que peuvent générer les situations* ». Le second résulte de son « *rôle professionnel* » tel qu'il a pu « *l'acquérir mais aussi le construire au sein des institutions de recherche scientifique* » (p.1).

celui du ricochet, du mouvement en zigzag dans la mesure où les lignes de conduite guidant ses engagements sont faiblement tracés.

Justement, peut-être repose là l'une des forces des PNR que d'avancer des engagements faibles permettant mieux de « zigzaguer » entre les opportunités. Quoiqu'il en soit, dans un contexte de forte pressions touristique et urbaine, les engagements faibles d'une Charte comportent son lot de désavantages bien qu'ils permettent des expériences novatrices. Ce deuxième passage de la citation de Thoenig conforte le sens ancien du mot bricolage proche du mot bricole usité au billard: « carambolage obtenu après que la bille du joueur ait touché une ou plusieurs bandes ». Un point à soulever concernant la définition du bricoleur est la présence d'une ligne de conduite faible ou minimale.

Tel qu'il a été souligné par Lévi-Strauss (1962), les outils du bricoleur ne peuvent être définis par aucun programme. Les matériaux dont il dispose n'ont pas d'affectation précise. Chacun d'eux peut servir à des emplois divers.

L'idée de bricolage se précise avec la notion de contingence et d'opportunité. En apparence, le bricoleur va souvent « çà et là » puisque son travail (son projet principal) est par définition semé d'embûches qui le contraignent parfois à revoir ses plans, parfois à l'interrompre momentanément, parfois à l'abandonner pour un autre (qui sera mieux adapté à son outillage ou à son savoir-faire), parfois - dans le meilleur des scénarios - à le poursuivre en sachant que cela implique des risques et des conséquences indésirables (p. ex. la réalisation du projet qui n'est pas conforme à celui souhaité).

Les analyses de Garraud (2000) portant sur les mécanismes et les modalités de traitement institutionnel du chômage vont dans cette optique du bricolage qui, par définition, contient une part d'aléas, d'improvisations et de relations publiques.

Garraud (2000) analyse le bricolage institutionnel et s'interroge sur les modes de structuration de l'action publique d'ailleurs. Le bricolage institutionnel s'approche des « montages » financiers et des partenariats mis à contribution dans l'élaboration des contrats de Pays de type Contrat de Développement Rhône-Alpes. Garraud met en évidence la contingence de l'action publique:

> « (…) *son ambiguïté, son adaptation conjoncturelle et institutionnelle à des contraintes mouvantes et successives, le rôle des institutions publiques dans le développement et l'institutionnalisation croissante de statuts intermédiaires et précaires entre l'emploi, l'inactivité et le chômage.* » (Garraud, 2000: 87).

La mise en œuvre d'actions de formation professionnelle vise à résorber la montée rapide du chômage. Cet exemple d'actions publiques témoigne du bricolage institutionnalisé prétend Garraud (2000) auquel les pouvoirs publics ont été contraints de recourir pour apporter une réponse pratique à un problème constitué en enjeu politique central et particulièrement urgent.

Garraud (2000) envisage le bricolage comme la réponse relativement contingente des acteurs à l'ambiguïté inhérente et consubstantielle à l'action publique. Le bricoleur va zigzaguant en butant sur des difficultés, en les contournant, en profitant d'opportunités et ainsi de suite jusqu'à la prochaine difficulté.

La notion de bricolage constitue une image ou une métaphore descriptive. Elle offre un contre-poids aux approches rationnelles de la planification à la française, par exemple. Elle tend essentiellement à considérer l'action publique comme un ensemble d'activités visant à résoudre certains problèmes « domestiques ».

Il est intéressant de faire le rapprochement entre les activités domestiques relatif au bricolage avec le sens premier du mot aménagement se rapportant à l'entretien d'un ménage. Ces problèmes domestiques sont parfois privés ou publics dans le cadre des politiques publiques survenant en fonction d'un calendrier relativement contingent, à la fois programmé et improvisé, en fonction d'urgences mais aussi de disponibilité en temps, au moyen de savoir-faire, en technologies sociales et professionnelles, en outils plus ou moins appropriés, voire incertains.

La notion de bricolage renvoie à la notion complémentaire de recyclage: tous les discours portant sur la « nouveauté » des problèmes et des politiques sont d'abord là pour occulter l'essentiel, à savoir qu'il s'agit d'abord d'entreprise de recyclage. C'est-à-dire: « de conversation-adaptation du "déjà-là" de l'action publique, ses données préexistantes, ses catégories d'analyse, ses découpages institutionnels, ses pratiques routinisées » (Lascoumes, 1994: 23).

Cet apport de Lévi-Strauss et de ceete métaphore du bricolage instruit quant à la logique de l'acteur-bricoleur gestionnaire d'espaces en mettant l'accent sur le contexte dans lequel se prennent de nombreuses décisions où fusent les informations et s'accélèrent les changements.

Le bricolage (institutionnalisé et autres)[92] apparaît comme un mode de gestion des chaînes et des systèmes complexes de relations, de contraintes et d'interdépendances multiples et changeantes. Garraud (2000) va même jusqu'à parler de bricolage statistique conduisant à un taux officiel de chômage de plus en plus restrictif et irréel du fait des redéfinitions périodiques qui permettent d'exclure du calcul de l'indicateur les personnes en formation, les bénéficiaires d'emplois aidés, les dispensés de recherche, etc. Ensuite, il parle de bricolage organisationnel et institutionnel, dont témoignent les différentes transformations des missions de l'ANPE et de l'AFPA, la redistribution fréquente des tâches au sein du service public de l'emploi, le renouvellement périodique des mesures dont les effets s'épuisent relativement rapidement.

---

[92] Coutard (2001) parle quant à lui de bricolage organisationnel en réponse à la question de la crise de hiérarchie dans les entreprises et des les systèmes de gestion des territoires bien que ce concept n'y soit pas défini.

En somme, le bricolage est une logique d'adaptation pragmatique et à court terme aux circonstances du moment, aux contraintes successives des contextes d'action. Cette logique structure la réponse et l'intervention publique. Il s'agit là de la « pensée faible » chère à Y. Chalas (2000, 2004) à l'œuvre en urbanisme et en aménagement où l'action publique est imposée par la pratique de la concertation.

Finalement, au terme de ce chapitre portant sur la définition de l'acteur-bricoleur, rappelons qu'un acteur est un individu participant activement aux processus de transformations économiques, sociales, spatiales et politiques par la mise en avant d'une série de gestes et de décisions plus ou moins explicites répondant à des intérêts et des représentations particulières. L'acteur-bricoleur est aussi un individu, mais entendu cette fois au sens générique du terme.

L'acteur-bricoleur possède « à portée de mains » dans son environnement immédiat des ressources tant matérielles qu'idéelles lui permettant de mettre à profit ses ambitions. Si on comprend mieux comment fonctionne un bricoleur, on peut légitimement se demander ce qui pousse l'acteur à bricoler? Peut-être veut-il simplement sortir de l'anonymat et de la passivité? Se valoriser par le travail autonome? Être un auteur de l'histoire?

Quoi qu'il en soit des motifs d'action, à la lumière de cette définition, chaque acteur a un côté bricoleur: les maires utilisent les outils, mais pas de la même façon.

Par exemple, les communes utilisent différemment le Code de l'urbanisme pour mener des politiques foncières ou bien la Loi relative à la *solidarité et au renouvellement urbain* afin de veiller à la densification et à l'organisation de l'urbanisation. La façon selon laquelle elles se servent des outils d'aménagement varie en fonction de plusieurs paramètres, tels que l'état des finances communales, la structure sociale et économique des citoyens et la composition du conseil municipal. Aussi, les individus, peu importe leur statut, fonctionnent sur la base d'un répertoire d'idées et de matériaux correspondant à une « boîte à outils » d'où les articles seraient mobilisés en fonction des circonstances.

4.2.1 Entre contraintes structurelles et capacité de libre arbitrage

Les faits et gestes de l'acteur-bricoleur découlent d'une tension permanente entre un libre arbitrage individuel, d'un côté, et des forces (et des faiblesses) structurelles, de l'autre.

Il a la capacité de choisir librement entre différentes alternatives qui se présentent à lui. Par exemple, le bricoleur vit dans un ensemble structuré duquel il puise ses outils idéels et matériels; mais, par ailleurs composé de structures (les héritages culturels, les codes et les normes) lui dictent un ensemble de comportements avec lequel il transige consciemment ou non.

Le domaine de l'aménagement, de la gestion et de la planification du territoire se conçoivent ainsi comme un équilibre entre des grandes lois nationales (Loi *Paysage*, *LOADDT* et *SRU* pour ne nommer que celles-là) agissant comme autant des structures, et des objectifs individuels qui doivent transiger avec ces structures plus générales. Par exemple, ces lois appliquent un ensemble d'orientations auxquels les maires doivent se soumettre.

Le Code de l'urbanisme bien que soit d'application nationale, garde pourtant une marge d'ambiguïté avec laquelle les maires négocient lors de conflits d'usage du sol notamment.

La plupart du temps, même si la loi est définie à l'échelle nationale, son application à l'échelle individuelle pose parfois problème. De ce fait, les arrangements se font entre acteurs concernés qui doivent s'organiser entre eux avec des outils législatifs à leur disposition.

L'acteur-bricoleur ne s'oppose pas à un système organisationnel clairement circonscrit comme une entreprise lui demandant, par exemple, un rendement optimal à travers un jeu de contraintes et de valorisations. L'acteur-bricoleur est tout à fois l'objet et le sujet : il est l'objet de contraintes structurelles et le sujet de transformations sociales et spatiales.

4.2.2 Agir entre libre arbitrage et structures imposées

Leibniz disait des individus qu'ils étaient à trois quarts des automates en insistant sur les structures biologiques qui les régissent avant tout. Alors que Schopenhauer (1877 (1992)) défendait l'idée selon laquelle l'homme est incapable d'agir par lui-même et il reléguait au rang de mirage cette mystérieuse faculté appelée libre arbitre. Quant à Kant, il définissait la liberté comme « *le pouvoir de commencer de soi-même une série de modifications* ».

Le libre arbitre se résume en définitive par la formule: « *Je peux faire ce que je veux* ». Kant dit en substance : il s'agit d'avoir la possibilité de penser à faire et faire de ce fait à la hauteur des volontés annoncées. Dans l'absolu, une position opposée en toute aussi valable. Le bricoleur n'est pas complètement libre d'agir puisque ses outils offrent un nombre structurellement limité de possibilités.

Les PNR, en tant que techno-structures, sont encore considérés comme un espace de liberté parmi le cadre administratif et politique particulièrement rigide. Ils ont un mandat d'expérimentation, ils reposent sur la libre adhésion des partenaires et favorisent le droit « mou » de la concertation et de la conviction et non le droit « dur » de la réglementation. Les acteurs PNR ne sont pas pour autant complètement libres dans la mesure où une législation comme le Code Rural les encadre.

Plus fondamentalement, la conscience elle-même peut être considérée comme le « Je pensant » dont la marge de liberté est elle-même contrainte par le subconscient[93]. D'un autre côté, Machiavel disait qu'« *il est impossible d'admettre que notre libre arbitre se réduise à rien, et que tout ici-bas a un cours fatal* » marquant par le fait même l'insertion de l'individu dans un ensemble plus vaste en mouvement. Une définition plausible provient de Jung: « *Le libre arbitre, c'est prendre plaisir à faire ce que je peux* » (Lasko, 1990). Dans ce cas, le bricoleur bénéficierait d'une grande liberté.

À la base, les mots arbitre et arbitrer signifient décider ou avoir une influence suffisante pour imposer ses conditions, et déterminer le résultat final de certaines circonstances.

Aujourd'hui, l'arbitrage ne peut s'exercer que sur les droits dont on a la libre disposition et le jugement arbitral doit se conformer aux règles de droit. Pour cette raison, les juges sont souvent portés à décider du bien fondé des décisions d'un conseil municipal lorsqu'il révise son PLU. Des citoyens peuvent prétendre que le zonage les brime dans leur droit en particulier s'ils veulent construire dans une zone classée « Naturelle » alors que sur le terrain adjacent, il y a des résidences…

Le mot arbitre, quant à lui, est au départ une notion juridique. Il détient en ancien français le premier sens d'autorité qui fait respecter sa décision et observer la loi. L'arbitre est choisi par un tribunal ou par les intéressés eux-mêmes pour trancher un différend. Ceci est conforme à l'étymologie latine *arbitror* qui signifie: je décide.

Le libre arbitre est la faculté de se déterminer librement, sans contrainte, ni influence extérieure. L'adjectif « arbitraire » s'applique en particulier à un pouvoir qui s'exerce pour son seul plaisir, et l'arbitraire est le fait du despote. Pour cette raison, le juge, lorsqu'il est question du Code de l'urbanisme veille à ce que les citoyens puissent jouir librement de leur

---

[93] Les recherches récentes des sciences cognitives suggèrent que la conscience n'existe pas nécessairement, que le libre arbitre n'est qu'une illusion. Il s'agit d'une opinion qui a véritablement le vent en poupe. Le récent ouvrage de Wegner, *The Illusion of Conscious Will*, MIT press 2002, en fait une bonne démonstration.

propriété privée. La notion d'arbitre vue comme action autonome qui implique l'idée de liberté, implique aussi l'idée de pouvoir faire sans être déterminé par des causes.

Sans entrer trop profondément dans les débats sur le tout libre arbitre ou le tout structure, Lévi-Strauss développe une pensée selon laquelle les acteurs ne font qu'assembler à leur compte un ensemble de pièces aux fonctions précises. Il rejoint la définition d'aménagement où les objets spatiaux ne sont jamais créés, mais seulement déplacés d'un endroit à un autre.

Dans la gestion de l'espace sur de plus petites surfaces, les objets spatiaux peuvent s'interpénétrer: l'habitat qui arrive dans un champ agricole, la forêt qui envahit une friche ou des randonneurs qui investissent des chemins agricoles bien qu'il soit autant d'objets géographiques. L'aménagement consistera à mettre de l'ordre dans ses fonctions alors que la gestion consistera plutôt à renforcer le rôle des fonctions premières.

D'un autre côté, la question du libre arbitre ne se conçoit pas sans un pendant « opposé », à savoir les structures (et les déterminismes). Jung disait: « *le libre arbitre c'est faire ce que je peux* » pour mieux montrer la dualité entre le vouloir et le pouvoir faire. Le pouvoir faire en sciences sociales repose sur le concept de structures qui sont extérieures à l'individu et qui s'impose à lui tant consciemment (les lois et les règlements) qu'inconsciemment (les normes et les valeurs intrinsèques).

Le bricoleur de Lévi-Strauss est une figure marquante du structuralisme puisqu'il le conçoit « *enfermé dans un univers clôt* » d'outils idéels et matériels toujours contraints et prédéterminés. L'acteur-bricoleur décide, selon une liberté relative, d'assembler telle et telle pièce plutôt que telle et telle autre.

Les structuralistes parmi lesquels se sont retrouvés Lévi-Strauss, Lacan et Foucault sont en rupture totale avec la tradition de la phénoménologie, d'après laquelle le sens est d'abord donné par le sujet lui-même.

Le structuralisme assujettit l'homme à un ordre, à un « code » qui le dépasse et sur lequel il n'a pas de prise (Milner, 2002) ce qui leur valut des critiques profondes. Lévi-Strauss admet au fond l'existence des systèmes sociaux, d'une infrastructure formelle, d'une pensée inconsciente, d'une anticipation de l'esprit humain comme si la conscience était faite dans les choses et comme si l'ordre humain de la culture était un second ordre naturel. La structure est pratiquée par les sujets vivant en société comme allant de soi: « *Elle les a plutôt qu'ils ne l'ont* ».

Le structuralisme postule que de la structure prime sur l'événement et le phénomène. Les processus sociaux se déploient dans le cadre de structures fondamentales qui restent le plus souvent inconscientes. La démarche structuraliste consiste à expliquer un phénomène à partir de la place qu'il occupe au sein du système dans lequel il est inséré. Le structuralisme privilégie donc par principe l'approche « synchronique » dont il est question plus loin – c'est la coexistence des éléments au sein d'un même ensemble à un même moment du temps qui fournit l'intelligibilité – au détriment de l'approche « diachronique » – la recherche de la genèse ou de l'histoire de chaque élément pris isolément.

En analysant le répertoire du bricoleur, les structuralistes peuvent extrapoler des comportements. La conscience humaine propre à chaque individu est déterminée par les rapports de production eux-mêmes déterminés par la structure sociale. Toutefois, d'un point de vue historique, ce principe empêche toute évolution ainsi que toute transformation de la société. Donc, l'individu a une marge de liberté « surveillée » pour modifier un contexte structurel à l'exemple d'un ministre qui fait voter une loi d'orientation. Cependant, dans des sociétés (en évolution), l'homme transforme les rapports sociaux et économiques au fil du temps.

En définitive, la pensée structuraliste nous familiarise, expose Di

Méo (1998: 69), avec le sentiment que tout sujet, dans ses représentations comme dans ses attitudes et dans ses actions, épouse et reproduit un certain nombre de schèmes structuraux élémentaires, des « universaux » propres à la nature humaine.

Certeau (1980) sort du débat structuraliste et repère ce qu'il appelle les « *ruses des arts de faire* », ou plus simplement des « *manières de faire quotidienne* ».

Ces ruses permettent aux individus, soumis aux contraintes sociales, de les utiliser, parfois de les détourner en fonction de leurs objectifs et de leurs intérêts. L'acteur-bricoleur est contraint à plusieurs titres par les pressions sociales, les tabous, le manque de connaissances, sa personnalité, ses capacités, les situations dans lesquelles ils se trouvent, etc.; mais d'un autre côté, il a la possibilité de développer des « ruses » pour contourner ces contraintes en mettant à profit d'autres ressources et compétences ou en les développant, alors que les structures lui laissent aussi une marge de manœuvre (notamment à travers la décentralisation des politiques en faveur des communes). Les PNR, structures organisationnelles « souples », laissent une marge de manœuvre aux acteurs locaux:

> « *Pour l'avenir, quelles stratégies juridiques, les Parcs se doivent-ils d'adopter? Comment briqueter droit dur (normatif) et droit souple (contractuel) pour conserver à sa charte sa vocation et sa valeur d'espace de liberté?* » (FPNRF, 1997-g: 56).

La Fédération des parcs naturels régionaux de France cherche ainsi à « briqueter » du droit dur et du droit souple, c'est-à-dire elle cherche des façons d'articuler le Code Rural et le Code de l'urbanisme avec les lois d'orientations sur l'aménagement du territoire.

Les PNR ne sont pas pour autant enfermés dans le tissu juridique aussi rigide que d'autres projets de territoire :

> « *Depuis leur création, les PNR ont toujours avancé en*

travaillant aux marges de la loi, tout au moins en sachant jouer des vides ou des incertitudes que la loi, d'application générale, laisse à des problématiques locales. Fondé sur un droit contractuel, articulé à un projet de développement local (la charte), les Parcs sont parvenus, en deçà, à côté ou entre les mailles du tissu juridique, à aménager un espace de liberté au sein duquel déployer des actions relativement novatrices » (FPNRF, 1997-g: 64).

En des termes différents, les PNR essaient d'exploiter au maximum leur étiquette du « droit gazeux » parce qu'elle lui donne une marge de liberté.

4.2.3 Interdépendance et habitus

La critique de l'opposition classique entre les individus et la société apparaît comme un fils conducteur dans les travaux de Élias (1981: 16). Son apport original repose sur sa tentative de dépasser l'opposition Individu / Société, donc a relativiser le poids du libre-arbitrage et des structures.

L'individu n'est pas considéré comme une entité extérieure à la société, et donc la société n'est ni envisagée comme la simple agrégation des unités individuelles, ni comme un ensemble indépendant des actions individuelles. Pour lui, le regroupement de la dyade Individu / Société passe par le concept d'interdépendance: « *le concept d'individu se réfère à des hommes interdépendants, mais au singulier et le concept de société à des hommes interdépendants* » (Élias, 1981: 150). L'acteur-bricoleur est en étroite relation d'interdépendance avec son environnement social et matériel.

La question n'est pas tant de savoir lesquelles des volontés ou des structures priment dans l'explication des pratiques, mais bien davantage de comprendre les facteurs qui déterminent la volonté et les structures.

Le degré d'autonomie (donc de dépendance) de chaque acteur reste une piste théorique. Elle offre une conception relationnelle des rapports sociaux. Cette notion d'interdépendance tend à sortir d'une vision causale unilinéaire des processus sociaux, du type A cause B. Cette interrelation entre des éléments a souvent été pensée en sciences sociales à travers la notion de système. Dire que des éléments « font système », c'est indiquer qu'ils agissent les uns sur les autres et les uns par rapport aux autres. Toutefois, trop de cohérence et de stabilité est accordé *a priori* à ce qui relie ces éléments.

Les interdépendances dans lesquelles sont enchâssés les individus n'agissent pas, pour Élias, uniquement comme des contraintes extérieures. Elles participent aussi à la formation des structures intérieures de leur personnalité. L'individu s'insère tout au long de sa vie dans nombre de réseaux de relations qui lui préexistent (famille, groupe social, nation, *etc*.), qui sont souvent le produit d'une longue histoire et qui vont contribuer à modeler ses formes de sensibilité et de pensée. C'est là qu'intervient la notion d'*habitus*, terme d'origine latine.

Le concept d'*habitus* aide à mieux saisir comment et pourquoi l'acteur-bricoleur intègre à la fois la possibilité d'être objet et sujet. L'*habitus* est pour Élias et Bourdieu une « empreinte sociale » sur la personnalité, un produit des différentes configurations au sein desquelles un individu agit (1987: 239-240). À propos de cette empreinte sociale Bourdieu ajoute:

> « (…) *le principe de l'action historique, celle de l'artiste, du gouvernant comme celle de l'ouvrier ou du petit fonctionnaire, n'est pas un sujet qui s'affronterait à la société comme à un objet constitué dans l'extériorité. Il ne réside ni dans la conscience ni dans les choses mais dans la relation entre deux états* (...) » (Bourdieu, 1982: 88).

L'*habitus*, ce sont les structures sociales de la subjectivité, qui se constituent d'abord par de premières expériences, puis de la vie adulte.

L'habitus définit les qualités de l'acteur-bricoleur. De cette façon, les structures sociales s'impriment dans l'esprit et le corps par intériorisation de l'extériorité comme des savoir-faire, des tours de main nécessitant des connaissances et des habiletés transmises de génération en génération. Par exemple, les PNR maintiennent en vie des *habitus* par notamment la valorisation de patrimoines culturels et de savoir-faire.

De même, l'exercice de vouloir maintenir en vie des pratiques constitue un effort d'instituer un *habitus* voire de le décréter. Bourdieu définit la notion plus précisément qu'Élias, comme un « *système de dispositions durables et transportables* » (Bourdieu, 1980: 88).

Fruit d'une histoire incorporée, l'habitus conditionne et génère à la fois une multitude de choix chez un acteur qui jouit d'une liberté conditionnée (Vinaches, 1998). Bourdieu définit l'habitus comme:

« *Un système de dispositions durables et transformables, structures structurées prédisposées à fonctionner comme structures structurantes, c'est-à-dire en tant que principes générateurs et organisateurs de pratiques et de représentations qui peuvent être objectivement adaptées à leur but sans supposer la visée consciente de fins et la maîtrise extraite des opérations nécessaires pour les atteindre, objectivement " réglées " et " régulières " sans être en rien le produit de l'obéissance à des règles, et, étant tout cela, collectivement orchestrées sans être le produit de l'action organisatrice d'un chef d'orchestre* » (Bourdieu, 1988: 88-89).

Dans cette perspective, l'expression de « gestion en bon père de famille » suggère un style de gestion et aussi un style de comportement des membres de la famille qui se soumettent à l'ordre paternel.

Si la notion était déjà présente dans la philosophie d'Aristote ou dans la pensée thomiste, elle constitue aujourd'hui une manière de surmonter des débats sur la « structure sans sujet » et la « philosophie du sujet » (Bourdieu, 1987 : 20). L'habitus est un schème générateur de structures conformes à la logique de la structure d'inculcation (phénomène de reproduction).

Dans le cas qui nous occupe, l'habitus inscrit les acteurs dans différentes temporalités selon leur origine sociale. Certaines étant plus tournées vers une reproduction de pratiques ancestrales, alors que d'autres sont plus urbaines.

Dans les moyennes montagnes sous pressions touristique et urbaine, le brassage d'habitus est parfois source de problèmes de cohabitation et d'incompréhension puisqu'ils véhiculent des modes de vie et de valeurs différentes .

« [Les habitus] *sont aussi des schèmes classificatoires, des principes de vision et de division, des goûts, différents. Ils font des différences entre ce qui est bien et ce qui est mal, entre ce qui est distingué et ce qui est vulgaire, etc., mais ce ne sont pas les mêmes. Ainsi, par exemple, le même comportement ou le même bien peut apparaître distingué à l'un, prétentieux ou m'as-tu-vu à l'autre, vulgaire à un troisième* » (Bourdieu, 1994 : 23).

L'habitus conduit les individus à avoir les mêmes goûts, les mêmes attirances, les mêmes dégoûts et répulsions, sans qu'ils soient nécessairement conscients de la façon dont ils ont ainsi été moulés. Pourtant, l'habitus n'est jamais totalement abouti dans les sociétés contemporaines habitées par des phénomènes de différenciation culturelle en évolution permanente. L'habitus est donc à la fois le produit de cette histoire individuelle, mais aussi collective, incorporée dans les esprits et les actions.

Fortement marqués par leurs origines, les individus sont amenés, tout au long de leur vie, à opérer des choix dans différents domaines. Ces choix, qu'ils ressentent comme l'expression d'un libre arbitre, sont fortement liés à l'intériorisation de leurs chances objectives de réussite à divers moments et dans différents lieux, donc à leur habitus. La médiation de l'habitus permet ainsi de saisir pourquoi l'ordre s'installe dans la société:

« (…) *sans faire des combinaisons, des plans (…), les agents sociaux sont "raisonnables", pourquoi ils ne commettent pas de folies, ils sont beaucoup moins bizarres ou abusés que nous ne tendrions spontanément à la croire, et, cela, précisément parce qu'ils sont intériorisés, au terme d'un long et complexe processus de conditionnement, les chances objectives qui leur sont offertes* » (Bourdieu, 1992: 105).

Face à des bouleversements structurels, certains individus – notamment ceux dont les trajectoires sociales ascendantes ou déclinantes sont rapides – ne trouvent pas dans leur habitus les ressorts nécessaires à leur adaptation. Ils se trouvent en situation de décalage tels ces « *aristocrates qui, faute de vouloir ou de pouvoir déroger – habitus de noblesse oblige – ont laissé leur privilège se convertir en handicap dans la concurrence avec des groupes sociaux moins nantis* » (Bourdieu, 1997: 191).

Produit de l'histoire qui permet d'articuler l'individuel et le social (l'individu à la société; l'objet au sujet), les structures internes de la subjectivité et les structures sociales externes (Accardo, 1986), l'habitus se manifeste fondamentalement par le sens pratique selon la logique du champ social et de la situation dans lesquels l'acteur socialisé est impliqué sans pour autant se référer à la réflexion consciente. L'habitus est ainsi responsable de la fabrication d'un temps long où les pratiques et les habitudes de vie se transmettent de génération en génération (se transformant lentement).

Dans un contexte de fortes pressions touristique et urbaine (dans des PNR montagnards péri-urbains de surcroît), la conservation de ces habitus patrimoniaux devient un enjeu financier et paysager. Les savoir-faire ou les tours de main locaux contribuent à la qualité des paysages naturels et socioculturels dont raffolent certains touristes. Le visiteur s'impreignent des traces du passé dans ces espaces patrimoniaux ayant valeur monétaire pour les associations touristiques.

Nous pouvons, avec cette notion, rendre compte du paradoxe selon lequel « *des conduites peuvent être orientées par rapport à des fins sans être consciemment dirigées vers ces fins, dirigées par ces fins* » (Bourdieu, 1987: 20). Les pratiques et les actions sans raison explicite et sans intention signifiante d'un acteur singulier peuvent néanmoins être « sensées », « raisonnables » et « objectivement orchestrées ».

Cette liberté conditionnée et conditionnelle qu'il assure l'éloigne ainsi de la simple reproduction mécanique des conditionnements initiaux. Elle légitime toutefois l'existence d'un champ des possibles composés de conduites « raisonnables », de « sens commun » compatible avec les conditions de productions de l'habitus objectivement ajustées à la logique caractéristique d'un champ déterminé: « *les pratiques ne se laissent déduire ni des conditions présentes qui peuvent paraître les avoir suscitées ni des conditions passées qui ont produit l'habitus, principe durable de leur production* » (Bourdieu, 1980: 94). Il permet ainsi de fixer une « *identité sociale définie comme l'identification à une position (relative) permanente et aux dispositions qui lui sont associées* » (Dubar, 1991:75), identité qui assure la reproduction de l'espace des positions.

Il existe une liberté conditionnelle et conditionnée qui autorise une conceptualisation des schémas formels de causalité (Coninck, 1989) encadrant les logiques d'action des acteurs:

> « (…) *l'esprit humain est socialement limité, socialement structuré, (…) il est toujours, qu'on le veuille ou non enfermé – sauf à en prendre conscience – "dans les limites de son cerveau", comme disait Marx, c'est-à-dire dans les limites du système de catégories qu'il doit à sa formation* » (Bourdieu, 1992: 102).

En rupture avec le subjectivisme volontarisme ou spontanéiste, l'intention objective mise en œuvre par l'acteur dans les actions ou pratiques ordinaires de sa vie dépasse ainsi toujours ses intentions conscientes au risque toutefois de soumettre l'émergence du nouveau à la rencontre de l'ancien (la structure) et du nouveau (la conjoncture) (Terrail, 1992). Caillé (1992: 203) ajoute:

> « *L'habitus est ainsi le résultat de cette alchimie qui nous conduit à tenir notre sort pour désirable, à croire que nous avons désiré et désirons être ce que, de toute façon, nous ne pouvons pas faire autrement que d'être* »

Les concepts d'interdépendance et d'*habitus* permettent chacun à leur façon de concevoir comment et pourquoi le libre arbitrage et les forces structurelles sont les deux facettes d'une même pièce en évitant d'insister sur les oppositions, mais en misant davantage sur les rapports imbriqués de l'un dans l'autre inscrits dans le temps. Par exemple, Giddens (1984), contrairement à Élias et Bourdieu, intègre la dimension spatiale dans l'explication des rapports entre les pratiques locales issues de volontés individuelles et les processus de structurations à l'échelle globale.

Ainsi, pour Giddens, les enjeux territoriaux interviennent dans l'explication des faits sociaux.

4.2.4 Structuration de l'agir

Giddens (1979, 1984) développe sa théorie de la structuration afin de dépasser des conceptions antagonistes: la division séparant le sujet conscient de la société (communément associé au dualisme objet / sujet); et à la division entre les pratiques individuelles et les influences de la vie en société. Les travaux de Giddens se résument à deux questions. Comment et pourquoi les acteurs persistent-ils à reproduire des routines? Comment et pourquoi participent-ils à la production du changement?

Pour reproduire des pratiques structurées, l'acteur acquiert des connaissances et des ressources comme dans le cas où il voudrait améliorer des techniques ou des procédures. Cette dynamique implique un apport de connaissances pour mieux comprendre comment il fait son geste (afin de pouvoir le reproduire) et son geste s'améliore tandis que ses connaissances se développent en même temps. Cet apport théorique de Giddens permet de concevoir l'acteur-bricoleur enchâssé dans des réseaux horizontaux et verticaux de relations. Les réseaux sociaux horizontaux permettent ainsi de mobiliser des outils ayant une portée spatiale que l'on peut délimiter sur une carte. Par exemple, les réseaux PNRC et PNRV *stricto sensu* s'arrêtent aux limites de leur territoire respectif. Ces mêmes réseaux s'emboîtent par le bas avec les réseaux communaux (PLU); de côté avec des réseaux de Contrats de Pays; et par le haut avec la Directive territoriale des Alpes, les Schémas de services collectifs régionaux et autres schémas de développement européens. Cet emboîtement réel des réseaux se traduit par une volonté des maires de s'engager dans plusieurs projets, structures et contrats (par eux se multiplient les ressources).

Pour clore ce chapitre, rappelons quelques points essentiels. L'acteur-bricoleur possède certes une marge de liberté, mais elle est contrainte structurellement de l'intérieur (sa personnalité, ses capacités intellectuelles, ses schèmes mentaux et la nature de ses habitus) comme de l'extérieur (relatif au cadre économique et social). Son environnement n'est pas neutre, il l'influence en retour puisqu'il porte des codes de conduite, des normes et des valeurs pouvant être interprétés comme autant de contraintes que de catalyseur de liberté. De cette façon, nous ne concevons pas le libre arbitrage et la structure en opposition (ou comme étant l'un au-dessus de l'autre) mais bien en interdépendance contribuant chacun à définir des habitus et des comportements routiniers inscrits dans le temps et dans l'espace.

L'acteur-bricoleur considéré au centre des activités d'aménagement, de gestion et de planification ne se conçoit donc pas uniquement au niveau local comme s'il était perpétuellement aux prises avec des enjeux communaux tels que l'offre de services publics et des aménités. En plus de cela, il doit transiger de gré ou de force avec un ensemble de facteurs plus globaux comme la législation, les tendances économiques et sociales et les dynamiques spatiales environnantes qui influencent les enjeux locaux.

Lévi-Strauss a initialement emprunté cette métaphore pour mieux exprimer sa pensée sur la formation des mythes. Toutefois, dans le champ de l'aménagement, de la gestion et de la planification son utilité provient de son pouvoir d'évocation: boîte à outils, croquis, découverte, erreur, expérimentation, matériaux et outils. Le concept de bricolage straussien alimente un discours conceptuel qui emprunte déjà à d'autres métaphores « constructivistes » (construction de projet de territoire) et vient de ce fait donner une autre perspective aux jeux des acteurs locaux agissant dans son environnement.

L'acteur-bricoleur n'est donc pas pleinement libre à cause de la finitude tant en quantité qu'en qualité des objets qui l'entourent. Il ne possède pas davantage tous les outils dont il aurait besoin pour parvenir à ses fins. Les objets sont à la fois finis en nombre et en fonction et ils ne permettent qu'un nombre limité de projet. Par exemple, si l'on offre d'autres outils à des acteurs Parc, ils ne produiront pas nécessairement les mêmes résultats. Par ailleurs, l'outil Parc est tout à la fois une techno-structure qui accorde une certaine liberté (en permettant la discussion et la sensibilisation) et qui crée des frustrations parce qu'il atteint des limites structurelles sous certaines conditions de pressions touristique et urbaine notamment.

Pour cette raison de liberté conditionnée, l'acteur-bricoleur ne peut pas faire n'importe quoi lorsque le terrain lui pose problème. Il doit transiger avec ses ressources pour mieux créer une réponse adaptée. L'habitus apparaît dès lors comme un concept explicatif permettant de mieux comprendre comment et pourquoi certains acteurs possèdent davantage d'habiletés que d'autres pour manier les outils d'aménagement et pour construire des projets de territoires.

4.2.5 Créations de la boîte à outils

Le bricoleur straussien trouvent des astuces afin de surmonter les défis qui se présentent que ce soit en créant ou en déviant la fonction première des différents outils. Il est un créateur faisant avec « les moyens du bord ». Ses créations représentent autant de projets montés à l'aide d'un ensemble d'outils. Pour Lévi-Strauss, les outils du bricoleur sont autant d'ordre idéel que matériel, c'est-à-dire que l'acteur-bricoleur construit ses projets à partir d'un jeu de réflexion entre, par exemple, des images mentales et des images concrètes d'une part, et un ensemble de moyens conceptuels et pratiques d'autre part.

L'objectif à cette étape çi consiste à mettre à jour les procédés créatifs de l'acteur-bricoleur. En l'occurrence, l'acteur-bricoleur tente de reproduire concrètement des images mentales qui lui viennent d'inspirations tangibles. Pour ce faire, il produit des croquis, des graphiques et des schémas afin d'orienter son projet vers un but de les reproduire à son échelle.

Les répertoires de création de l'acteur-bricoleur se comparent à d'une véritable boîte à outils dans laquelle il puise ses ressources. Le deuxième chapitre porte sur les mondes idéels et matériels de l'acteur-bricoleur pour montrer en quoi les objectifs à atteindre lors des projets partent d'une idée (plus ou moins réaliste et précise) qui vient se confronter à la dureté du réel. La boîte à outils, comme celle à disposition du maire d'une commune dans un Parc, se compose en fait de multiples ressources selon son capital personnel et collectif et, à partir de ce répertoire, concoure à fabriquer du concret en transformant le paysage.

4.3 Répertoire de création de l'acteur-bricoleur

L'acteur-bricoleur fonctionne à l'intérieur d'un répertoire d'idées et de matériaux. À la fois penseur dans le monde des idées et pragmatique dans le monde des faits, il peut concevoir et réaliser des projets selon des modalités précise, à l'image du bricoleur visualisant mentalement une oeuvre avant de passer à l'action. Il possède un arsenal d'outils idéels (ou ressources conceptuelles telles des signes, des symboles et des idées) et matériels (ressources tangibles) disponibles à portée de mains.

Que ce soit un élu ou un technicien de Parc chargé de gérer un espace, les acteurs-bricoleurs sont en face d'une tâche donnée et « ils ne peuvent pas faire n'importe quoi ». Ils ont un ensemble de ressources, qu'elles soient humaines, intrinsèques, législatives, financières ou techniques afin d'entamer une variété d'actions ponctuelles ou des projets d'envergure. Cela signifie qu'ils organisent l'espace en fonction d'un certain nombre d'idées et de représentations qui guident les actions et aussi en fonction des moyens pratiques et techniques en leur possession.

La mobilisation des ressources constitue à cet effet un processus d'accroissement du « stock » de matériaux idéels et matériels essentiels à l'atteinte des objectifs de développement et de préservation.

La monturbanisation émerge dans les massifs de Chartreuse et du Vercors en bonne partie à cause de l'utilisation qui est faite des outils PLU, SCOT et Parc ainsi que des contrats territoriaux, d'autant plus que différentes pratiques laissent des traces sur l'espace sans passer par l'institutionnel comme les randonneurs qui laissent des traces derrière leur passage.

Il est difficile pour les porteurs et les utilisateurs de ces outils d'avoir perpétuellement une image mentale se calant exactement sur la réalité empirique : ils ne veulent pas entendre parler de l'urbanisation, par exemple. Il y a parfois d'autres enjeux non prévus qui arrivent ou des limites matérielles qui font en sorte que certains enjeux ne sont pas pris en compte comme dans l'affaire de la centrale hydroélectrique des gorges du Guiers Mort. Ce fut le cas, lorsque le PNRC a dû assouplir sa Charte au moment où elle était prête à être votée à cause de l'adoption de la loi *Paysage* en 1993.

4.3.1 Projet créatif

La nature des projets de l'acteur-bricoleur repose en partie sur des mondes idéel et matériel qui composent le répertoire. De la même manière, un bricoleur se retourne vers ses ressources pour en faire l'inventaire et choisir, parmi elles, les plus appropriées (Lévi-Strauss, 1962). De même, un conseil municipal et l'organisme de Parc ont un ensemble de moyens directs et indirects pour canaliser les pressions touristique et urbaine en intervenant auprès des élus.

Le processus créatif se conçoit comme un apprentissage cognitif transitoire se matérialisant dans un artefact de création (un projet final comme une Charte de Parc).

Bateson (1977) insiste sur le fait que l'Homme est le seul qui peut apprendre comment apprendre. C'est-à-dire, l'Homme a non seulement la capacité de conceptualiser et de manipuler des idées abstraites, mais également celle de les organiser de façon hiérarchique en choisissant les plus appropriées de son répertoire.

Ainsi, l'être humain organise – à plusieurs niveaux d'abstraction – la conceptualisation qu'il a de l'ensemble de ses expériences. Chaque phénomène perçu est retenu avec son contexte, et l'observation de plusieurs contextes est l'occasion de créer un « contexte des contextes ». Cette capacité à hiérarchiser permet à l'homme de créer des relations entre des phénomènes différents: par exemple, en concevant des structures semblables qui produisent des résultats différents dans des conditions différentes.

L'exercice de création d'une Charte (incluant sa révision) est en soi un projet de création où les priorités sont hiérarchisées en accord avec les signataires. La hiérarchisation fait appel à différentes logiques selon la représentation que les acteurs se font des phénomènes.

Par exemple, dans la définition qu'il donne de la réalisation technique, R. Rappaport conçoit la création comme une interaction du domaine de l'idéel et de celui du matériel où la création consiste à la fois à donner forme à une substance et à donner substance à une forme (*in* Messer, et Lambek 2001). Il s'agit de passer de la conceptualisation mentale à la réalisation concrète par l'intermédiaire des mains ou plus globalement du corps. Par exemple, la création d'une Charte constitutive de PNR est la matérialisation d'idées et de représentations collectives.

Le bricolage (dans sa définition première signifiant « va çà et là ») implique un décalage entre la représentation mentale et la représentation concrète. Trois explications partielles s'envisagent. Premièrement, il peut y avoir une mauvaise représentation mentale des phénomènes (idéalisation); ensuite, une mauvaise représentation du concret (analyse partielle); et enfin, le passage de l'un à l'autre est semé d'obstacles difficiles à surmonter avec des outils forcément mal adaptés. La matérialisation d'un dessin (et dessein) se traduit souvent par un écart entre l'original souhaité et son « exemplaire » concret.

D'un point de vue théorique, la création humaine nécessite une conjoncture favorable permettant d'établir, momentanément, une connexion entre deux dynamiques différentes et fondamentalement indépendantes: celle de la matière (la substance) et celle des idées (l'information).

Le terme de créativité, quelle que soit sa signification – la capacité humaine d'inventer ou contextuelle de favoriser la création – désigne un potentiel, ne pouvant être évalué que par l'appréciation de sa réalisation (l'artéfact de création).

Dans le processus de recherche d'idées nouvelles, la pensée procède d'une façon spécifique comme si elle faisait un bond, une gymnastique, qui l'amènerait à passer alternativement du mode de pensée habituel, logique, au mode de pensée intuitif, imaginaire, qui fonctionne à tâtons et puise ses idées au hasard dans l'inconscient (Storr, 1974). En Chartreuse, par exemple, l'arrivée de la loi SRU a obligé les acteurs à explorer les possibilités législatives afin de créer un SCOT complémentaire aux agglomérations chambérienne et grenobloise.

Le même processus opère et permet à un acteur-bricoleur d'élargir la variété des ressources disponibles comme lorsqu'il crée des outils nouveaux à partir d'anciens ou qu'il peut voir la réalité différemment d'un autre individu.

Joas (1992) explore l'importance de la création dans l'action. Pour lui, la société n'est pas le lieu où s'exerce les déterminations qu'elles soient causales, téléologiques, utilitaristes ou morales.Pour lui, la société est le lieu des actions créatrices. La création et le monde matériel environnant entretiennent des rapports collatéraux fondamentaux.

Ces propositions assignent au sujet humain le statut double, ambigu et ambivalent, de « chose parmi les choses » entendues au sens matériel et de « chose transcendant les choses » entendues cette fois en sens idéel. Ainsi, les pragmatistes parlent « *d'expérimentation parce qu'ils ont en vue la situation fondamentalement ouverte, incertaine et risquée du sujet agissant* » (Joas, 1999: 66). C'est dans l'action que l'acteur rencontre la dureté du réel, c'est-à-dire l'altérité rigoureuse de la réalité extérieure. Celui-ci poursuit en insistant sur le sens pratique des attentes:

> « [Notre monde] *se divise en réalités accessibles et inaccessibles, familières et étrangères, maîtrisables et non maîtrisables, disponibles et indisponibles. Notre perception du monde intègre ainsi des attentes d'ordre pratique; lorsque ces attentes sont déçues, alors une partie du monde nous apparaît soudain comme inaccessible et étrangère, non maîtrisable et indisponible, et nous la reléguons effectivement au rang d'un vis-à-vis purement objectal* » (Joas, 1992: 196)

Les trois activités d'aménagement, de gestion et de planification résultent de compromis entre « *réalités accessibles et inaccessibles, familières et étrangères, maîtrisables et non maîtrisables, disponibles et indisponibles* » où les volontés s'opposent à la dureté du réel. Pour penser l'action en société comme une création non conditionnée.

L'acteur-bricoleur a des attentes pratiques. Il s'attend implicitement ou explicitement à ce que son environnement matériel se ploie docilement sous sa volonté. La réalité extérieure et matérielle n'offre pas toujours de bonnes prises afin de changer les évolutions comme cela est le cas avec les constatations des acteurs du PNRC La créativité de l'acteur-bricoleur lui permet ainsi de mieux s'exprimer, de produire et de changer les rapports sociaux.

4.3.2 Répertoire de création

L'acteur-bricoleur crée à l'aide d'un « répertoire » d'où il puise des ressources comme des connaissances et du capital politque. Le vocable de répertoire suggère un regroupement de ressources sur un support donné qu'il soit mental ou matériel.

Pour Schutz (1987: 11-12), toute interprétation du monde social est basée sur une réserve d'expériences préalables, la nôtre ou celles que nous a transmis nos parents ou nos professeurs. Ces expériences apparaissent sous forme de « stock de connaissances disponibles » et fonctionnent comme des schèmes[94] de référence. Le monde que vise la connaissance quotidienne

---

[94] Les actions, en effet, ne se succèdent pas au hasard, mais se répètent et s'appliquent de façon semblable aux situations comparables. Plus précisément, elles se reproduisent telles quelles si, aux mêmes intérêts, correspondent des situations analogues, mais se différencient ou se combinent de façon nouvelle si les besoins ou les situations changent « Nous appellerons schèmes d'actions ce qui, dans une action, est ainsi transposable, généralisable ou différenciable d'une situation à la suivante, autrement dit ce qu'il y a de commun aux diverses répétitions ou applications de la même action » (Piaget, 1973: 23-24). « *Appelons "schème" l'organisation invariante de la conduite pour une classe de situations donnée. C'est dans les schèmes qu'il faut rechercher les connaissances-en-acte du sujet, c'est à dire les éléments cognitifs qui permettent à l'action du sujet d'être opératoire* » Vergnaud (1990: 136). Le

est d'emblée un monde intersubjectif et culturel, parce qu'il touche l'individu et la société dans son ensemble (dont les ancêtres) et parce qu'il est constitué de significations qui se sont sédimentées au cours de l'histoire des sociétés humaines. Le stock de connaissances disponibles n'est pas le même pour chaque acteur: il y a « une distribution sociale de la connaissance », liée à la situation biographiquement déterminée de chacun (Schütz, 1987: 14-15; 20-21).

La nature du répertoire d'un acteur est relative à son environnement social et à son histoire. De la même manière, un chercheur puise des « outils » théoriques dans la littérature.

Dans une proximité avec la notion schützienne de stock de connaissances disponibles, s'est diffusé la notion de répertoires (ou des notions avoisinantes de boîte à outils, de référentiel et de réservoir), dans lesquels les individus et les groupes iraient puiser des ressources (intériorisées ou extériorisées) variées, voire contradictoires entre elles. Comme le rappelle Bourdieu:

> « *Toute tentative pour fonder une pratique sur l'obéissance à une règle explicitement formulée (...), se heurte à la question des règles définissant la manière et le moment opportun (...) de mettre en pratique un répertoire de recettes ou de techniques, bref de l'art de l'exécution (...)* » (Bourdieu, 1972: 199-200).

Bourdieu considère le répertoire comme une partie intégrante de l'acteur à l'image d'une machine équipée d'un ensemble de fonctionnalités.

Swidler (1986) avance une définition alternative de la culture, qui serait comme une « boîte à outils » (*tool kit*). La boîte à outils se compose de symboles, d'histoires, de rituels et de représentations du monde, que les gens peuvent utiliser dans des configurations variées pour résoudre

---

schème est donc la *structure de l'action* – mentale ou matérielle – l'invariant, le canevas qui se conserve d'une situation singulière à une autre, et s'investit, avec plus ou moins d'ajustements, dans des situations analogues.

différentes sortes de problèmes, comme « composants culturels » de la construction de « stratégies d'action ».

Les acteurs vont sélectionner différents éléments au sein de tels répertoires ou boîtes à outils susceptibles de contenir des « symboles antagoniques » pour élaborer des lignes d'action. L'idée de répertoire favorise ainsi l'explication, du moins partiellement, de la créativité de l'acteur-bricoleur: plus il possède d'outils spécifiques, plus il est en mesure de créer des projets (marqués culturellement) à la hauteur de ses ambitions.

Un ensemble culturel fournit alors également aux acteurs « un répertoire de compétences », qui en même temps limite l'espace des stratégies disponibles parce que il peut être contraignant. Amselle (1990: 10-13) oppose à « *une vision essentialiste de la culture* », l'idée d'un réservoir de pratiques « *dont les acteurs se servent pour renégocier en permanence leur identité* ». C'est « *en fonction de telle ou telle conjoncture politique* » que des composantes de ce réservoir sont mobilisées par les acteurs.

L'identité d'un acteur ou d'un groupe d'acteurs est alors conçue comme le résultat provisoire d'une négociation entre des éléments disparates du répertoire. L'identité devient alors un bricolage culturel où la culture telle qu'elle est étudiée se compose d'éléments identitaires (la langue parlée, les pratiques culinaires et les rapports entre les sexes).

Ce type d'orientation conceptuelle soulève le risque, selon Dobry (1990: 361) de procéder à « *une mise à plat synchronique* » des diverses ressources disponibles à un moment donné (pour un acteur ou un groupe d'acteurs) en oubliant les « dilemmes pratiques que rencontrent les acteurs » en cours d'action. C'est pourquoi l'accent est souvent mis sur l'interaction étroite entre la sélection des ressources préconstituées et les logiques des situations traversées.

À un premier niveau d'analyse, les acteurs n'ont pas de répertoire identique. Cela contribue à expliquer par le fait même pourquoi ils ont un pouvoir d'action différent. Certains acteurs, compte tenu de leur statut socioéconomique supérieur, possèdent un répertoire plus ou moins développé que celui d'un acteur de statut inférieur. Le répertoire peut compter plusieurs couches selon qu'il s'agisse d'une réserve accessible à la conscience ou non, d'un contenu matériel ou d'immatériel, ou de connaissances innées ou d'acquises.

Le contenu du répertoire d'un acteur-bricoleur se catégorise en deux grands ensembles, à savoir les ressources idéelles et les ressources matérielles. Dans le premier cas, les ressources sont d'ordre conscient (les idées et les compétences) et inconscient (les intuitions et les mythes); alors que dans le deuxième cas, les ressources sont d'ordre humain (ami, connaissance et famille) et artificiel comme le matériel technique.

Ainsi, le contenu du répertoire est dynamique et évolutif dans le temps si ce n'est que par l'éducation, l'apprentissage et des modifications du contexte structurel.

Dans l'absolu, un individu peut s'imaginer muni d'un répertoire d'outils apte à faire face à toutes les intempéries (aidé en cela par des croyances et un manque d'expérience, par exemple). Qui plus est, il peut se représenter le monde à sa façon et voyager par l'imaginaire. D'un autre côté, son répertoire demeure contraint, notamment par les capacités limitées de son cerveau à traiter une grande quantité d'informations en peu de temps, voire en raison de l'impossibilité à traiter deux problèmes à la fois.

4.3.3 Environnement idéel et le matériel de l'acteur-bricoleur

L'acteur-bricoleur se range parfois du côté des idéalistes, parfois du côté des matérialistes dans la mesure où le bricolage peut être d'ordre idéologique et pragmatique. D'autant plus que les activités d'aménagement, de gestion et de planification, donnent des résultats concrets sur l'espace et que le moteur de ces activités est des situations (parfois dramatiques) tout aussi concrètes comme des demandes privées de constructions résidentielles, des conditions d'existence des agriculteurs et des activités touristiques.

La façon d'aborder ces problèmes concrets, repose sur la capacité des acteurs à évaluer les situations et à mettre en œuvre les réponses appropriées.

En Chartreuse, par exemple, avant la création du Parc en 1995, « les élus n'ont pas voulu » considérer les impacts des pressions urbaine pourtant déjà palpables pour des raisons pratiques. Du coup, la charte n'y fait pas attention précisément. Les élus avaient conscience de l'impact des pressions urbaines, mais ils n'ont pas voulu aborder la question de front. Mais l'absence frappante du thème urbanisation dans la Charte PNRC témoigne d'une inadéquation entre les représentations mentales du Parc et des élus et ses traductions concrètes dans la Charte.

La pratique (de rédaction du Plan de Parc) se conçoit difficilement sans une part d'idéel, à savoir l'idée qu'un acteur se fait du sens et de la portée de ses actes et de ceux de autres (refus d'entériner les Chartes).

Finalement, le monde de l'acteur-bricoleur est clôt par définition. Il est clôt par un ensemble de facteurs telles que ces capacités physiques, biologiques et mentales qui ne lui permettent pas d'appréhender l'univers (lui-même fini dans une certaine mesure) dans son ensemble en un seul regard. Ne pouvant manier les idées et la matière pleinement à sa guise, puisqu'il rencontre notamment des difficultés inhérentes à la dureté du matériel et à sa capacité du moment, il se doit de trouver des astuces pour « faire avec les moyens du bord » pour reprendre l'expression de Lévi-Strauss. Nous avons vu que l'emboîtement de l'idéel et du matériel passe par des actes créateurs qui sont eux-mêmes basés sur son répertoire (ou boîte à outils) socialement et historiquement déterminé.

Bien que le monde de l'acteur-bricoleur est clôt, il n'est pas pour autant contraint à la passivité. Au contraire, ses mondes idéels et matériels l'autorisent à réaliser des projets avec enthousiasme.

L'acteur-bricoleur est reconnu pour sa créativité inépuisable ce qui l'amène à être un moteur d'innovation. Pour ce faire, il puise dans son répertoire ou plutôt sa boîte à outils. Par abus de langage ou une utilisation de plus en plus fréquente de termes techniques dans le langage courant et scientifique, les idées et les objets ont le statut d'outils. Il y a les outils pédagogiques, les outils de développement, les outils législatifs, etc.

L'acteur-bricoleur doit ainsi faire preuve de créativité et d'habileté afin non seulement de construire ses outils de développement, mais aussi de les utiliser au maximum de ses connaissances. Les projets représentent une façon d'exister et un défi à relever tant du point de vue technique et pratique que conceptuel.

4.3.4 Temporalités en projet

La démarche de l'acteur-bricoleur est souvent exploratoire, comme en témoigne le projet du PNRC de construire un SCOT complémentaire Chartreuse tout « en ne sachant pas trop comment s'y prendre face au terrain ».

À l'image du bricoleur, la monturbanisation émerge sur différentes temporalités: des efforts de ramener dans le présent des traces du passé (la réintégration de vautours disparus du sud du Vercors et la renaissance de savoir-faire ancestraux) et de ramener des éléments futuristes dans le présent (volonté de produire des formes contemporaines d'architecture en moyenne montagne). Par ailleurs, la pratique même du bricoleur suppose une temporalité à la fois linéaire (le temps chronos, avec le respect des échéanciers) et polychronique puisqu'il est apte à faire plusieurs tâches à la fois comme entamer plusieurs projets de front.

Les projets de l'acteur-bricoleur se réalisent sur des temporalités composées de rétrospections et de prospections. L'acteur-bricoleur « se retourne » vers son équipement avant de se « projeter » dans son projet. La notion de temps complète celle de projet. La FPNRF envisageait d'un mauvais œil les superpositions Parc / Pays qui, conséquemment, ne pouvaient se réaliser en même temps et au même endroit. Nous faisons ici face à deux conceptions du temps, celui du temps du projet entendu dans un sens administratif qui doit occuper toutes les énergies de l'ensemble des partenaires du territoire. Il va de soi qu'ainsi les partenaires n'ont pas le temps de travailler sur un autre projet.

Avec ces différentes temporalités, la notion de projet d'aménagement, de gestion et de planification se précise. Il peut aussi bien s'agir d'un projet technique (faire une Charte Constitutive avec une naissance, une période de maturité, une fin et une renaissance après 10 ans) que d'un projet plus existentialiste de type sartrien qui lui se veut le projet de tous les projets.

La question de la temporalité est essentielle pour mieux comprendre la logique de l'acteur-bricoleur et de surcroît les modalités d'aménagement, de gestion et de planification spatiale dans des territoires comme les PNR Les temporalités à l'œuvre dans les PNR est cruciale.

Les acteurs fonctionnent avec des problématiques importantes de temps comme celle du renouvellement des Chartes, des élections (communales, départementales et régionales) et des contrats de développement qui se renouvellent chacun à des moments différents. Par ailleurs, la législation qui les concerne, surtout dans le périurbain, évolue rapidement à la fois du côté de la ville, de la campagne et de la nature. Enfin, les projets de patrimonialisation constituent selon toute vraisemblance une réintroduction du passé plus ou moins conforme aux attentes sociales du présent.

L'acteur-bricoleur vit sur des temporalités diverses mélangeant, selon les circonstances, les acquis du passé, l'improvisation, les « moments de vision », la projection dans le futur et l'anticipation. Il vit selon une temporalité triple, à savoir l'hier, l'instant et le demain. Lévi-Strauss (1962: 32) écrit:

> « *Regardons-le* [bricoleur] *à l'œuvre: excité par son projet, sa première démarche pratique est pourtant rétrospective: il doit se retourner vers un ensemble déjà constitué, formé d'outils et de matériaux; en faire, ou en refaire, l'inventaire; enfin et surtout, engager avec lui une sorte de dialogue, pour répertorier, avant de choisir entre elles, les réponses possibles que l'ensemble peut offrir au problème qu'il lui pose* ».

Les cinq mots-clés de cette citation indiquent les temporalités de l'acteur-bricoleur: « regardons-le », « projet », « pratique » « rétrospective » et « avant ».

- Le bricoleur agit au temps présent. Il vit dans un éternel présent fait d'une succession d'instants.
- Le projet marque une volonté de se projeter dans l'avenir. Le temps du projet est objectif et continu avec un début, un milieu et une fin et marque de ce fait l'intention d'indiquer dès à présent « vers où nous allons ».
- Le temps est produit par des actes et des œuvres. La ligne du temps de l'acteur-bricoleur est aussi fragmentée à l'image de chacune des actions dévoilées seconde par seconde.
- La démarche première du bricoleur est rétrospective. Il se retourne chaque fois qu'il s'engage dans un projet. Pour mieux regarder l'avenir, il fait une rétrospective en regardant ses acquis par définition passés.

Le bricoleur passe par une phase durant laquelle il cogite avant d'agir et renforce l'idée selon laquelle la temporalité de l'acteur-bricoleur se structure et se régénère en permanence dans un horizon où se côtoient les souvenirs, les actes et les projets.

Les temporalités de l'acteur-bricoleur comportent aussi des étapes de rétrospection et de prospection. En effet, l'acte de l'acteur-bricoleur représente une gestuelle mécanique purement orientée vers une fin. Cette gestuelle mécanique se décompose en flux de mouvements et d'interruptions, de créations et d'hésitations.

Le temps domine l'acteur-bricoleur selon une triple lecture monochronique, polychronique et cyclique Une façon de le traduire concrètement est de concevoir l'acteur Parc respectant un échéancier (monochronique), faisant plusieurs tâches à la fois (polychronique) et qui œuvre au renouvellement de sa Charte (Cyclique).

4.3.4.1 Temps continu et fragmenté

Selon Hall (1990, 1983: 42-45), dans un système temporel monochronique, les actions se succèdent aux autres d'une manière linéaire. Les actions successives dépendent des actions précédentes et la réalisation de l'une a une incidence sur la réalisation de l'autre dans une logique de gestion de projet. Il est, jusqu'à un certain point possible de ne faire qu'une seule chose à la fois. Le temps est perçu et utilisé d'une manière linéaire.

Le temps monochronique continu se rapporte au temps objectif quantifiable. Il s'agit de la ligne de temps qui se rapproche de la notion sociale de temps horloge utilisé pour visualiser le temps qui passe. Sa forme est celle de la « flèche du temps » qui passe dont les propriétés communes aux chronométries (durées) et aux chronologies (successions) sont la continuité et l'irréversibilité. C'est un temps que l'on peut découper, décomposer en segments de plus en plus fins. Chaque segment reçoit une affectation, il est réservé à un projet parfaitement déterminé comme dans un projet technique.

Dans un système monochronique, les programmes doivent être scrupuleusement respectés en évitant les défaillances. Le temps monochronique est perçu, traité comme une chose tangible. On parle de lui comme de l'argent: on peut le dépenser, le perdre, le gaspiller, on peut aussi bien l'économiser. On se sert de lui aussi pour établir des priorités. Les Parcs fonctionnent sur cette ligne de temps monochronique laissant peu de place aux superpositions et autres articulations de projets (sauf ceux qui nécessitent un partage d'enveloppes budgétaires).

Le temps monochronique, permettant de se concentrer sur une occupation précise, tend à isoler, à diminuer le nombre des interactions possibles. En revanche, il intensifie les rapports entre interlocuteurs effectifs. Il est un peu comme un lien auquel certains auraient accès et d'autres pas. Il fait aussi que les individus monochroniques n'apprécient pas qu'on les interrompe dans leur activité du moment. Le temps monochronique s'apprend même s'il peut paraître naturel et logique lorsqu'il est acquis. Il va à l'encontre du temps biologique. En fait, il agresse en permanence les rythmes naturels.

Dans une temporalité monochronique absolue (qui peut être symbolisée par une division maximale du travail au sein d'une entreprise), chacune des unités de temps est dépendante de l'acte précédent à la manière de procédures formelles visant une fin précise. Cela correspond à l'échéancier de la gestion d'un projet technique. Ainsi, l'action orientée représente une succession d'actes fragmentés produit dans l'instant présent.

Selon cette conception, l'instant peut être calculé objectivement de telle manière qu'une tâche équivaut à un instant ou, en d'autres termes, qu'à chacun des tic-tac de l'horloge correspond un acte ayant une fonction précise dans le temps et l'espace. Ainsi, le Parc ont des résultats à atteindre qui s'étendent sur un échéancier. Selon Roupnel (1932) et Bachelard (1992), l'instant est une réalité suspendue entre deux « néants » à savoir l'hier et le demain. Dans cette perspective, l'acte est comme un instant solitaire qui dure sans succession « *l'instant c'est la solitude* » d'un ordre plus sentimental que métaphysique:

> « *Par une sorte de violence créatrice, le temps limité à l'instant nous isole non seulement des autres, mais de nous-mêmes, puisqu'il rompt avec notre passé le plus cher* »

(Bachelard, 1992: 13).

Dans cette perspective, la solitude de l'instant se dresse entre l'hier et le demain comme un acte sans paternité ni descendant; par opposition à une action inscrite dans une lignée prédéfinie.

Les projets mis de l'avant avec les PNR sont des instants de développement et de préservation à partir desquels le patrimoine culturel et naturel se met en valeur. Pour Bachelard, une action est toujours un déroulement continu qui place entre la décision et le but une durée toujours originale et réelle:

> « (...) *un acte est avant tout une décision instantanée, et c'est cette décision qui a toute la charge de l'originalité. Pour M. Roupnel, la vraie réalité du temps, c'est l'instant; la durée n'est qu'une construction, sans aucune réalité absolue. Le temps roupnelien se représente par une droite, toute entière en puissance, en possibilité, où soudain, comme un accident imprévisible, viendrait s'inscrire un point noir, symbole d'une opaque réalité* » (Bachelard, 1992: 25).

Dans le système temporel monochronique, l'hier et l'éternité n'ont de sens que par rapport à la durée objective de ces instants selon l'indication du calendrier.

L'instant de l'acteur-bricoleur n'est pas toujours aussi rigide que le suggère un temps monochronique exacerbé et autorise de ce fait la possibilité d'intégrer dans le présent des éléments du passé (des façons de faire et des valeurs) et du futur (des innovations et des nouveautés avant-gardistes).

Selon Laïdi (1999; 2000) le présent surdimensionné est un mode temporel autarcique et vicinal créé par l'accélération des obligations sociales exigibles dans l'instant. Pour lui, l'instant correspond à une succession d'urgences qui annihilent le temps prospectif et qui influence la nature du projet. L'acte prenant place dans l'instant urgent est enfermé dans le seul présent, exprimant subséquemment une perte de point de vue et la volonté de nier la portée de celle-ci. Ici, toutes les facettes de la vie quotidienne, que ce soit l'économie, la politique, la société et le transport conspirent pour créer de l'urgence, pour produire du présent à partir du présent.

Le présent surdimensionné est une forme de chronocentrisme exacerbé « *qui veut abolir le passé avant même qu'il ne prenne fin et qui veut rapatrier l'avenir avant même qu'il n'ait le temps de prendre forme* » (Z. Laïdi, 2000: 13). La volonté d'inventer de l'architecture contemporaine en montagne, comme c'est le cas avec le CAUE Isère, témoigne de ce chronocentrisme exacerbé.

Dans l'esprit de Laïdi, l'acteur-bricoleur fait face à un temps qui se contracte et qui l'oblige à décider rapidement, le contraint à exécuter une multitude de tâches pour atteindre une même fin, lui commande de développer des réseaux aux confins de la société avec lesquels il doit échanger sur le mode de l'instantané.

Cet instant-présent renie l'avenir puisque l'avenir n'a de sens que lorsqu'il est conjugué au présent. L'acteur-bricoleur se retrouve alors au cœur d'événements dont la valeur n'a égale que leur capacité de partir rapidement. Pour tout dire, le présent surdimensionné, c'est « l'acte pur » mallarméen, c'est-à-dire un acte total d'abord et une création signifiée et signifiante ensuite. L'instant-présent représente à l'extrême les situations où l'acteur agit dans un élan de spontanéité peu réfléchi.

Il y a un présent autarcique où les traces du passé sont réintégrées à la faveur du présent dans le cas de l'*habitus* par exemple ou de la patrimonialisation.

Dans un premier cas, nous avons vu, par le concept d'*habitus*, que l'héritage social se transmet d'un individu à l'autre et d'un groupe social à l'autre pour orienter des comportements et des façons de faire. Ce concept montre qu'en fait, le passé se perçoit dans le présent par une façon d'être (et de faire) similaire de génération en génération, et ce, le plus souvent, au sein d'un même groupe social.

Grâce à l'acte, l'acteur-bricoleur injecte dans la réalité sociale une partie de ses acquis sociaux pour se temporaliser à partir du passé à l'image du palimpseste.

Par ailleurs, le retour d'éléments du passé dans le présent comme des valeurs et des pratiques traditionnelles s'effectue par des mécanismes cognitifs conscients (la volonté délibérée de faire revivre des modes de vie traditionnels ou la revalorisation d'architectures anciennes).

La « patrimonialisation », telle que valorisée dans les Parcs naturels régionaux et ailleurs, constitue un exemple probant d'efforts délibérés de réintégrer, avec plus ou moins de succès, des traits du passé dans le présent (Bérard, et Marchenay 1998; Laurens, 1997). Cela consiste notamment en des efforts pour valoriser des savoir-faire ancestraux disparus ou en voie de disparition (l'ébénisterie dans certaines régions forestières) et la mise en valeur de l'architecture traditionnelle (les pignons lauzés en Vercors).

Cette conception, en plus d'alimenter la problématique d'aménagement, de gestion et de planification des moyennes montagnes périurbaines propose une relecture de l'espace: un espace pas tant différent sur les plans idéels et matériels, mais bien différent sur le plan des temporalités qui y sont à l'œuvre.

Par exemple, les « moments de vision » représentent ce futur conjugué au présent tant ils sortent des schèmes comportementaux attendus dans le système monochronique. Dans ces moments de vision et d'innovation, tout se passe comme si la réponse venait avant la question ou la formulation du problème tout en contribuant activement au bon fonctionnement du projet Ciborra (1999). Selon Heidegger (1982), certaines expériences instantanées (qu'il nomme *Augenblick*) témoignent de la rencontre entre le temps « objectif » et le temps « subjectif »; lesquels se réfèrent dans la littérature à deux temporalités distinctes difficilement compatibles (Kant, 1781; Bergson, 1959; Heidegger, 1972).

Les « moments de vision » seraient donc ces expériences où l'Être est pleinement conscient de lui-même et de ses possibilités vis-à-vis du monde au lieu d'être dispersé dans diverses situations de la vie quotidienne (Haar, 1996). Ces moments de vision proche de l'anticipation sont pour Sutter (1990), un phénomène par lequel l'Homme construit son avenir en le vivant déjà. Ces moments de vision sont vécus sous une forme provisoire que les individus ajustent progressivement aux circonstances rencontrées, en fonction du but qu'il s'est fixé. On peut, en effet, citer des domaines dans lesquels les PNR ont été précurseurs. La pratique du développement durable et de la décentralisation avant la popularité de ces termes témoignent ainsi d'une temporalité bien particulière aux PNR.

En anticipant les prochains événements, l'acteur-bricoleur contribue activement à créer un continuum entre chacun de ses faits et gestes surtout s'ils ne sont pas routiniers. L'anticipation, aidée en cela par l'intuition, consiste en une extrapolation au présent quant aux événements à venir.

Si le temps présent peut être surdimensionné avec l'accélération des moyens de communication, par exemple, alors il peut aussi être surdilaté pour mieux laisser à l'acte la chance de prendre toute sa splendeur et d'atteindre des résultats bénéfiques. Pour Gilbert (2002), « le futur est maintenant » dans le sens précis où les décisions sont souvent basées sur des prédictions faites *a priori* quant aux conséquences d'événements futurs. Pour lui, les individus prédisent en:
- imaginant des événements en l'absence d'information;
- en basant leurs prédictions sur des images mentales;
- en corrigeant ou en ajustant leurs prévisions pour mieux intégrer d'autres événements temporels avant de prendre la décision finale.

Ce présent qui paraît surdilaté implique une capacité de l'acteur-bricoleur à faire, par moment, des « bonds » sur la ligne du temps ce qui traduit un sentiment d'accélération positive des événements sans pour autant utiliser plus d'énergie et d'information.

Dans un système monochronique, l'acteur-bricoleur « *fabrique du continu* » (Goux, 1999) au présent, c'est-à-dire qu'à chaque fait et geste fragmentée (un acte succède inéluctablement à un autre) correspond une fabrication de temporalités plus longues évoluant en continu.

L'acteur-bricoleur n'évolue pas uniquement au sein du système monochronique comme le laisse entendre sa capacité à faire face à des difficultés urgentes, les moments durant lesquels le temps peut s'accélérer positivement. Il évolue aussi sur un temps multiple, polychronique, puisqu'il « *est apte à exécuter un grand nombre de tâches diversifiées* » (Lévi-Strauss, 1962: 31). En effet, contrairement à une conception stricte du temps monochronique suggérant un monde de tâches fragmentées et orientées dans un seul but, le temps polychronique, aussi fondamental pour l'acteur-bricoleur, insiste sur la possibilité de faire plusieurs choses à la fois, et ce dans plus d'un système d'action concret à la fois.

4.3.4.2 Art de la synchronisation de projets

Selon Hall (1983, 1990) le temps polychronique est l'antithèse du temps monochronique. Les acteurs des PNR sont souvent qualifiés « d'hommes à tout faire » (temps polychronique) ou d'autres pensent que les PNR sont devenues des machines administratives (temps monochronique).

Le temps polychronique est caractérisé par la simultanéité de différentes activités et par un intérêt plus vif pour les individus, qui précède tout programme préétabli. Le maire, au cœur des structures politico-administrative serait le réel porteur du temps polychronique. Le temps polychronique met met l'accent sur l'activité, la tâche[95] et surtout l'interaction. Il insiste moins sur le respect scrupuleux des programmes car, souvent c'est le résultat qui compte.

Le temps polychronique est moins tangible que le temps monochronique. Le système monochronique est un temps matérialiste prenant appui sur des engagements concrets et formalisés. Le temps polychronique quant à lui correspond plus à un nuage de points qu'à une droite du temps *t* de l'horloge. Par exemple, les relations personnelles prennent quelques fois le pas sur les relations d'affaires, ces dernières comportant d'ailleurs une charge affective moins connue dans la culture monochronique.

L'acteur-bricoleur, dans une conception polychronique, a moins recours aux programmes que lorsqu'il est dans une phase monochronique. Son affect et son intellect sont plus sollicités que dans des phases monochroniques dans l'ensemble plus mécanisées et routinisées.

Dans le système temporel polychronique, le temps penche vers le pôle de la subjectivité relative. L'acteur-bricoleur cherche des alliances, des « montages » et des « articulations » pour mieux atteindre son objectif. Le Parc serait donc devenu plus monochronique que polychronique si l'on en croit le qualificatif administratif qui lui est de plus en plus associé.

Le système polychronique cohabite avec le système monochronique chez l'acteur-bricoleur. Il est approprié de parler de phases polychroniques variables évoluant dans le temps *t* en fonction de multiples critères dont les difficultés rencontrées ou les ressources mobilisées.

La démarche de l'acteur-bricoleur est avant tout « *rétrospective* »

---

[95] La tâche comme l'acte prend place sur l'espace d'un instant, mais le contenu de l'instant polychronique diffère radicalement de l'instant monochronique. L'instant polychronique vise une fin définie en temps réel et comporte autant de facettes que d'engagements affectifs et psychologiques de l'acteur-bricoleur alors que l'instant monochronique vise une fin ciblée antérieurement et vers laquelle l'énergie converge.

avance Lévi-Strauss (1962: 32), il « *doit se retourner vers un ensemble déjà constitué, formé d'outils et de matériaux (...) avant de choisir entre elles, les réponses possibles que l'ensemble peut offrir au problème qu'il lui pose* ». Ainsi, l'opposition dialectique entre les systèmes monochroniques et polychroniques repose sur une troisième opposition de caractère cyclique cette fois, comme le suggère ce passage :

> « *Or, le propre (…) du bricolage sur le plan pratique, est d'élaborer des ensembles structurés, non pas directement avec d'autres ensembles structurés, mais en utilisant des résidus ou des débris d'événements: "odds and ends", dirait l'anglais, ou, en français, des bribes et des morceaux, témoins fossiles de l'histoire d'un individu ou d'une société* » (Lévi-Strauss, 1962: 36).

Le temps dominant de l'acteur-bricoleur intègre une troisième temporalité cyclique cette fois qui soulève la question de la fabrication d'événements au présent à partir de résidus ou de débris d'événement sociaux et historiques. Citons l'exemple de la pensée mythique:

> « *La pensée mythique édifie des ensembles structurés au moyen d'un ensemble structuré, qui est le langage; mais ce n'est pas au niveau de la structure qu'elle s'en empare: elle bâtit ses palais idéologiques avec les gravats d'un discours social ancien* » (Lévi-Strauss, 1962: 32, note infra 1).

Le temps cyclique est une troisième et dernière dimension du temps dominant de l'acteur-bricoleur. Il s'agit d'une conception selon laquelle « *Tout est cycle* » selon l'image du bricoleur qui, perpétuellement se retourne tel un rituel pour « dialoguer » avec ses matériaux et ses outils.

4.3.4.3 Le temps cyclique avec retour et rétrospection

Selon le paradigme structuraliste, les éléments composants le répertoire de l'acteur bricoleur sont précontraints et en nombres limités pour reconstruire « *à l'aide des mêmes matériaux* ».

Pour Lévi-Strauss (1962: 35), dans le bricolage mythologique, « *ce sont toujours d'anciennes fins qui sont appelées à jouer le rôle de moyens: les signifiés se changeant en signifiants, et inversement* ». Leurs fonctions et leurs éléments constitutifs peuvent resservir un jour selon les circonstances pour retourner dans un circuit actif.

Les travaux de Lévi-Strauss sur les « sciences premières » montrent que les gestes et les comportements des individus dans le temps n'ont pas été complètement identiques les uns aux autres, mais bien évolutifs à force d'expérimentations faites d'essais et d'erreurs. Ces expérimentations visent une fin positive (le progrès de l'agriculture, de la chasse et de la métallurgie) quoiqu'elles puissent parfois être vécues sur le moment de manière négative lorsque des échecs majeurs surviennent.

La répétition des expériences replace l'individu au centre de sa temporalité. C'est lui qui cherche des solutions, expérimente des alternatives et apprend. La vision positive de Lévi-Strauss s'est forgée à partir des exemples à succès comme le fait de « *transformer une herbe folle en plante cultivée, une bête sauvage en animal domestique ou de faire une poterie solide et étanche à partir d'une argile instable prompte à s'effriter, à se pulvériser ou à se fendre* ».

Pour autant, les acquis demeurent importants sur le plan des techniques de travail, des ressources acquises et des réalisations. La processus de révision des Chartes de Parc est un mal nécessaire qui implique un brassage d'idées et une recherche de légitimité.

À la fin du processus de révision de la Charte du Parc du Vercors en 1995, Telmon[96], la présidente du PNRV face à des critiques dont elle était la cible, visait un recentrage du Parc pour le maintenir en vie: « *surtout dans nos compétences naturelles (…) autour de l'environnement et de la nature*

---

[96] Mme Telmon est conseillère municipale à Bourg-de-Péage (Drôme) et présidente de la commission sport et tourisme au sein du conseil régional Rhône-Alpes. Elle fut élue a la présidence du Parc de 1994 (en remplacement de M. Puissat) à 1998 (succédée par Yves Pillet jusqu'à aujourd'hui).

(...) » (S.A., 1995). Au moment de la révision de sa charte (1995-1996), le PNRV failli éclater pour diverses raisons: gestion des fonds, conflit et actions critiquées. Par le fait même, le Parc a failli cesser ces activités. G. Sibaud, conseiller général de St-Jean-en-Royans, était parmi les détracteurs du Parc et affirma:

> « (...) *il y a incompatibilité totale entre ma conception de l'aménagement du territoire et celle du Parc. Je persiste et je signe: le Parc est devenu une énorme machine technocratique. Le Parc ne sert à rien. Il ne mérite plus son label. Il faut qu'il s'arrête et redémarre* » (S.A, 1996).

Les conséquences socio-politiques ont été importantes avec notamment Mme Telmon quittant la présidence et une montée en puissance de la politisation du Parc. Ici, la temporalité peut être vécue négativement au point où le projet s'éteint momentanément avant de renaître de ses cendres.

En définitive, les temporalités à l'œuvre chez l'acteur-bricoleur de l'aménagement, de la gestion et de la planification sont multiples bien que la dominante soit le temps *chronos* de l'horloge: l'échéancier et le renouvellement de la Charte. Cette temporalité est celle des projets de territoire l'échelonnant généralement sur 5 et 10 années.

Le fonctionnement des PNR (audit tous les dix années), tient compte des autres temporalités des partenaires dont en premier lieu les élections communales qui peuvent remettre en cause le projet Parc. Par l'intermédiaire de leurs objectifs de développement et de préservation du patrimoine culturel et naturel, cette temporalité de projet se brouille avec la valorisation de savoir-faire traditionnels, d'architectures historiques, de matériaux d'antan et aussi la réintroduction d'espèces animales et végétales disparues du territoire.

De ce fait, la temporalité de l'aménagement, de la gestion et de la planification se brouille avec l'insertion de ces objets dans le présent. Souvent, le problème est l'arrivée par exemple, de formes architecturales

« contemporaines » qui ne fait pas l'unanimité dans les territoires PNR où les acteurs tentent plutôt de maintenir un paysage patrimonial. Se croisent ainsi une variété de pratiques et de valeurs se rapportant à différentes temporalités.

4.4 L'acteur en projet et les projets du bricoleur

La logique de l'acteur-bricoleur comme celle des acteurs PNR s'organise autour de l'idée de projet, une notion incontournable en aménagement, en gestion et en planification.

Un bricoleur sans projet est inconcevable: l'un contribue à définir l'autre. Mais comment se définit un projet à la manière d'un acteur-bricoleur?

Il peut y avoir différentes échelles de projets, plus ou moins totalisantes de surcroît. Il peut s'agir de « projets de territoire » que sont les PNR et les Contrats de Développement Rhône-Alpes dont la vocation est de valoriser le développement autour d'espaces patrimoniaux (dans le premier cas) et de bassins de vie (dans le deuxième). Aussi, les projets peuvent être de différentes envergues selon les objectifs qu'ils visent et selon les outils mobilisés. Les projets s'emboîtent ainsi dans l'espace et dans le temps pour parfois se croiser et créer des conflits et des synergies selon leur vocation et le partage des compétences.

Plusieurs idées sont inhérentes au concept de projet dont deux seront abordées. La première de ces idées met l'accent sur le projet qui structure le geste et la pensée de l'acteur-bricoleur. Nous verrons comment se définissent ses projets et montrerons que leur nature trouve avant tout écho dans son ensemble instrumental (ou répertoire / boîte à outils). L'autre idée suggère l'ensemble instrumental se dévoile et détermine sa situation en la transcendant pour objectiver, par le travail, l'action ou le geste selon l'apport existentialiste de Sartre.

4.4.1 Projection d'actions à venir

Le projet marque une projection d'ambitions dans l'espace et le temps. Pour Lévi-Strauss, le projet est la résultante d'un calcul entre des moyens concrets précontraints et une finalité à venir.

Les projets de territoires « Parc » est la résultante de contraintes économiques, environnementales, politiques et sociales. Plus encore, les volontés locales sont elles-mêmes relativement contraintes en fonction de la nature des ressources idéelles et matérielles des acteurs locaux.

Selon Lévi-Strauss, le bricoleur et son projet vont de pair au point où ils font une seule et même entité. Il emploie le concept à maintes reprises :

> « *Le bricoleur est apte à exécuter un grand nombre de tâches diversifiées (…) il ne subordonne pas chacune d'elles à l'obtention de matières premières et d'outils conçus et procurés à la mesure de son projet (…) parce que la composition de l'ensemble n'est pas en rapport avec le projet du moment, ni d'ailleurs avec aucun projet en particulier (…) L'ensemble des moyens du bricoleur n'est donc pas définissable par un projet (ce qui supposerait d'ailleurs (…) l'existence d'autant d'ensembles instrumentaux que de genres de projets* » (Lévi-Strauss, 1962: 31).

Dans cette optique, ce qui primerait ce n'est pas le projet mais l'outil et le moyen. Ainsi, s'accumule les outils et matériaux sans projet réel come des PNR sans projet de maîtrise de l'urbanisation.

Dans ce passage, Lévi-Strauss insiste sur les traits structuraux propres à l'acteur-bricoleur qui l'orientent consciemment et inconsciemment dans la conception et la réalisation des projets. À cet effet, la définition de son projet dépend des moyens qu'il a en sa possession et de son objectif.

> « (…) *le bricoleur, mis en présence d'une tâche donnée il ne peut faire n'importe quoi; lui aussi devra commencer par inventorier un ensemble prédéterminé de connaissances théoriques et pratiques, de moyens techniques, qui*

restreignent les solutions possibles ».

Lévi-Strauss affirme en substance que la tâche s'impose d'elle-même au bricoleur comme si elle se faisait indépendamment de lui (il est « *mis* » en présence d'une tâche donnée et non il « *exécute* » une tâche donnée)[97].

Par ailleurs, son projet ne démarre pas d'un état zéro puisqu'il « *s'adresse à une collection de résidus d'ouvrages humains* ». Lévi-Strauss insiste de ce fait sur l'histoire matérielle propre à l'individu qui de surcroît influence les types de projet mis en place dans une perspective marxiste.

À la lumière des propos de Lévi-Strauss, la méthode de travail du bricoleur est structurellement imparfaite vu la nature forcément imparfaite des structures d'où elle provient. L'adéquation pure entre l'intention, les fins et les moyens est pour ainsi dire impossible compte tenu de la variété infinie des visées individuelles possibles et de la finitude des moyens structuraux. Il y aura toujours un décalage entre l'intention et le résultat à partir du moment où forcément l'intention pure rencontre des obstacles idéels et matériels à contourner comme les problèmes moraux et techniques. Lévi-Strauss précise (1962: 35):

> « (…) *la totalité des moyens disponibles* [doit] *aussi être implicitement inventoriée ou conçue, pour que puisse se définir un résultat qui sera toujours un compromis entre la structure de l'ensemble instrumental et celle du projet. Une fois réalisé, celui-ci sera donc inévitablement décalé par rapport à l'intention initiale (d'ailleurs, simple schème)* ».

Ces propos rappellent la finitude de l'ensemble instrumental et soulèvent la question de la nature véritable d'un projet. Dans quelle mesure le projet

---

[97] Lévi-Strauss, figure du paradigme structuraliste, est ici la cible d'une critique d'un paradigme opposé dit « constructiviste »: le comportement de l'individu n'est pas que dicté par des structures plus vastes (codes et normes). Il est aussi issu d'une appropriation, d'un déplacement et d'une transformation de ces structures alors que d'autres sont inventées dans les pratiques et les interactions de la vie quotidienne (Fosnot, 1996).

d'un acteur-bricoleur est-il véritablement le sien s'il le construit à partir d'ensembles structuraux prédéterminés qui s'imposent à lui?

Le projet se définit alors en fonction de son auteur et du contexte dans lequel il se situe. Un exemple de cela est l'arsenal législatif encadrant la gestion de l'espace par des collectivités locales selon l'idée sartrienne de « liberté limitée ». D'un côté, il restreint les projets à mener (est conçu comme une contrainte); mais de l'autre, il en favorise certains dans le respect de la loi (les collectivités locales peuvent s'appuyer sur cet arsenal pour les utiliser à sa façon).

Le projet devient le récit de vie de leur artisan:
> « (…) il "parle", non seulement avec les choses (…), mais aussi au moyen des choses: racontant, par les choix qu'il opère entre des possibles limités, le caractère et la vie de son auteur. Sans jamais remplir son projet, le bricoleur y met toujours quelque chose de soi » (Lévi-Strauss, 1962: 35).

Cette mise en scène de soi grâce à des projets, se traduit clairement dans la création de la Charte du PNRC où les acteurs clés s'engagent avec les partenaires énormément à la fois intellectuellement, moralement et physiquement : ce sont leur projet.

Lévi-Strauss aborde ainsi le projet comme une œuvre parlante « à propos de » d'une part et, parlante « sur », d'autre part. En étant une production matérielle inscrite dans l'espace et dans le temps, elle signifie quelque chose en soi, pour soi et pour l'autre. Le projet condense ainsi des structures globales à l'échelle individuelle, c'est-à-dire que l'acteur-bricoleur s'approprie une vision du monde, l'adapte à sa façon, pour ensuite passer à l'action.

4.5 Projet à échelle réduite

L'acteur-bricoleur produit des « modèles réduits » d'une réalité extérieure plus vaste comme cela est le cas avec les tentatives de reproduire de l'architecture traditionnelle de Chartreuse et du Vercors à partir d'une image la définissant. Selon l'avis de plusieurs, la transposition de l'image à la réalité produit souvent du « pastiche » et non une architecture originale consistant à revenir aux origines.

Le projet, vu par l'acteur-bricoleur, se situe au centre de quatre oppositions fondamentales:
- l'échelle locale et globale soulevant la question de la mise en perspective entre la création de modèles réduits à partir de modèles grandeur nature et inversement (le projet se définit en fonction d'un environnement plus vaste par rapport auquel son promoteur se positionne);
- les mondes matériel et idéel autour desquels s'organise la durée de vie des projets imaginés et réalisés (de l'évanescent à l'éternel);
- l'objet et le sujet, à savoir dans quelle mesure l'un influence l'autre dans la production tangible de modèles réduits;
- l'utopie et l'uchronie quant à la reproduction idéalisée de modèles potentiellement grandeur nature difficiles à localiser dans le temps et dans l'espace.

Ce modèle insiste sur une définition étroite du concept de projet comme étant davantage que celle couramment usitée: « *un but que l'on se propose d'atteindre* » (Larousse, 2002).

La définition du projet de l'acteur-bricoleur assimile la phase de conception mentale proche du concept de volonté (sujet) signifiant « avoir le projet de » et la phase de réalisation de l'objet désiré.

Le projet est, au sens étroit, une réalisation concrète à venir. « *S'il suffit,* comme écrit Sartre, *de concevoir pour réaliser, me voilà plongé dans un monde semblable à celui du rêve, où le possible ne se distingue plus aucunement du réel* ». De cette manière, l'utopie et l'uchronie s'opposent non seulement entre eux, mais aussi à l'objet et au sujet. Au sens étymologique, projet signifie « jeter en avant », résoudre un problème. Sociologiquement, le projet est lié à la résolution de problème, à l'accompagnement du changement ou à la volonté de changement, à un souci d'innovation.

Dans le champ de recherche sur les organisations et en sciences administratives, la « gestion de projet » désigne selon Cleland (1983) un effort complexe pour atteindre un objectif spécifique, devant respecter un échéancier et un budget, qui typiquement, franchit des frontières organisationnelles, est unique et en général non répétitif dans l'organisation.

Les projets se démarquent des opérations courantes de l'organisation, ils sont liés à l'innovation au sens le plus large du mot innovation. Il est possible de penser à un projet comme à un processus de fabrication qui fait apparaître un résultat final concret, un bien livrable, dans la réalité en vue de l'atteinte d'un objectif. Certains projets (parfois appelés projets durs – « *hard projects* ») ont un bien livrable tangible, un pont, une autoroute, un barrage hydroélectrique, alors que d'autres (parfois appelés projets mous – « *soft projects* ») ont un bien livrable nettement moins tangible: un nouveau système de gestion financière, un nouveau programme de formation professionnelle, une nouvelle politique ou un programme d'aide à la population itinérante d'un grand centre urbain.

Dans tous les cas, il s'agit toutefois d'une *entreprise* qui se démarque des activités courantes de l'organisation, d'un projet.

Il n'intervient pas en revanche dans les activités quotidiennes, traditionnelles et répétitives. Le sens courant ou sens commun du dictionnaire insiste sur la temporalité future du projet issu de projeter ou de *pourjet* (au XVe siècle) signifiant « se proposer de faire », avec adaptation du préfixe d'après le latin *pro* et de l'adverbe anciennement *por*, *puer*, en avant et du verbe jeter.

Le projet est une projection de ce qu'on envisage de faire (par définition dans le futur). Bien qu'il les compose en partie, le projet de l'acteur-bricoleur dépasse le texte (projet de loi), le plan, l'étude, le travail préparatoire (le pré-projet) concernant une réalisation future.

Sous un angle opérationnel, la culture technologique amène une valorisation du temps opératif et, avec lui, du concept de projet (Boutinet, 1986). Trois éléments entrent dans la définition opérationnelle du mot projet (le temps prospectif, l'espace géographique et la méthode). Selon cette définition, le projet vise l'adéquation de l'énergie et de l'information à tous instants des dimensions spatiales, techniques et temporelles. Il est une intention de réalisation d'une oeuvre, d'un travail, d'une action, intention suscitée par une motivation, animée par une implication continue, affirmée par une orientation de valeur.

Pour l'acteur-bricoleur, le projet est plus qu'une méthode d'organisation du réel dans le temps et dans l'espace. Son projet n'est pas qu'opérationnel: il est aussi un moyen par lequel il exerce un contrôle sur l'espace et le temps en orchestrant les matériaux selon une rythmique propre à sa perspective. Il s'agit pour lui d'agrandir le réel à partir de fragments structuraux ou d'extraire à sa façon des « modèles réduits » d'une réalité « grandeur nature » comme dans l'exemple de la mise en scène de la nature.

L'acteur-bricoleur réalise des modèles réduits « faits à la main » à partir non seulement d'une perception plus large de la réalité, grandeur nature, mais aussi à partir de fragments de cette réalité. Il réduit la réalité, se l'approprie et la met en projet. Le projet en tant que modèle réduit « *n'est donc pas une simple projection, un homologue passif de l'objet: il constitue une véritable expérience sur l'objet*, comme le précise Lévi-Strauss (1962: 38-39). *Or, dans la mesure où le modèle est artificiel* [tels une carte géographique et un schéma d'aménagement], *il devient possible de comprendre comment il est fait, et cette appréhension du mode de fabrication apporte une dimension supplémentaire à son être* ».

361

La mise en projet de modèles réduits (initialement sous forme de peinture, croquis ou dessin) prit son essor avec l'invention de la perspective au début du XVe siècle grâce à auquel il devint possible de projeter dans l'espace des propriétés dont les dimensions sensibles sont plus petites et moins nombreuses que celles de l'objet grandeur nature.

4.5.1 L'espace et le temps projetés

L'espace était, avant la « découverte » de la perspective au début du XVe siècle et son entrée dans les pratiques artistiques et techniques, représenté sous forme de tableau peint reproduisant en deux dimensions un modèle réduit. Avec l'invention et la diffusion de la perspective, l'espace et le temps ont pu être « projetés » entendu au sens de jetés vers l'avant.

« *La perspective*, écrit Laïdi (2000: 46), *invite puis conditionne l'homme à voir (...) une véritable fenêtre à partir de laquelle son regard plonge dans l'espace* ». Si Alberti en 1434 n'a pas réussi à reproduire dans ses tableaux l'espace géographique et les éléments qui les composent de manière intégrale, il est parvenu à en donner une dimension symbolique. Ce qui est représenté sous forme de peinture n'est pas le sol réel – la terre tangible – « *mais un espace abstrait ouvert à toutes les compositions de l'imagination* » (Z. Laïdi, 2000: 47). Le pas qui vient d'être franchi est remarquable. « *La perspective représente désormais un système de sens qui relie clairement la projection dans l'espace à la projection dans le temps* » (Laïdi, 2000: 47).

L'idée poursuivie grâce au projet (avec l'apport de Descartes) est d'organiser sur le plan méthodologique et technique les tâches pour concorder le présent avec une projection conforme à l'espace et au temps à venir. La planification à la française s'inscrit dans cette approche comme nous l'avons vu.

Descartes (1992: 34-36) a joué un rôle fondamental, à la suite de l'invention de la perspective, dans la définition du concept (et de l'image surtout) de construction projet. Il a pensé son œuvre sous le mode du projet architectural tout en contribuant à donner, à ce mot, le sens opérationnel « cartésien » tel que diffusé dans la littérature (Boutinet, 1990). Descartes se représente le projet de pensée comme une construction architecturale au centre duquel l'architecte joue un rôle décisif :

> « *Les bâtiments qu'un seul architecte a entrepris et achevés ont coutume d'être plus beaux que ceux que plusieurs ont tâché de raccommoder en faisant servir de vieilles murailles qui avaient été bâties à d'autres fins* » (Discours de la méthode, chap. 2-1).

Descartes montre que tout projet passe par un point de départ, par un projet initial et par une rupture avec le passé: « *Ainsi*, ajoute-t-il, *je réussirai à conduire ma vie beaucoup mieux que si je bâtissais sur de vieux fondements (...) Jamais mon dessein ne s'est étendu plus avant que de tâcher à réformer mes propres pensées, et de bâtir dans un fonds qui est tout à moi* » (Discours de la méthode, chap. 2-2 et 3).

Fondamentalement alors, il y aurait de vrais et de faux projets : le vrai projet est en rupture totale avec la théorie de l'acteur bricoleur qui construit forcément sur de vieux fondements. Le vrai projet consiste à remettre en question *a priori* la fin et les moyens pour justement éviter de bâtir sur de vieux fondements. La théorie de l'acteur-bricoleur met entre autres en avant-scène l'habitus, le structuralisme et l'acteur sociologique qui se définissent tous à partir d'acquis antérieurs. Le faux projet concoure ainsi à reproduire du connu et du conventionnel parce qu'il ne part pas de pensées réformées, comme le dit Descartes.

On doit en grande partie à Descartes la métaphore « constructiviste » où toutes formes d'action et de pensée participent à la construction voire à l'édification que se soit du savoir, du métier ou d'une carrière.

Le projet se voit ainsi à l'image d'une construction, à l'aide de plans, de matériaux, d'outils, de savoir-faire, d'apprentissages et de main-d'œuvre. De façon concomitante, à l'idée de projet se raccroche celle de finalité et, de surcroît, un enchaînement cumulatif de la connaissance. Or, cet enchaînement est forcément temporel (continu et linéaire).

4.5.2 Projet de concrétiser un idéal

L'acteur-bricoleur se définit par son travail dont l'objet est temporaire (dans l'attente du prochain). Il se distingue en ce sens de l'acteur tel qu'entendu en sociologie. Son projet a toujours des retombées palpables et il est, à cet effet, non seulement conception mais aussi réalisation.

> « *Le projet devient le dispositif symbolique dans lequel se formulent des attentes et s'élaborent les mises en œuvre susceptibles de les concrétiser (...) Il est donc mouvement, tendance et volonté. Il devient la représentation par excellence du dépassement du présent par l'aspiration du futur* » (Laïdi, 2000: 71).

Le dépassement du présent par l'aspiration du futur ne va pas de soi. Il part du principe que si la fin est connue, alors chacun des actes est une sublimation du futur: le présent n'a de sens que parce que la fin est connue.

Cependant, l'acte prend appui sur des acquis historiques, matériels et sociaux contrairement à l'effort de Descartes de construire sa pensée sur des fondements neufs. Le projet, tel qu'il est à travers sa limite et sa portée, inscrit l'acteur-bricoleur dans sa condition humaine. Il devient un moyen porteur d'espoir par lequel l'acteur-bricoleur est tenté d'échapper à sa condition; mais *a contrario*, le projet circonscrit, défini, inscrit et rappelle jusqu'à quel point sa condition de départ marque la nature du projet et ses retombées; c'est de cette manière que « *le bricoleur s'adresse à une collection de résidus d'ouvrages humains* ». Le vrai projet doit forcément être en rupture avec les conditions de départ qui l'a fait naître. En se sens, dans une société urbaine, le vrai projet consisterait à édifier un mode de vie qui limite l'impact de la métropolisation sur les espaces ruraux et naturels périphériques.

Merleau-Ponty (1990: 190) rappelle que la définition de l'homme, ce n'est pas tant la capacité de créer une seconde nature économique, sociale et culturelle au-delà de la nature biologique, c'est plutôt celle de dépasser les structures créées pour en créer d'autres. Il en va ainsi de la multiplication des projets de territoire.

Le projet n'est ni complètement neuf ni vieux. Les objets culturels qu'il crée ne sont créés que pour être soit niés, soit dépassés, alors que chez l'animal la création d'un objet – la transformation d'une branche d'arbre en bâton – s'arrêtera à l'usage fonctionnel de cet objet dans le seul présent alors que pour l'homme l'usage fonctionnel s'inscrit dans le passé, le présent et le futur. Dans ce sens Lévi-Strauss (1962: 35) écrit:

> « *ce sont d'anciennes fins qui sont appelées à jouer le rôle de moyens: les signifiés se changent en signifiants, et inversement.* (...). [Les créations du bricoleur] *se ramènent toujours à un arrangement nouveau d'éléments dont la nature n'est pas modifiée selon qu'ils figurent dans l'ensemble instrumental ou dans l'agencement final.* (...) *la totalité des moyens disponibles* [doit] *aussi être implicitement inventoriée ou conçue, pour que puisse se définir un résultat qui sera toujours un compromis entre la structure de l'ensemble instrumental et celle du projet* »[98].

Or, le projet se conçoit à partir d'acquis antérieurs historiquement et socialement prédéterminés bien que l'acteur-bricoleur puisse mettre sa pierre à l'ouvrage et en changer la nature pour en dépasser sa prédétermination.

---

[98] Lévi-Strauss explique ainsi les raisons du décalage entre l'intention initiale et le projet matérialisé: selon la démarche du bricoleur, il se pose la question « que puis-je faire avec mon ensemble de matériaux et d'outils? » ou bien « quel projet puis-je réaliser avec un tel ensemble? ». De cette façon, sa démarche est pratique comme nous l'avons vu. Il commence par faire l'inventaire de ces ressources à partir de ses besoins pratiques, et ensuite, il définit un projet en vue de satisfaire ses besoins tout en sachant qu'il essai d'exploiter ses ressources au maximum, voire de définir un projet dépassant la capacité de ses ressources.

Le bricoleur « fait avec les moyens du bord ». Ces moyens proviennent d'un environnement social historiquement marqué qui détermine les conditions d'existences de l'acteur-bricoleur et qui influence en retour les projets « à-venir ». Il progresse par « bonds » par « a-coups » justement comme le déplore les PNR lorsqu'il est question de financements récurrents. Cette influence laisse des traces sur le type de projet mis de l'avant (tant qualitativement que quantitativement), sur ses chances de réussite et sur sa durée de vie concrète et dans les esprits. Comme nous l'avons exposé précédemment, le répertoire de l'acteur-bricoleur est grandement influencé par le milieu social dans lequel et à partir duquel il s'est constitué dans l'Histoire.

Pour Sartre (1960: 76), les moyens préexistent à l'individu, ils lui sont antérieurs et l'aliènent en partie. Il considère ainsi le projet (sorte de vrai projet) comme un moyen de se défaire de l'aliénation. L'individu peut s'émanciper des structures qui lui préexistent précisément au moyen de projet. Selon lui, « *l'aliénation peut modifier les résultats de l'action, mais non sa réalité profonde* ». En se sens, l'aliénation de l'individu ne fonctionne pas selon les règles invariables de la physique dans l'espace et dans le temps. Elle fonctionne bien plus comme un carcan orientant relativement les comportements:

> « *Nous affirmons la spécificité de l'acte[99] humain qui traverse le milieu social tout en conservant les déterminations et qui transforme le monde sur la base de conditions données. Pour nous, l'homme se caractérise avant tout par le dépassement d'une situation, par ce qu'il parvient à faire de ce qu'on a fait de lui, même s'il ne se reconnaît jamais dans son objectivation* » (Sartre, 1960: 76).

---

[99] Sartre rappelle (note p. 81): « *Dans le monde de l'aliénation, l'agent historique ne se reconnaît jamais entièrement dans son acte (...) De quelque manière que ce soit, l'aliénation est à la base et au sommet; et l'agent n'entreprend jamais rien qui ne soit négation de l'aliénation et retombée dans un monde aliéné. Mais l'aliénation du résultat objectivé n'est pas la même que l'aliénation de départ. C'est le passage de l'un à l'autre qui définit la personne* ».

Le dépassement se retrouve « *à la racine de l'humain et d'abord dans le besoin* » et contribue à faire naître le projet. Le projet exprime pour Sartre la réponse à une rareté faisant naître le besoin.

Pour Sartre, la rareté n'est pas un simple manque: « *sous sa forme la plus nue, elle exprime une situation dans la société et renferme déjà un effort pour la dépasser; la conduite la plus rudimentaire doit se déterminer à la fois par rapport aux facteurs réels et présents qui la conditionnent et par rapport à un certain objet à venir qu'elle tente de faire naître* ». Pour lui, le temps est fondamentalement une dialectique entre le passé et l'avenir et le projet peut se définir comme une rupture de l'un par rapport à l'autre.

L'avenir n'est pas une simple reproduction du passé puisque l'individu créatif y met du sien. « *On doit comprendre, en effet, que ni les hommes ni leurs activités ne sont dans le temps, mais que le temps, comme caractère concret de l'Histoire, est fait par les hommes sur la base de leur temporalisation originelle* » (Sartre, 1960: 76 note 2). Selon Sartre, le projet se définit par rapport:

a) au donné dont la praxis (ou pratique sociale) est négativité. Il s'agit toujours de la négation d'une négation, c'est-à-dire le projet constitue un acte posé à cause qu'un individu refuse qu'il y ait un manque;

b) à l'objet visé, elle est positivité. Cette positivité débouche sur le « non-existant », sur ce qui n'a pas encore été, c'est-à-dire le projet crée forcément de la nouveauté.

L'amorce du projet est le manque ou le besoin pour Sartre. On peut ainsi identifier une typologie de manques sous-tendant la création de l'outil PNR: déclin économique, manque de ressources politiques, manque de vision collective et exode rural selon les cas de figure.

Or, la satisfaction des manques est concevable uniquement par le dépassement de l'existant à ses possibles comme le mentionnent réciproquement Lévi-Strauss et Sartre.

« *D'ailleurs,* rajoute Sartre (1960: 77), *dire d'un homme ce qu'il "est", c'est dire du même coup ce qu'il peut et réciproquement: les conditions matérielles de son existence circonscrivent le champ de ses possibilités (...) Ainsi, le champ des possibles est le but vers lequel l'agent dépasse sa situation objective. Et ce champ, à son tour, dépend étroitement de la réalité sociale et historique (...) Mais si réduit soit-il, le champ de possibles existe toujours et nous ne devons pas l'imaginer comme une zone d'indétermination, mais au contraire, comme une région fortement structurée, qui dépend de l'Histoire entière et qui enveloppe ses propres contradictions. C'est en dépassant la donnée vers le champ des possibles et en réalisant une possibilité entre toutes que l'individu s'objective et contribue à faire l'Histoire: son projet prend alors une réalité que l'agent ignore peut-être et qui, par les conflits qu'elle manifeste et qu'elle engendre, influence le cours des événements* ».

Les champs des possibles se définissent par des choix qui s'offrent de manière inégale d'un individu à l'autre selon leur caractère inné et leur condition acquise. Par le fait même, ils résultent en des actions singulières différenciées, en une définition de l'avenir par ce manque « et ce qui dévoile la réalité par cette présence même ».

L'acteur-bricoleur, mis dans des conditions d'adéquations parfaites entre ses besoins, les fins visées et les moyens à porté de mains, conçoit et réalise ses projets selon ses desseins. L'avenir est ouvert. Il possède les bons outils en tout instants et en tous lieux. En plus, il y a de fortes probabilités pour qu'il en soit ainsi dans le futur selon la conception bourdieusienne de la reproduction sociale. Sartre conclut:

« *tout homme se définit négativement par l'ensemble des possibles qui lui sont impossibles, c'est-à-dire par un avenir plus ou moins bouché (...). Ainsi, positivement et négativement, les possibles sociaux sont vécus comme déterminations schématiques de l'avenir individuel* » (Lévi-Sartre, 1960 : 79).

Considéré à la manière sartrienne, toutes constructions d'outils de projet de territoire (PNR et Contrats) est la conséquence de manquement: « Nous aurions aimé limiter l'urbanisation ici, mais il nous manque de légitimité », « l'idéal aurait été d'encourager tel type de productions agricoles mais il s'avère difficile de les vendre pour le moment ». La perspective devient ainsi « une motivation réelle de ses conduites » selon une dialectique entre l'Homme avec la Nature, avec les « conditions de départ » et dans les relations des hommes entre eux.

Le projet existentialiste sartrien repose sur trois observations que nous reprenons en substance pour terminer:
- l'acteur dépasse le « donné » à tout instant, par le simple fait de vivre. Il ne se réduit pas aux conditions matérielles de son existence;
- le projet traverse le champ des possibilités instrumentales;
- l'homme se définit par son projet.

Dans un premier temps, le projet existentialiste sartrien repose sur l'idée de dépasser une réalité matérielle ou plus précisément une réalité acquise qui « étouffe » et l'aliène, c'est-à-dire un ressentiment se présentant sous forme d'un besoin ou d'une crainte à soulager. Sartre parle, par exemple, des gestes appris (ou *habitus*) depuis l'enfance qu'un individu veut se départir et des rôles contradictoires qui le compriment et le déchirent.

Or, pour lui, le simple fait de vouloir dépasser les conditions « aliénantes / étouffantes » pour un individu implique nécessairement de les conserver et de transiger avec elles.

« En nous projetant vers notre possible pour échapper aux contradictions de notre existence, nous les dévoilons et elles se révèlent dans notre action même, bien que cette action soit

plus riche qu'elles et nous fasse accéder à un monde social où de nouvelles contradictions nous entraîneront à des conduites nouvelles » (Sartre, 1960: 82).

Cette première idée met en exergue les propos de Lévi-Strauss concernant la finitude du répertoire ou de l'ensemble instrumental du bricoleur. L'acteur-bricoleur peut s'émanciper jusqu'à un certain point au moyen des projets. Son univers demeure clôt à partir du moment où le projet se définit à partir de son univers idéel et matériel.

Ce dépassement n'est pas un mouvement instantané, c'est un long travail. Chaque moment de ce travail est à la fois dépassement et embûche dans la mesure où l'acteur-bricoleur surmonte temporairement des difficultés pratiques, techniques et conceptuelles jusqu'à ce que son projet prenne fin.

La deuxième composante du projet existentialiste sartrien est que « *le projet doit nécessairement traverser le champ* [social] *des possibilités instrumentales* ». En cela, les propos de Lévi-Strauss et de Sartre se rejoignent particulièrement sur l'idée d'une omniprésence d'instruments dans la vie des individus.

Le projet sartrien vise à dépasser les conditions matérielles dans lesquelles un groupe social vit et c'est là un fondement de l'action organisée. L'univers instrumental d'un acteur-bricoleur est non seulement clôt, mais aussi profondément lié à l'histoire de l'individu. Il ne vise toutefois pas tant la mise en place de projets idéologiques que l'action individuelle face à des problèmes pratiques. Dans la perspective existentialiste sartrienne, l'individu agit et pense dans un « enfer pratico inerte » fait d'instruments (matériels) dont les composantes libèrent et emprisonnent l'individu tout à la fois.

L'acteur-bricoleur déploie toutes les ressources de son génie pour faire face à ces besoins et pour tenter de les dépasser.

« *...l'action politique et sociale résulte, la plupart du temps, de contradictions profondes entre les besoins, les mobiles de l'acte, le projet immédiat d'une part – et d'autre part les appareils collectifs du champ social, c'est-à-dire les instruments de la praxis* » (Sartre, 1960: 93).

En ce sens, l'action de l'homme est une « *praxis* volée ». Toute passive et inerte qu'elle soit, la matière n'obéit pas docilement à l'homme, ne répercute pas fidèlement ses desseins (évanescent pour ainsi dire): elle peut retourner contre lui les actes qu'il accomplit, en les affectant de conséquences négatives. Elle agit avec malignité, même si elle n'a ni intention ni conscience.

L'homme se définit par son projet dans la mesure où il y met toujours du sien en cours de réalisation pour devenir un objet hybride. Ainsi d'un point de vue sartrien, c'est l'œuvre ou l'acte de l'individu qui révèle le secret de son conditionnement.

Méthodologiquement parlant, l'artéfact de création informe autant sur la personne qu'une biographie. Sous cet angle, Sartre (1960: 115) affirme: « *Le sens d'une conduite et sa valeur ne peuvent se saisir qu'en perspective par le mouvement qui réalise les possibles en dévoilant le donné* ». Le projet vise une amélioration des conditions de son promoteur, mais est aussi évanescent puisqu'il peut entraîner des régressions. Pour Sartre, tous les objets qui entourent l'individu sont des signes qui « *indiquent par eux-mêmes leur mode d'emploi et masquent à peine le projet réel de ceux qui les ont faits tels pour nous et qui s'adressent à nous à travers eux; mais leur ordonnance particulière en telle ou telle circonstance nous retrace une action singulière, un projet, un évènements* » (Sartre, 1960: 117). L'esprit produit des représentations différentes d'un même objet selon son contexte d'utilisation et selon les cultures.

Elle prête aux objets des significations particulières: « *des objets se proposent à moi comme moyens – un passage clouté, un abri, etc. D'autres,* qu'on saisit surtout – mais pas toujours – à travers les conduites visibles et actuelles des hommes réels, sont tout simplement des fins ». La fin justifie davantage que les moyens. Elle justifie l'existence réelle de l'Homme en rapport avec son environnement.

Le projet de Sartre se place en porte-à-faux avec l'idée de projet opérationnel construit selon une durée de vie limitée: l'homme existe parce qu'il vit (et doit vivre) en projet même si son projet n'a pas de fin apparente: c'est le projet de tous les projets.

> « (…) *les fins de l'activité humaine ne sont pas des entités mystérieuses et surajoutées à l'acte lui-même: elles représentent simplement le dépassement et le maintien du " donné " dans un acte qui va du présent vers l'avenir (…) La fin se transforme, passe de l'abstrait au concret, du global au détaillé; elle est, à chaque moment, l'unité actuelle de l'opération, ou, si l'on préfère, l'unification en acte des moyens: toujours de l'autre côté du présent, elle n'est au fond que le présent lui-même vu de son autre côté. Pourtant, elle contient, dans ses structures, des relations avec un avenir éloigné* (…) » (Sartre, 1960: 119-120).

Le désir de changement et la production d'un avenir plus humain sont bien pour Sartre des projets de l'homme, mais des projets que rend possible, voire nécessaire, un fait extérieur et contingenté par la dureté et la rareté matérielle.

Que ce soit un projet à l'échelle individuelle d'envergue modeste ou un autre plus vaste et aux multiples facettes comme le projet de territoire de type Parc, le projet est une initiative volontaire amorcée après la négation d'une situation et la volonté d'une projection dans le futur. Plusieurs cas de figure peuvent se présenter selon les rapports d'équilibre entre la fin visée et les moyens à portée de mains ainsi que la compatibilité des projets individuels et collectifs entre eux.

Des projets individuels peuvent ainsi s'insérer dans des projets collectifs pour en orienter le cours d'une démarche. Cette question se pose notamment lorsqu'un nouveau conseil municipal arrive au pouvoir alors que la Charte du Parc a été influencée par l'équipe précédente. Les projets de la nouvelle équipe municipale ne convergent pas toujours avec les orientations de la Charte. À cet effet, le lotissement contesté à Quaix est illustratif puisque l'équipe municipale qui a entériné ce projet s'est fait battre en 2000. L'autre équipe doit vivre avec cette « tache » urbaine et en subir les conséquences en matière d'infrastructures locales et d'images de la commune aux portes du PNRC.

Le postulat du départ place le bricoleur de Lévi-Strauss au cœur des processus d'aménagement, de gestion et de planification. Dans la présente situation, le bricoleur œuvre dans un contexte très contraignant, celui de la moyenne montagne périurbaine sous pressions touristique et urbaine. Il y a changement de perspective conceptuelle parce que, contrairement à l'acteur sociologique, le bricoleur n'est pas sur une scène économique, géographique, sociale ou politique. Il est un acteur entendu au sens anthropoligique.

Le bricoleur straussien crée sa propre scène, ses propres costumes, ses propres outils, ses propres discours et même ses propres rôles. Tout pour lui est moyen. La monturbanisation apparaît ainsi comme le résidu (ou l'effet secondaire) d'une volonté de réaliser ce qui apparaît être son dessein final: faire du développement économique et social et de la préservation du patrimoine culturel et naturel. Cependant, les images du but à atteindre paraissent bien éphémères face à la dureté du réel. Le bricoleur straussien doit transiger avec d'autres acteurs qui ont des objectifs de développement plus quantitatifs. D'autres acteurs encore interviennent directement sur le foncier pour construire des maisons, et ce, sans passer par lui.

Des acteurs le soumettent à leur volonté, c'est-à-dire de s'occuper uniquement des lieux et des thèmes consensuels comme l'éducation et la sensibilisation environnementale.

La métaphore du bricolage, d'un point de vue théorique permet d'abord d'opposer les temporalités longues (des savoir-faire traditionnels, par exemple) aux temporalités courtes des actions et des décisions ponctuelles (l'achat et la vente de maisons, par exemple). Ensuite, la métaphore du bricoleur met en évidences les mécanismes selon lesquels les anciennes fins sont appelées à jouer le rôle de moyens sous forme de recyclage des idées et des outils. L'acteur-bricoleur peut chérir le projet de construire une scène (matérialisée par un Parc) et sur laquelle il joue un rôle de développeur et de protecteur du patrimoine historique.

CONCLUSION

Cet ouvrage soumet l'hypothèse à l'effet que l'aménagement, la gestion et la planification de l'espace se font par des acteurs dont le mandat consiste à atteindre des objectifs de développement et de préservation. Cette hypothèse s'inscrit dans le contexte des PNR montagnards et périurbains du Vercors et de Chartreuse soumis à des pressions urbaine et touristique des agglomérations voisines dont Grenoble. À l'image du bricoleur concentré sur son projet (de territoire), il met en valeur les outils à sa disposition dans l'espoir de réaliser son dessein.

Or, un phénomène majeur de plus en plus présent dans les massifs du Vercors et de Chartreuse est l'étalement urbain de Grenoble qui s'accompagne d'un ensemble des services et produits destinés à une clientèle touristique et urbaine. Force est de constater que les outils d'aménagement et les projets de territoire ne font pas le poids face à l'omniprésence du fait urbain. Ce fait urbain est l'oeuvre d'aucun plan en particulier, mais est le résultat voire un sous-produit d'un bricolage collectif dont l'acteur principal se situe au moins à l'échelle métropolitaine.

Le corollaire de cette hypothèse consiste à soumettre un cadre explicatif selon lequel les objets de la gestion (forêts, habitats naturels, parcelles agricoles...) et les acteurs de la gestion évoluent dans des projets au consensus fragiles. Les premiers pointés du doigt sont les outils d'aménagement et de développement qui sont forcément toujours mal adaptés.

La problématique dans laquelle s'insère cette hypothèse provient du terrain, à savoir les massifs montagneux de Chartreuse et du Vercors confronté à des pressions touristique et urbaine menaçant leurs patrimoines culturels et naturels. Cette problématique implique des enjeux locaux importants en commençant par des atteintes au paysage rural (p. ex. l'arrivée de lotissements), des contraintes supplémentaires sur l'environnement dont la pollution de l'eau et la disparition de pratiques ancestrales (p. ex. exploitation des alpages).

La nature des pressions touristique et urbaine est multiple et souvent impalpable ce qui les rend difficilement maîtrisables dans leur ensemble. Pensons, par exemple, aux modes qui transforment l'architectural, aux pressions foncières qui font monter les prix des parcelles agricoles et à l'affluence touristique sporadique laissant derrière elle une quantité de déchets. À force de pressions soutenues, les qualités premières de ces massifs sont perpétuellement remises en cause: une tranquillité difficile à trouver même à un sommet de haute altitude parce qu'il s'agit d'une destination convoitée; une agriculture en déclin entraînant en retour une fermeture indésirable du paysage et une banalisation générale des formes architecturales.

Cette problématique générale en appelle une plus spécifique questionnant le rôle des acteurs des PNR de Chartreuse et du Vercors dans l'aménagement, la gestion et la planification de leur territoire. Comment s'y prennent-ils face à la nécessité de la maîtrise foncière afin de tourner à leur avantage les pressions touristique et urbaine? En guise de réponse, comment définissent-ils des stratégies d'action commune? Est-ce que l'ambition de concilier les objectifs du développement économique et social ainsi que de la protection du patrimoine culturel et naturel est avant tout une technique de marketing territorial, une compagne de publicité ou un réel projet collectif? Comment interviennent-ils face aux attentes de leurs partenaires privilégiés à savoir les communes? Quelles formes spatiales ou monturbanisation produisent-ils?

Cette problématique est spécifiquement tournée vers les PNR entendu dans un sens technostructurel. Ainsi, l'outil PNR a une fonction bien précise délimitant sa portée et ses limites. Leur philosophie basée sur l'éducation et la sensibilisation du public et des élus est mise à l'épreuve par les pressions touristique et urbaine. Bien que leur Charte serve officiellement de référence à tous les documents d'urbanisme qui touche son territoire, la traduction des orientations d'aménagement qu'elle contient en gestes concrets sur le terrain est sans cesse remise en question. Il s'agit en fait davantage de vœux d'aménagement que de plan d'aménagement parce que les Chartres des PNRC et PNRV contiennent principalement de larges orientations faisant consensus des les massifs.

Le développement économique et social ainsi que la protection du patrimoine culturel, naturel et paysager est le plus important de ces consensus largement partagés. Sur les moyens de s'y prendre, par contre, afin de favoriser à la fois le développement et la protection, les avis sont beaucoup plus partagés. Pour les uns, il vaut mieux avant tout faire du développement à partir de la protection, pour les autres, *a contrario*, le plus important est de faire de la protection à partir du développement. Pour d'autres encore, l'important est de garder les compétences à l'échelle communale.

Cet ouvrage est le fruit d'une méthodologie à la fois basée sur l'analyse de discours d'acteurs, la recherche d'archives et sur l'analyse cartographiques, iconographiques et statistiques. Chacun des ces matériaux visait des objectifs précis: rendre compte et expliciter les inquiétudes et les points de vue des acteurs notamment en matière d'agricultures et de tourisme. Il s'agissait, par exemple, à la fois de dresser un « portrait » de la situation afin de mieux étayer les propos des acteurs. La perte d'espaces agricoles a été mesurée ce qui a permis d'ajouter une perspective aux échanges portant sur les concurrences entre le monde agricole et l'urbanisation. Il s'agissait de mieux expliquer leur point de vue à l'aide de statistiques et de cartographie. Ce fut aussi le cas, lorsque les acteurs PNRC mentionnaient, à plusieurs reprises, l'impossibilité de penser le massif de Chartreuse en tant qu'entité géographique, politique et territoriale du fait de son écartèlement entre aires urbaines.

Le parti pris méthodologique visait à illustrer les propos des acteurs pour leur donner plus de perspective et de contenu. Pour ce faire, les analyses statistiques bien que partielles ont témoignées de dynamiques foncières profondes. La base SITADEL de la Direction générale de l'équipement Rhône-Alpes donne des informations précieuses sur l'évolution de la construction résidentielle à l'échelle communale. L'analyse d'une demi-douzaine de communes plus en profondeur permet amplement de rendre compte des dynamiques inhérentes aux pressions touristique et urbaine.

Une autre façon de rendre compte des points de vue des acteurs (concurrences spatiales, dégradations paysagères et mutations spatiales en particulier) consiste en l'analyse de photographies aériennes, de photographies et de documents iconographiques. Cet ensemble de matériaux visait surtout à donner une texture aux propos des acteurs et à rendre compte en définitive de la monturbanisation. Ici encore, l'exhaustivité n'était pas un but (bien qu'intéressant) pour des questions de contraintes financières, matérielles et de temps, mais surtout par les aires d'étude choisies (Val de Lans et l'axe Clémencière - St-Égrève en passant par Quaix) permettent de rendre compte très finement d'un processus de monturbanisation plus global. Cette analyse rend non seulement compte d'un phénomène mais vient problématiser concrètement les intuitions des acteurs locaux entendus lors d'ateliers, de conférences et d'entretiens semi-directifs.

L'analyse du discours alimentée par une analyse de la monturbanisation mène à un niveau d'explication jugé « satisfaisant » avec un emboîtement des échelles d'interventions: de la microéchelle (l'affaire des gorges du Guiers Mort) à l'échelle régionale avec les interventions des Contrats de développement dans les PNRC et PNRV en passant par l'échelle communale (la politique foncière des maires), le tout renforcé par des pratiques de loisirs se faisant directement sur le terrain sans passer par l'institutionnel.

Plus fondamentalement, tout au long des travaux, les acteurs des PNRC et PNRV ont généreusement offert à la fois les questionnements, les pistes de réponses et la théorie interprétative au prix d'un effort d'organisation.

Un certain nombres de défis du terrain sont dorénavant mis au jour, mais ne sont pas pour autant solutionnés (p. ex. la question « comment le développement d'une architecture traditionnelle est-il possible? » mérite davantage d'investigation).

Les défis du terrain sont mesurés précisément (comme la concurrence agriculture et urbanisation et l'allongement des réseaux d'accès). L'ouvrage retrace les acteurs des projets de territoire et relate leur inquiétude, leur questionnement et leur raisonnement (l'affaire de gorges du Guiers Mort et de la construction de l'outil SCOT Chartreuse complémentaire par exemple).

Certains aident l'agriculture, d'autres sensibilisent les élus, d'autres encore proposent des alternatives aux aménagements lourds d'une microcentrale hydroélectrique et d'autres enfin optent pour construire un outil SCOT complémentaire pour mieux défendre politiquement la moyenne montagne. Pendant ce temps, la déferlante urbaine en moyenne montagne n'est qu'en partie filtrée par les acteurs PNR En conséquence, la monturbanisation émerge.

Dès le début de l'ouvrage les jalons d'un développement théorique se profilent. Le bricoleur straussien et les acteurs PNR se ressemblent. Les deux partent de problèmes concrets (pressions touristique et urbaine), les deux finissent toujours par atteindre les limites de leurs outils (PLU, PNR et SCOT), les deux ont des desseins aux contours mouvants (faire du développement et de la préservation), les deux se mettent en scène dans des projets (de territoire). La métaphore du bricoleur straussien mériterait de plus amples investigations. Contrairement au concept d'acteur, le concept d'acteur-bricoleur insiste sur la création et nous permet de dire que le projet de faire du développement et de la préservation n'est pas une fin en soi tel qu'il apparaît de prime abord. Le champ explicatif emprunté (jeux d'acteurs au sein de techno-structures) est considéré avec l'apport du bricoleur de Lévy-Strauss. Le dessein de faire du développement et de la préservation peut être une fin purement esthétique visant la valorisation d'un patrimoine.

La réintroduction du vautour s'interprète ainsi comme un produit touristique alimentant la demande urbaine. Ce dessein prend l'apparence d'une scène socialement construite sur laquelle l'acteur-bricoleur mène plusieurs autres projets de front parce que les projets foisonnent dans le Vercors et la Chartreuse. Et tous les desseins finissent par jouer le rôle de moyen ou du moins les projets alimentent un demande touristique et urbaine dont les conséquences ne sont pas toujours heureuses.

Dans la moyenne montagne périurbaine, le monde rural affronte le monde urbain dans une logique du « vide attire le plein ». Cependant, après y avoir regardé de plus près les logiques décisionnelles et les transformations paysagères, il apparaît que derrière la double opposition classique de campagne / ville, de montagne / vallée et même de nature / ville, les imbrications sont telles que la pertinence de ces catégories d'analyses est encore à démontrer. Il s'avère délicat en seconde analyse d'employer ces dualités sans masquer une réalité plus subtile où par exemple la montagne existe parce qu'elle est tangible avec ses pentes et ses effets altitudinaux mais elle est aussi inexistante à certains égards parce que les pratiques et les modes d'habités sont identiques à ceux de la ville.

De ce fait, les PNR de Chartreuse et du Vercors sont les outils « qui n'ont pas à tout faire » sur les plans économique, géographique, politique, sociologique et territorial, c'est-à-dire qu'ils m'interviennent que sur des portions de sujets qui pourtant les concernent. Ceci représente à la fois leurs plus grandes lacunes et leurs plus grandes chances diront certains parce la loi ne les enferme pas dans des aspects précis d'un domaine d'action particulier. Certes, sous l'influence conjuguée d'une culture bureaucratique et des imbrications de lois concernant les collectivités territoriales, l'aménagement du territoire et l'environnement, les PNR de Chartreuse et du Vercors tendent à devenir des organisations territoriales trop peu réactives selon plusieurs.

Ainsi, au moins deux temporalités d'actions sont à l'oeuvre: d'une part, la capacité des PNR d'identifier rapidement les bons problèmes liés, par exemple aux pressions d'urbaine et touristique, en incluant le montage des moyens pour les résoudre et de les appliquer; et d'autre part, les processus de transformations spatiales qui elles semblent bénéficier de fortes prises sur le terrain en négociant directement avec les conseils municipaux ou en ne passant pas par l'institutionnel.

Par ailleurs, dans le cas où toutes les forces d'urbanisation et toutes les pressions touristiques seraient soumises à l'action de l'outil PNR, les rythmes des élections municipales ne concordant que très peu souvent avec le renouvellement de la Charte rien, ne suppose qu'une nouvelle équipe municipale va appuyer des projets définis par le Parc et l'ancienne équipe. Même si les temporalités concordaient avec, par exemple, la révision de la Charte à un rythme de deux élections municipales, comment éviter que la Charte ne devienne justement un enjeu électoral sans appropriation de la culture Parc?

Dans sa version initiale, 17 communes n'ont pas adhéré à la Charte du PNRC prétextant qu'elles voulaient éviter de payer pour cette structure qualifiée par certains maires de « boulet trop contraignant ». Le Ministère de l'Environnement, conscient qu'il a accordé le label au Parc en 1995 soit peu de temps avant les élections, a bien voulu accepter quelques mois plus tard 6 communes ayant revu leur position à cause de l'arrivée au pouvoir de nouvelles équipes municipales. Le Parc est donc un outil à « géométrie variable » selon l'utilisation qu'en font les élus.

La métaphore du bricoleur aide à comprendre la façon dont les acteurs font et pensent l'aménagement, la gestion et la planification. Cette notion n'en demeure pas moins d'un usage scientifique peu conventionnel qui a le mérite de qualifier précisément le *comment*, le *quoi*, le *qui* et le *pourquoi* avant même qu'elle ne soit définie parce qu'elle est largement diffusée dans le discours et dans la pratique tant populaire que scientifique. La métaphore du bricolage a une force évocatrice puissante afin de mieux expliquer les rapports entre les univers matériel et idéel des individus. Elle permet d'insister sur une conception holistique de l'individu qui se voit considéré dans sa totalité spatiale et temporelle et non plus comme un acteur agissant seulement dans le cadre d'une tâche professionnelle par exemple.

L'acteur-bricoleur agit, pense et vit selon des temporalités multiples allant du geste ponctuel incertain parce qu'une tâche nouvelle l'exige à des gestes fortement intégrés ressemblant à des mouvements mécaniques. Ainsi, chacun des gestes ponctuels porte en lui un pouvoir de remise en cause momentané du projet, mais il peut être aussi stabilisateur de sa réalisation lorsqu'il est fortement intégré mentalement.

En zones périurbaines, où les changements économiques, politiques et sociaux sont rapides, les conseils municipaux et les différents syndicats mixtes sont confrontés à de multiples demandes liées à l'espace tant pour la satisfaction de besoins des agriculteurs, des touristes, des citadins que ceux des banlieusards. La nature de ces demandes change rapidement entre des élections parce que la structure sociale et les utilisations du sol se modifient.

La métaphore du bricolage se veut donc une approche pragmatique et réaliste de la capacité des acteurs à visualiser une quantité limitée de faits, à hiérarchiser ces faits les uns par rapport aux autres selon des sensibilités du moment et à produire une réaction que l'acteur pense être prioritaire. L'acteur-bricoleur se « conscientise » lui-même à force d'essais et d'erreurs quant à l'importance d'une adéquation entre la fin visée et les moyens disponibles « à portée de mains ». Ainsi, le projet de l'acteur-bricoleur se définit selon une dialectique matérialiste entre la fin et les moyens.

L'ensemble projet / fin / moyen représente en quelque sorte le trésor idéel et matériel de l'acteur-bricoleur qui se compose d'idées, de ressources humaines et de matériaux. Il s'agit d'un trésor qui marque des frontières territoriales à la fois dans son rapport aux autres par échanges et par dons et contre dons et aussi par rapport à l'espace puisqu'un bricoleur marque son environnement par le biais des œuvres qu'il fabrique. Reste donc à élucider s'il fabrique pour le plaisir de fabriquer, s'il fabrique afin de se mettre en scène publiquement ou s'il fabrique afin de marquer un territoire? Par exemple, la création du PNRC n'est-elle pas initialement à l'origine la volonté d'une personne qui s'est ensuite concrétisée sur un espace donné? Aujourd'hui ce territoire négocie à ce titre avec d'autres territoires. L'acteur-bricoleur qui poursuit des objectifs de développement et de préservation à travers ses projets ne fait-il pas fausse route en voulant valoriser la chèvre et épargner le chou?

L'idée de la valorisation du développement et de la préservation offre un motif suffisamment grand aux acteurs pour sortir de l'ombre avec en bouche un discours séducteur à connotation « développement durable » largement accepté. Qui va juger du niveau d'excellence d'intégration du développement et de la préservation? Selon quels critères baser le jugement?

À l'échelon communal la réponse de l'électorat sert souvent de baromètre afin d'entériner ou non des actions d'aménagement. Or, la vitesse des changements socioéconomiques des communes rurales sous pressions touristique et urbaine implique des mutations profondes dans les styles de gestion municipale surtout lorsque les agriculteurs ne sont plus majoritaires dans les conseils municipaux. Qui décidera si l'architecture contemporaine à sa place en montagne par rapport à l'architecture traditionnelle? Pourtant vers l'architecture contemporaine peuvent converger des projets exemplaires de développement et de préservation même s'ils ne font pas l'unanimité sur le fond.

L'objectif ultime de l'outil PNR reste celui de valoriser le patrimoine culturel et naturel, mais aussi d'« expérimenter » tant des formes nouvelles d'architectures que des modes originaux de commercialisation des produits locaux. Mais enfin, jusqu'à quel point l'expérimentation peut-elle être compatible avec le développement et la protection? Et comment les découvertes de cette expérimentation peuvent-elles devenir la norme?

L'éducation des jeunes et la sensibilisation des élus concernant les conséquences de l'afflux touristique et des pressions urbaines constitue peut-être la voie la plus porteuse afin de maintenir en vie l'âme des massifs de Chartreuse et du Vercors.

Les PNR insuffleraient des valeurs du développement durable dans les comportements des touristes jusqu'aux conseils municipaux et ce dès le plus jeune âge. Les plus optimistes considèrent ces actions comme étant potentiellement rayonnantes à conditions d'expliquer de manière convaincante les tenants et les aboutissants des enjeux de développement social et économique et de la préservation du patrimoine culturel et naturel. Les plus pessimistes s'en remettent à l'œuvre du temps qui transporte sa culture de standardisation des pratiques commerciales et sociales et des modes d'habiter l'espace. Il ne semble pas y avoir d'alternative entre le « penser globalement et agir localement » et la déferlante de l'homogénéisation culturelle.

Les actions des PNR sont renforcées par la présence de leur Fédération qui, à l'échelle nationale, diffuse des messages de développement durable, de sensibilisation et d'éducation auprès d'un public plus large. De deux choses l'une: ou bien la Fédération injecte efficacement des valeurs de développement durable à un point tel qu'elle renverse la marche « anti-patrimoniale » du temps; ou bien elle ne fait que repousser à plus tard la faillite des PNR de « doter les métropoles d'aires de détentes pour les citadin ». Ce n'est donc pas le patrimoine culturel et naturel de chacun des PNR qui est en jeu; mais peut-être bien plus le patrimoine culturel et naturel de tous les pays soucieux de maintenir en vie des espaces qualifiés d'exceptionnels face à des forces de changement qui menacent les équilibres.

Les discours des acteurs rencontrés abondent dans le sens d'une conscientisation quant à l'importance de développer et de préserver le patrimoine culturel et naturel. La conscientisation à ce sujet semble déjà admise par tous. L'étape à franchir maintenant est celle de la mise en pratique du discours, et là paradoxalement tous notent des dérapages, des glissements et des torsions comme s'ils ne maîtrisaient bien malgré eux qu'une portion des processus plus globaux. Dont la métropolisation et les cycles écénomiques. L'outil PNR serait donc un « garde-fou » passif, jouant son rôle dans les cas extrêmes lors d'interventions importantes sur le territoire, mais qui laisse filer les mutations du quotidien; un outil qui s'intéresse aux hauts-lieux mais qui par ailleurs n'aborde pas la nature ordinaire. Il s'agirait d'un « garde-fou » accompagnant les tendances lourdes d'évolutions économiques, politiques, sociales et spatiales, mais en y ajoutant un « plus » façon Parc. Il ne s'agit pas de réduire les pressions urbaines et touristiques, c'est-à-dire d'agir à la source sur le plan quantitatif. *A contrario* il s'agit de proposer de comportements et des tours de mains qui viennent s'ajouter à l'existant.

La question du type de production paysagère tant culturelle que naturelle à laquelle on assiste en moyenne montagne périurbaine reste posée. Ce mélange de rôles et d'usages de la montagne allant de l'exploitation forestière, de la réserve hydrique en passant par la récréation, l'habitat et la production agricole, sans oublier le rôle d'attrait touristique questionne encore au terme d'une analyse cartographique, iconographique et discursive. Est-ce un phénomène passager et transitoire ou bien à l'opposé est-ce le début d'une série de longues observations qui, un jour, deviendront classiques? Faut-il s'inquiéter de l'équilibre qui semble se perdre au profit d'une urbanisation croissante?

Les questions d'aménagement, de gestion et de planification qui se posent dans les massifs de Chartreuse et du Vercors et les façons d'y répondre paraissent en somme être des tendances lourdes de la métropolisation quant aux valeurs urbaines que véhicule la société occidentale avec la glorification des individus, de la culture des loisirs et de la stratification sociale. La montagne n'est pas à la portée de tous notamment pour des raisons d'accès variable au transport individuel, des revenus personnels et des désirs de se retrouver (seul) en montagne que seule une élite peut se permettre.

Bibliographie

Abdelmalki, L. et Courlet, C. (1996) *Les nouvelles logiques du développement*, L'Harmattan, Paris, France, 415 p.

Accardo, A. et Corcuff, P. (1986) La sociologie de P. Bourdieu: textes choisis et commentés, Ed. Le Mascaret, Paris, 247.

A.C.E.I.F. (2001-a) Évaluation de l'action de la Région Rhône-Alpes dans le domaine des Parcs Naturels Régionaux, Rapport au Conseil Régional Rhône-Alpes, N. réf. R1330V3, Paris, 88.

A.C.E.I.F. (2001-b) Évaluation de l'action de la Région Rhône-Alpes dans le domaine des Parcs Naturels Régionaux. Rapport final - Étude de cas «PNR de Chartreuse: le rôle du Parc face au projet d'implantation d'une microcentrale hydroélectrique», ACEIF-Evalua, 18.

A.C.E.I.F. (2001) Évaluation de l'action de la Région Rhône-Alpes dans le domaine des Parcs Naturels Régionaux. Rapport Final. Étude de cas «PNR du Vercors: La réintroduction du vautour fauve, ACEIF - Evalua, 10.

Allie, L. (1999) The role of local actors in transforming the urban fringe: the case of Mont St.Hilaire (Quebec) In Bowler, I., Bryant, C. R. et Firmino, A., Proceedings of the International Geographical Union Commission on "The Sustainability of Rural Systems": Progress in Research on Sustainable Rural Systems, Lisbonne, Universidade de Nova de Lisboa, 201-210.

Allie, L. (2001) Les Parcs Naturels Régionaux (PNR) contre l'étalement urbain? Un témoignage mitigé des PNR du Vercors et de Chartreuse *in* Laurens, L. et Bryant, C. R., Actes du colloque de la commission « Le développement durable et les systèmes ruraux » de l'Union Géographique Internationale, Rambouillet, juillet, 353-365.

Amoury, J.-P. (2002) Mission commune d'information chargée de dresser un bilan de la politique de la montagne et en particulier de l'application de la loi du 9 janvier 1985, de son avenir, et de ses nécessaires adaptations, Paris, 629.

Amselle, J.-L. (1990) Logiques métissés. Anthropologie de l'identité en

Afrique et ailleurs, Paris, Payot, 257p.

A.N.E.M. (2001) Dossier. Construire en montagne: Les nouvelles possibilités offertes par la loi [S.R.U.], Pour La Montagne: Le mensuel d'information de l'Association Nationale des Élus de la Montagne, n° 101, pp. 6-7.

A.N.E.M. (2001) Dossier: Les spécificités de la commune de montagne, Pour la montagne, 104, 1-11.

Anonyme (1969) Parcs nationaux et Parcs régionaux, B.I., #432, 7.

Antoine, S., Beuage, H. et e, J. (1966) Les journées nationales d'études sur les Parcs naturels régionaux, Lurs en Provence, La documentation française, 210.

Arborio, A. M. et Fournier, P. (1999) *L'enquête et ses méthodes: l'observation directe*, Paris, Paris, 128.

Ascher, F. (1991) Projet public et réalisations privées: Le renouveau de la planification des villes, Annales de Recherches Urbaines, 51, 5-16.

Ascher, F. (1995) *Métapolis ou l'avenir des villes*, Odile Jacob, Paris, 346.

Ascher, F. (1997) Territoires flous, intérêts collectifs multiples, contexte changeant: les nouveaux enjeux de la planification urbaine In Gouvernance métropolitaine et transfrontalière. Action publique territoriale, Saez, G., Leresche, J. P. et Bassand, M. (éds.) L'Harmattan, Paris/Montréal, pp. 47-59.

Ascher, F. (1998) La République contre la ville: essai sur l'avenir de la France urbaine, La Tour d'Aigues: Ed. de l'Aube, 200.

Baccaïni, B. (2001) L'espace rural devient attractif pour les urbains, La lettre INSEE. Rhône-Alpes, 79, 4.

Bachelard, G. (1992) L'intuition de l'instant, Éditions Stock, Paris, 149.

Baffert, P. (1997) La concertation stalagmite..., Parcs, 31, 14-15.

Baffert, P. (2000) Le Parc naturel régional de la Chartreuse: une machine à créer du dessin commun, Sol et Civilisation, 1-4.

Bailly, A. S., Guesnier, B., Paelinck, J. et Sallez, A. (1988) *Comprendre et maîtriser l'espace, ou la science régionale et l'aménagement du territoire*, Reclus, Montpellier, 176.

Barnezet, S. (1999) Naissance d'un parc en Chartreuse, Territoires, 397, 17-19.

Barrielle, A., Pisot, A. et Terrier, L. (2002) Étude relative à l'articulation des Pays et des Parcs Natrurels Régionaux. Fiche-Portrait du PNR du Vercors, L'Institut des Développeurs, DATAR, M.A.T.E.,Paris, 11.

Barouch, G. (1989) *La décision en miettes. Systèmes de pensée et d'action à l'œuvre dans la gestion des milieux naturels*, L'Harmattan, Montréal / Paris, 237.

Barrué-Pastor, M. (1989) Cent ans de législation montagnarde: des images contradictoires de la nature In *Du rural à l'environnement : la question de la nature aujourd'hui*, Mathieu, N. et Jollivet, M. (éds.) Association des ruralistes français - Harmattan, Paris, pp. 352.

Barthelemy, A. (1973) *Vers des politiques urbaines: La planification stratégique comme technique de planification urbaine*, Délégation Générale Recherche Scientifique et Technique, nov., 111.

Bateson, G. (1977) Vers une écologie de l'esprit, 2 tomes, Paris, Le Seuil.

Beaud, S. (1996) L'usage de l'entretien en sciences sociales. Plaidoyer pour l'entretien ethnographique, Politix, 226-257.

Beauge, M. H. (1966) Le point sur les Parcs naturels régionaux en France, Les journées nationales d'études sur les Parcs naturels régionaux, Lurs-en-Provence, (membre du groupe de travail interministériel d'étude des parcs naturels et régionaux), pp. 7-10.

Behar, D. (2000) Les nouveaux territoires de l'action publique In Territoires sous influence. Partie 1, Vol. Pagès, D. et Pélissier, N. (éds.) L'Harmattan, Paris/Montréal, 13 p.

Benton, T. (1989) Marxism and Natural Limits - an Ecological Critique and Reconstruction, *New Left Review,* 178, 51-86.

Beuret, J. E. (1999) Petits arrangements entre acteurs: les voies d'une gestion concertée de l'espace rural, Natures Sciences Sociétés, 7, 21-30.

Beuret, J. E. et Trehet, C. (2001) Pour la gestion concertée de l'espace rural: appuyer les médiations territoriales, Courrier de l'environnement, 43, 25-39.

Bérard, L. et Marchenay, P. (1998) Les procédures de patrimonialisation du vivant et leurs conséquences In *Patrimoine et modernité*, D. Poulot (éds.) L'Harmattan, Montréal / Paris, pp. 159-170.

Berger, P. et Luckman, T. (1967) *The Social Construction of Reality*, Doubleday, Garden City, 219.

Bergson, H. (1958) Essai sur les données immédiates de la conscience, P.U.F., Paris, 180.

Bergson, H. (1959) *Essai sur les données immédiates de la conscience, 1889, chapitre II, in Oeuvres,* Presses universitaires de France, Paris, 1602.

Besse, J.-M. (1998) La géographie selon Kant: l'espace du cosmopolitisme, Revue de Philosophie, «Géographies et Philosophies», 109-129.

Bessy-Pietri, P., Hilal, M. et Schmitt, B. (2000) Recensement de la population 1999. Évolutions contrastées du rural, Insee Première, 726, 5.

Bessy-Pietry, P. et Sicamois, Y. (2001) Le zonage en aires urbaines en 1999 : 4 millions d'habitants en plus dans les aires urbaines, INSEE Première, 765, 4.

Blache, J. (1931) *Les massifs de la Grande Chartreuse et du Vercors. Étude géographique*, Didier Richard, Paris, 477 et 514.

Blais, F et Filion, M. (2001) De l'éthique environnementale à l'écologie politique. Apories et limites de l'éthique environnementale, Revue Philosophiques 28/2, Automne, pp. 255-280.

Blanchard, R. (1941) Pourquoi Grenoble est devenue une grande ville?, Revue de Géographie Alpine, 377-390.

Blanchet, A. et al. (1985) L'entretien dans les sciences sociales: l'écoute, la parole, le sens, Editions Bordas, Paris, 289.

Blanchet, A. et Gotman, A. (1992) *L'enquête et ses méthodes: l'entretien*, Edition Nathan, Paris, 125.

Blanchet, P. (1991) *Dire et faire dire. L'entretien*, Armand Colin, Paris, 173.

Bloch, O. (1985) *Le matérialisme*, P.U.F. Coll. Que sais-je?, Paris, 128.

Bonnefoy, J.-L. (2002) Une approche géographique de l'interaction entre le matériel et l'idéel par le complexe et l'artificiel, Colloque Géopoint : l'idéel et le matériel en géographie, Avignon, 30-31 Mai.

Bouchebouba, L. et Coulombeix-Galvez, M. (1993) Un PNR en Chartreuse: l'intercommunalité et la démocratie locale à l'épreuve des faits, Institut d'Etude Politique, D.E.A., Université Joseph Fourier, 148.

Boudon, R. (1968) À *quoi sert la notion de structure?: Essai sur la signification de la notion de structure dans les sciences humaines*, Gallimard, Coll. Les essais, Paris, 244.

Boudon, R. (1989) *Effets pervers et ordre social*, P.U.F., Coll. Quadrige, Paris, 282.

Bourdieu, P. (1972) *Esquisse d'une théorie de la pratique: précédé de trois études d'ethnologie kabyle*, Dorz, Genève, 269.

Bourdieu, P. (1980) *Le sens pratique*, Éditions de Minuit, Paris, 475.

Bourdieu, P. (1982) *Leçon sur la leçon*, Minuit, Paris, 55.

Bourdieu, P. (1987) *Choses dites,* Éditions de Minuit, Paris, 229.

Bourdieu, P. et Wacquant, L. (1992) *Réponses: pour une anthropologie réflexive,* Ed. du Seuil, Paris, 267.

Bourdieu, P. (1994) *Raisons pratiques: sur la théorie de l'action*, Ed. du Seuil, Paris, 251.

Bourdieu, P. (1997) *Premières leçons sur: La sociologie de P. Bourdieu*, P.U.F, Paris, 124.

Bouveresse, J. (1995) Règles, dispositions, habitus, Critique, No 579/580, 573-594.

Boutinet, J. P. (1990) *Anthropologie du projet*, P.U.F., Paris, 350.

Bozonnet, J.-P. (1992) *Des monts et des mythes, l'imaginaire social de la montagne,* Presses Universitaires de Grenoble, Grenoble, 222.

Brochu, G. (1985) Les Parcs naturels régionaux en France. Evolution et dynamique, Géographie-Aménagement, Le Mirail, 188.

Braudel, F. (1958) La longue durée in Annales (économies, sociétés, civilisations) n°4, Vol. (éds.) 24.

Brundtland, G. (1987) *Our Common Future,* World Commission on Environment and Development, Oxford, Oxford University Press, 400.

Brunet, R., Ferras, R. et Thery, H. (1993) Les Mots de la Géographie: dictionnaire critique, Reclus-La Documentation française, Paris, 518.

Brunswick, F. (2001) Édito. Vers quelle F.A.U.P. s'oriente-t-on?, *Le Lien,* No. 3, 1-2.

Bruyas, J. (2001) L'éphémère et l'éternel: la souveraine régularité des rythmes dans l'histoire universelle, Éditions Fac 2000, Paris, 251.

Bryant, C. R. (1995) The role of local actors in transforming the urban fringe, *Journal of Rural Studies,* 11, 255-267.

Bryant, C. R., Allie, L., DesRoches, S., Buffat, K. et Granjon, D. (2000) *The Role and Effectiveness of Local Actors And Their Networks in Shaping Sustainable Community Development*, Proceedings of the IGU Commission on the Sustainability of Rural Systems Conference: The Reshaping of Rural Ecologies, Economies and Communities, Vancouver (Colombie-Britannique, Canada), pp. 57-67.

Bryant, C. R., Juneau, P. et DesRoches, S. (1996) *Sustainability in action: The role of local actors in the transformation and conservation of urban fringe environment*, In Sasaki, H., Saito, A., Tabayashi, A. et Morimoto, T., International Geographic Union Study Group on the sustainable development of rural systems, Tsukuba, Japon, Ed. Kaisei, Tokyo, 67-77.

Buechler, S. M. (1993) Beyond Resource Mobilization? Emerging Trends in Social Movement Theory, The Sociological Quarterly, vol. 34, 217-235.

Bureau, L. (1984) *Entre l'Eden et l'utopie. Les fondements imaginaires de l'espace québécois,* Québec / Amérique, Montréal, 235.

Caudron, L. (1999) Gestion de l'espace rural: le nouveau rôle de l'Etat, bulletin du Conseil général du G.R.E.F., 54, 77-90.

Cabret, N. (1993) Le Vercors propose un tourisme respectueux de la nature, Le Monde Rhône-alpes, 26 décembre. 1.

Caillosse, J. (1999) Remarques sur la juridicité du territoire, Pouvoirs locaux, 43,

Caullireau, A. (2001) Projet d'une nouvelle retenue d'eau et d'usine à neige à la Moucherolle, *Le Lien,* No. 3, 7.

Certeau, M. d. (1980) *L'Invention au quotidien. Vol.1, Arts de faire,* Union générale d'éditions, Paris, 374.

Chalas, Y. (1997) Les figures de la ville émergente *in* La ville émergente, Vol. Dubois-Taine, G. et Chalas, Y. (éds.) Editions de l'Aube, La Tour d'Aigues, pp. 239-270.

Chalas, Y. (1997) Territoires contemporains et représentations: des vieux paradigmes urbanistiques aux nouvelles figures de la ville, Revue de Géographie Alpine, 4, 11-36.

Chalas, Y (2000), L'invention de la ville, Paris, Anthropos, Economica, 199p.

Chalas, Y. (2004), La pensée faible comme refondation de l'action publique, in Zeptf « Concerter, gouverner et concevoir les espaces publics urbains », Genève, coll. Science appliquée de l'I.N.S.P. de Lyon, Presses polytechniques et universitaires romandes, pp.41-52.

Chambre d'Agriculture, (1971) Les parcs naturels régionaux. Les parcs créés ou en voie de création, 27.

Chappoz, Y. (2000) Les approches disciplinaires face au projet de territoire *in* Utopie pour le territoire: cohérence ou complexité?, Vol. Gerbaux, F. (éds.) Éditions de l'Aube, La Tour d'Aigues, pp. 69-77.

Chatelan, M. (2000) PNR et mailles intercommunales dans le Vercors: un partenariat réinventé, Institut d'Etude Politique, Université Pierre Mendès-France, 73.

Chevalier, B. (1999) *Planification par projet et organisations des territoires,* L'Harmattan, Montréal / Paris, 189.

Ciborra, C. U. (1999) Notes on improvisations and time in organizations, Accounting, Management and Information Technologies, vol. 9, 77-94.

Clastres, P. (1974) *La Société contre l'État: recherches d'anthropologie politique*, Éditions de Minuit, Coll. Critique, Paris, 174.

C.L.C.B.E. (1997) *Construire un projet de territoire, du diagnostic aux stratégies*, Comité de Liaison des Comités de Bassins d'Emploi, Ministère du Travail et des Affaires Sociales, Ministère de l'Équipement et Mairie-Conseils, Éditions Villes et Territoires, Paris.

Cleland, D. I. et King, W. R. (1983) *System Analysis and Project Management,* McGraw-Hill, 480.

Clément, F. (1999) Elaborer une charte de territoire, Territoires, n° 397, 6-7.

Clément, F. et Gorgeu, Y. (1999) Cinq principes pour un projet, Territoires, n°397, 12-14.

Cloke, P. et Little, J. (1990) *The Rural State? Limits to Planning in Rural Society*, Clarendon Press, Oxford, 287.

Conseil Régional Rhône-Alpes (1993) Procédure de mise en oeuvre des contrats globaux de développement, 7.

Coulanges de, F. (1956) *The ancient city: a classic study of the religious and civil institutions of ancient Greece and Rome,* Anchor Books Doubleday, Garden City, N.Y., 396.

Coutard, O. (Ed.) (2001) *Le bricolage organisationnel: crise des cadres hiérarchiques et innovation dans la gestion des entreprises et des territoires*, Elsevier, Paris, Amsterdam, New-York, 149.

Corcuff, P. (1995) *Les nouvelles sociologies*, Editions Nathan, Paris, 96-118.

Crossan, M. M., Lane, H. W. et Klus, L. (1996) The improvising organization: where planning meets opportunity, Organizational Dynamics, 00, 20-34.

Crozier, M. et Friedberg, E. (1977) *L'acteur et le système*, Editions du Seuil, Paris, 500.

D.A.T.A.R (1996) Le pays, nouveau territoire du développement local: actes du séminaire du 3 juillet 1996, La Documentation française, Paris, 69.

David, J., Freschi, L., Guérin, J.P. et Gumuchian, H. (1979) *Problématique et méthodes d'analyse de la rurbanisation, le Plateau de Champagnier*, Grenoble, USMG, Grenoble, 167.

David, J. et Freschi, L. (1979) Incidences démographiques et foncières de la rurbanisation: le cas du plateau de Champagnier-Herbeys, Revue de Géographie Alpine, 51-73.

David, J., Freschi, L. et Gumuchian, H. (1980) *Entre la rurbanisation et le développement touristique: St-Nizier du Moucherotte*, Université Scientifique et Médicale de Grenoble et l'I.G.A, Grenoble, 103.

Dear, M. et Wolch, J. (1989) How territory shapes social life *in* The Power of Geography. How territory shapes social life, Vol. Wolch, J. et Dear, M. (éds.) Unwin Hyman, Boston, pp. 3-15.Descola, P. et Palsson, G. (1996) *Nature and Society. Anthropological Perspectives*, Routledge, London and New York, 320.

Debarbieux, B. (1998) The mountain in the city: Social uses and transformations of a natural landform in urban space, Ecumène, 5, 399-431.

Debarbieux, B., Les statuts implicites de la montagne en géographie, RGA, 1989, n°1

Debarbieux, B., Les montagnes de la science, prises entre nature et sociétés, RGA n°3, 1994, pp.107-114.

Debarbieux, B. et Landel, P.-A. (Ed.) (2003) La montagne entre sciences et politique, Editeur Grenoble : Association Revue de géographie alpine, 72.

Delanty, G. (2000) *The Foundations of Social Theory: Origins and Trajectories* In The Blackwell Companion to Social Theory, Vol. 2e édition, Turner, B. S. (éds.) Blackwell, Malden (É.-U.) et Oxford (G.-B.), pp. 21-46.

Denier, F. (1991) Le PNR est-il un instrument de développement local? Le projet Chartreuse, Institut d'Etude Politique, Université Joseph Fourier, 141.

Deries, C. (1991) Le Parc naturel régional de Chartreuse bientôt une réalité? C'est très probable, L'Environnement, 1497, 1.

Deries, C. (1991) Le Parc naturel régional du Vercors a vingt ans: presque l'âge d'une institution, une belle occasion pour dresser des bilans, L'Environnement, 1497, 1.

Descartes, R. (1992) *Discours de la méthode pour bien conduire sa raison, et chercher la vérité dans les sciences*, J'ai lu, Coll. Librio, Paris, 93.

Des Roches, S. et Bryant, C. R. (1997) Les enjeux de la démocratisation des espaces verts. Analyse des relations sociales dans le processus de création du Parc naturel régional de la Haute Vallée de Chevreuse *in* Les Parcs naturels régionaux, un concept de développement territorialisé et environnemental à l'épreuve du temps, Vol. 3-4, Laurens, L. (éds.) Bulletin de la Société Languedocienne de Géographie, pp. 59-80.

Dewey, J. (1922) *Human Nature and Conduct: an introduction to social psychology*, Modern Library, New York, 336.

Dewey, J. (1925) *Experience and Nature*, Open Court Press, Coll. The Paul Clarus lectures, Chicago, 360.

Di Méo, G. (1998) *Géographie sociale et territoires*, Nathan, Paris, 317.

Di Méo, G. (1999) Géographies tranquilles du quotidien. Une analyse de la contribution des sciences sociales et de la géographie à l'étude des pratiques spatiales, Cahiers de géographie du Québec, Vol. 43, 75-93.

Documentation française (1970) Les Parcs naturels régionaux *in* Les Parcs naturels, Vol. 260-261, Paris, pp. 28-63.

Dorst, J. (1970) *La nature dé-naturée: pour une écologie politique,* Delachaux & Niestlé, Neuchâtel, 188.

Dubos, R.-J. et Ward, B. (1972) *Only one earth: the care and maintenance of a small planet,* W. W. Norton, New York, 225.

Dubois, J., Mitterand, H. et Dauzat, A. (1993) Dictionnaire étymologique et historique du français, Larousse, Paris, 822.

Duboule, D. et Wilkins, A. S. (1998) The evolution of bricolage, TIG, 14, 54-59.

Dumont, L. (1983) *Essais sur l'individualisme. Une perspective anthropologique sur l'idéologie moderne*, Esprit-Seuil, 310.

Éliade, M. (1949) Le mythe de l'éternel retour. Archétype et Répétition, Gallimard, Paris, 254.

Élias, N. (1981) *Qu'est-ce que la sociologie,* Pandora, Aix-en-Provence, 222.

Élias, N. (1991) *La société des individus,* Fayard, Paris, 301.

Elster, J. (1986) *The Multiple Self,* Cambridge University Press, Coll. Studies in rationality and social change, Cambridge, 269.

Elster, J. (1989) *The Cement of Society: A study of social order,* Cambridge University Press, Coll. Studies in rationality and social change, Cambridge, 311.

Engels, F. (1968) *Dialectique de la nature,* Éditions sociales, Paris, 364.

Esnault, Y. (2001) François Jacob, l'éloge du bricolage, Biofutur, 213, 25-26.

Faure, E. (1998) Articulation entre intercommunalité et Parcs naturels régionaux, Mairie-Conseils.

Faure, E. (1998) Le syndicat mixte. Un outil modulable au service de l'intercommunalité, Mairie-Conseils.

Faure, E. (1999) Articulation entre les "pays" et les Parcs existants, Mairie-Conseils FPNRF, 259.

Faure, E. (Ed.) (2000) 50 questions/réponses sur l'articulation des territoires: Pays, Communautés d'agglomération, Parcs naturels régionaux, Mairie-Conseils et Caisse des Dépôts et de Consignations, 40.

Faure, E. (2001) Le syndicat mixte en 100 Questions/Réponses, Mairie-Conseils, Caisse des dépôts et consignations, s.p.

Faure, R. (1992) La gestion du patrimoine, Fontaine en Montagne, Fontaine, pp. 27-29.

Ferry, L. (1992) Le nouvel ordre écologique, Paris, Grasset, 274.

Fosnot, C. T. (1996) Constructivism: theory, perspectives, and practice, Teachers College Press, New York, 228.

Foster-Bellamy, J. (2001) *Mars's Ecology, Materialism and Nature,*

Monthly Review Press, New York, 288.

Foucault, M. (1966) Les mots et les choses (Une archéologie des sciences humaine), Paris, Gallimard, 405p.

FPNRF (1998) La charte comme outil de gouvernement local, Acte des journées nationales des PNR, Brenne, Editions du développement territorial.

FPNRF (1988) Dossier Les Parcs et leur image, Parcs, 6, 2-3.

FPNRF (1991-a) Des professionnels de l'intercommunalité, Parcs, 12, 10-11.

FPNRF (1991-b) Échelle, échelle... Quelle échelle?, Parcs, 12, 14-15.

FPNRF (1991-c) Spécialistes ou généralistes, Parcs, 12, 8-9.

FPNRF (1993) Le nouveau droit des Parcs naturels régionaux, Parcs, 18, 1.

FPNRF (1995) Charte des Parcs naturels régionaux et documents d'urbanisme, 83.

FPNRF (1995) Partenaires pour la gestion des espaces agricoles et forestiers, Actes des Journées nationales des Parcs, Parc naturel régional de Lorraine, 96.

FPNRF (1997-a) 30 ans! Et après.... Nos 4 ambitions pour l'avenir, Numéro spécial de la Revue Parcs, 31, 17.

FPNRF (1997-b) Ces trois jours qui ont marqué les Parcs, Revue Parcs, 31, 1.

FPNRF (1997-c) De l'oxygène dans le raisonnement, Parcs, 31, 12-13.

FPNRF (1997-d) Des défricheurs ingénieux, Parcs, 31, 4-5.

FPNRF (1997-e) La concertation stalagmite, Parcs, 31, 14.

FPNRF (1997-f) Les Parcs naturel régionaux ont 30 ans!, numéro spécial de la Revue Parc, 30, 44.

FPNRF (1997-g) Livre des Parcs naturels régionaux de France, édité en partenariat avec la FPNRF, Equipe INFLUX et Ministère de l'Aménagement du territoire et de l'Environnement, Synthèse des quatre ateliers de travail du 12 décembre 1996, 4 février et 5 mars

1997, Paris, octobre,66+annexes.

FPNRF (1997-h) Manifeste pour l'avenir des Parcs naturels régionaux, Gallimard, Paris, 31.

FPNRF (1997-i) Manifeste pour un future durable, Fédération des Parcs Naturels Régionaux de France,32.

FPNRF (1997-j) Trente ans des Parcs. Tentative d'évaluation de leur évolution, FPNRF,Paris, 49+annexes.

FPNRF (1998-a) Centrifuge et centripète sont en Chartreuse, Parcs, 34, 11.

FPNRF (1998-b) Entretien avec François Poulle, Parcs, 34, 9-10.

FPNRF (1999) Thème 2: Espaces et paysages. Enjeux *in* Les actes des journées nationales des Parcs naturels régionaux de France du 22 au 25 septembre 1999, La place des Parcs dans la relation urbain-rural, Vol. France, F. d. P. n. r. d. (éds.) Parc naturel régional de Corse, pp. 7-9.

FPNRF et Mairie-Conseils (1999) *Boîte à outils paysage,* Fédération des Parcs Naturels Régionaux de France et Mairie-Conseils Caisse des Dépôts et Consignations, Paris, 61.

FPNRF (2000-a) Chambéry, ville ouverte, Parcs, 38, 11-12.

FPNRF (2000-b) Parcs et villes: quelle dynamique pour l'avenir?, Parcs, 38, 7-14.

FPNRF (2001-c) La création des Parcs naturels régionaux de Guyane et Monts d'Ardèche porte le nombre des Parcs naturels régionaux à 40, http://www.parcs-naturels-regionaux.tm.fr/presse,

FPNRF (2001-d) Les Parcs Naturels Régionaux: 30 ans d'histoire..., Fédération des Parcs Naturels Régionaux, Paris, 9.

FPNRF et Celavar (1998) Intercommunalité et gestion de l'espace: une démarche collective, Caisse des Dépôts et Consignations, Paris, 57.

FPNRF, PNR du Livradois et Cabinet d'étude 2iS (1996) Pratiques de gestion de l'espace. L'expérience du Livradois-Forez. Eléments méthodologiques, Mairie-Conseils, La Chapelle sous Aubenas, 55.

FPNRF et Mairie-Conseils (1999) Boîte à outils paysage, Fédération des Parcs Naturels Régionaux de France et Mairie-Conseils Caisse des

Dépôts et Consignations, Paris, 61.Friedberg, E. (1975) Insaisissable planification. Réflexions à propos de quelques études sur la planification française, Revue française de Sociologie, XVI, 605-623.

Franconie, M.-O. (1991) Adhésion au futur PNR de Chartreuse, en vertu de quoi, pourquoi, qui?, Institut de Géographie Alpine, Université Joseph Fourier I, 140.

Franconie, M.-O. (1993) Comment délimiter un Parc naturel régional? L'exemple du futur Parc naturel régional de Chartreuse, Revue de Géographie Alpine, No. 81, 33-46.

Friedberg, E. (1993) *Le pouvoir et la règle. Dynamique de l'action organisée*, Le Seuil, Paris, 405.

Fuch, J. P. (1998) Parc ou Pays, il faut choisir, Parcs, 34, Editorial.

Fuchs, J.-P. (1999) Introduction, FPNRF, Le actes des journées nationales des Parcs naturels régionaux de France: La place des Parcs dans la relation urbain-rural, Corse, FPNRF, 3-4.

Gadant, J. (1987) *Aménagement et développement rural. Un plaidoyer*, Lavoisier, Paris, 208.

Garfinkel, Harold & Sacks, Harvey (1986). *On formal structures of practical action*, In Harold Garfinkel (Ed.), *Ethnomethodological studies of work*, Routledge & Kegan Paul, Londres, pp.160-193.

Garraud, P. (2000) *Le chômage et l'action publique. Le «bricolage institutionnalisé»*, L'Harmattan, Montréal / Paris, 242.

Gaudin, J.-P. (1985) *L'avenir en plan: technique et politique dans la prévision urbaine 1900-1930*, Champ Vallon, Seyssel, 215.

Gayssot, J.-C., Bartolone, C. et Besson, L. (2001) Présentation de la loi relative à la solidarité et au renouvellement urbain et premières directives d'application, Paris, 7

Gemina (1996) Parc naturel régional de Chartreuse: préfiguration du "pays", juin 1996, 82.

Gerbaux, F. et Paillet, A. (1996) Le pays: entre secteur et territoire, Montagnes Méditerranéennes, n°3, 49-54.

Gerbaux, F. (1994) La Montagne en politique, L'Harmattan, Montréal / Paris, 168.

Gerbaux, F. et Paillet, A. (2000) Supracommunalité et intercommunalité de base: quelles articulations? L'exemple du parc naturel régional du Vercors, Revue de Géographie Alpine, N°1, 35-43.

Gerbaux, F. (1979) La Montagne: Espace délaissé, espace convoité, Cahier de l'aménagement du territoire, 3, 11-24.

Gilbert, D. T., Gill, M. J. et Wilson, T. D. (2002) The Futur Is Now: Temporal Correction in Affective Forecasting, Organizational Behavior and Human Decision Processes, 88, 430-444.

Ghiglione, R. et het, P., (1991) *Analyses de contenu et contenus d'analyses*, Dunod, Paris, 151

Giddens, A. (1979) *Central Problems in Social Theory: Action, Structure and Contradiction in Social Analysis*, University of California Press, Berkeley, 294.

Giddens, A. (1984) *The Constitution of Society: Outline of the Theory of Structuration*, University of California Press, Berkeley, 402.

Giddens, A. (1989) A reply to my critics in *Social Theory of Modern Societies: Anthony Giddens and His Critics*, Held, D. et Thompson, J. (éds.) Cambridge University Press, Cambridge.

Giraut, F. et Vanier, M. (1999) Plaidoyer pour la complexité territoriale *in* Utopie pour le territoire: cohérence ou complexité?, Gerbaux, F. (éds.) Editions de l'Aube, La Tour d'Aigues, pp. 143-172.

Godard, O., Hubert, B. et Humbert, G. (1992) Gestion, aménagement, développement, mobiles pour la recherche et catégories d'analyse *in* Sciences de la nature, Sciences de la société. Les passeurs de frontières, JOLLIVET, M. (éds.) C.N.R.S. Editions, Paris, pp. 321-335.

Godelier, M. (1984) *L'idéel et le matériel: pensée, économies*, sociétés, Fayard, Paris, 348.

Godelier, M. (1969) La part idéelle du réel, essai sur l'idéologique, Homme, #19, 155-188.

Goffman, E. (1973) *La mise en scène de la vie quotidienne*, Les Éditions de Minuit, Coll.: Le sens commun, Paris, 2 Vol.

Goffman, E. (1974) *Les rites d'interaction*, Les Éditions de Minuit, Paris, 230.

Goffman, E. (1983) The interaction order, *American Sociological Review*, 48, 1-17.

Gorgeu, Y., Jenkins, C. et Gentil, A. (Ed.) (Eds.) (1998) La Charte de territoire. Une démarche pour un projet de développement durable, La documentation française, Mairie-Conseils (Caisse des dépôts et consignations), FPNRF, Paris, 311.

Gorgeu, Y., Moquay, P. et Poulle, F. (1999) La Charte comme outil de gouvernement local. Actes des journées nationales des Parcs naturels régionaux dans la Brenne en mai 1998, Editions du Développement Territorial / Unadel, Pantin, 75.

Gottmann, J. (1966) *Essais sur l'aménagement de l'espace habité*, Mouton, La Haye / Paris , 347.

Goux, J.-P. (1999) La fabrique du continu, Seyssel, Champ Vallon.

Gravier, J. F. (1964) *L'aménagement du territoire et l'avenir des régions françaises*, Flammarion, Paris, 336.

Grawitz, M. (2001*)* *Méthodes des sciences sociales*, Dalloz, Paris, 1019.

Gruson, C. (1968) *Origine et espoirs de la planification française*, Dunod, Paris, 438.

Grossin, W. (1974) Les temps de la vie quotidienne, Coll. Interaction, Mouton, Paris, 416.

Guérin, J. P. (1984) *L'aménagement de la montagne en France: Politique, Discours et Production d'Espaces dans les Alpes du Nord*, Orphis, s.l., 467.

Guichard, O. (1966) Introduction aux Journées d'études sur les Parcs naturels régionaux, Antoine, S., Beauge, H. et , J., Actes des Journées d'études sur les Parcs naturels régionaux, Lurs-en-Provence, La documentation Française, 5-7.

Gumuchian, H. (s.d.) « La notion de développement territorial: élément de réflexion. Application aux espaces de montagne » *in Montagne*.

Laboratoire de diversité, Barruet, J. (éds.) Cemagref, Antony Grenoble, pp. 43-52.

Gumuchian, H. (1991) *Représentations et aménagement du territoire*, Anthropos-Economica, Paris, 143.

Haar, M. (1996) *Le moment (kairós), l'instant (Augenblick) et le temps-du-monde (Weltzeit) [1920-1927]*, Courtine, J. F., HEIDEGGER 1919-1929. De l'herméneutique de la facticité à la métaphysique du Dasein, Université de Paris - Sorbonne, novembre 1994, Vrin, 67-90.

Hall, E. T. (1983) *The Dance of Life: The Other Dimension of Time*, Anchor Press, Garen City, 232.

Hall, E. T. et Hall, M. R. (1990) *Guide du comportement dans les affaires internationales: Allemagne, États-Unis, France*, Éditions du Seuil, Paris, 257.

Halseth, G. (1996) 'Community' and land-use planning debate: an example from rural British Columbia, *Environment and Planning Amenagement*, 28, 279-298.

Hanus, P. (2001) Vivre en Vercors, quand on a 20-25-30 ans, *Le Lien*, No.3, 4-6.

Harris, C. et Hullman, E. (1945) The nature of cities, Annals of the American Academy of Political Science, 242, 7-17.

Harvey, D. (1969) *Explanation in Geography*, Arnold, Londres, 521.

Harvey, D. (2001) *Spaces of Capital. Towards a Critical Geography*, Routledge, New York, 429.

Harribey, J.-M. (2003) Le régime d'accumulation financière est insoutenable socialement et écologiquement in *Capital contra nature*, Vol. Harribey, J.-M. et Löwy, M. (éds.) PUF, Paris, pp. 109-121.

Heidegger, M. (1972) *L'être et le temps*, Gallimard, Paris, 325.

Heran, F. (1987) La seconde nature de l'habitus. Tradition philosophique et sens commun dans le langage sociologique, *Revue Française de sociologie*, XXVIII, 385-416.

Hirschmann, A. (1986) Grandeur et décadence de l'économie du développement, Économie et Politique, 1986, 725-744.

Hirschman, A. O. (2001) *Les passions et les intérêts: justifications politiques du capitalisme avant son apogée*, P.U.F., Paris, 135.

Hoerner, J. M. (1995) Des parcs naturels régionaux aux 'pays', des 'pays' aux Parcs naturels régionaux In Les paradoxes du local, Vol. (éds.) Ed. L'acteur rural, La Gonfrière, pp. 45-64.

Houée, P. (1992) *La décentralisation: territoires ruraux et développement*, Syros alternatives, Paris, 232.

INFLUX, E. (1997) Livret de travail n°4 destiné à alimenter les débats prospectifs à l'occasion du 30ᵉ anniversaire des Parcs, FPNRF, mars, 69.

Jacob, F. (1977) Evolution and tinkering, Science, 196, 1161-1166.

Jacob, F. (1981), *Le jeu des possibles*, Paris, Fayard, 123.

Javeau, C. (2001) *Le bricolage du social, un traité de sociologie*, P.U.F., coll. Sociologie d'aujourd'hui, Paris, 232.

Jenkins, K. (2001) Parcs, Pays et agglomérations. Les questions que vous vous posez..., FPNRF et Mairie-conseils (Caisse des Dépôts et Consignations),Paris, 71.

Joas, H. (1999) *La créativité de l'agir*, Cerf, Paris, 306.

Jobert, B. (1993) *Ambiguïtés, bricolages et modélisation. La construction intellectuelle des politiques publiques*, L'Harmattan, Montréal / Paris.

Julien-Labruyère, D. (2002) La politique des parcs naturels régionaux, Combat Nature, 116, 30-33.

Julien , P. (2000) Recensement de la population 1999: Poursuite d'une urbanisation très localisée, INSEE Première, N°692, 6.

Julien, P. (2001) Les grandes villes françaises étendent leur influence, INSEE Première, 766, 4.

Julliot, A. (1998) Du Parc naturel régional du Perche aux Parcs Québécois. Réflexions pour une comparaison, Université du Maine, 119.

Juneau, P. et Bryant, C. R. (1997) Les Parcs naturels régionaux français et l'aménagement du territoire rural vus de l'Amérique du Nord: un concept innovateur ou utopie conceptuelle? *in* Les Parcs naturels régionaux, un concept de développement territorialisé et environnemental à l'épreuve du temps, Vol. 3-4, Laurens, L. (éds.) Bulletin de la Société Languedocienne de Géographie, 29-44.

Kalaora, B. (1996) Le culte contemporain de la nature In *Natures en tête*, Vol. Gonseth, M.-O., Hainard, J. et Kaehr, R. (éds.) Musée d'ethnographie Neuchâtel, 298.

Kalaora, B. (1998) *Au-delà de la nature, l'environnement: l'observation sociale de l'environnement*, L'Harmattan, Montréal / Paris, 199.

Kaufmann, J. C. (1996) *L'entretien compréhensif*, Nathan, Paris, 126.

Kotas, M. (1997) *Politique de Pays, Délégation à l'Aménagement du Territoire et à l'Action Régionale*, La Documentation française, Paris, 141.

Laborie, J. P., Langumier, J. F. et de Roo, P. (1985) *La politique française d'aménagement du territoire de 1950 à 1985. Coopération et aménagement*, La Documentation française, Paris, 176.

Labasse, J. (1960) *La planification régionale et l'organisation de l'espace*, Les Cours de Droit, Paris, 180.

Laïdi, Z. (1999) La tyrannie de l'urgence, Fides, Coll. Les grandes conférences, Québec, 45.

Laïdi, Z. (2000) *Le Sacre du présent*, Flammarion, Paris, 278.

Lajarge, R. (1997) Environnement et processus de territorialisation: le cas du Parc naturel de Chartreuse, Revue de Géographie Alpine, 131-144.

Lajarge, R. (1998) La prise en compte de la gestion de l'espace dans les Parcs naturels régionaux, Montagnes Méditerranéennes, No. 7, 65-70.

Lajarge, R. (2000) Les territoires aux risques des projets. Les montagnes entre Parcs et pays, Revue de Géographie Alpine, 88, 45-59.

Lajarge, R. (2000) Territorialités intentionnelles. Des projets à la création des Parcs naturels régionaux (Chartreuse et Monts d'Ardèche), Thèse de doctorat, Institut de Géographie Alpine, Université Joseph

Fourier, 661.

Lajarge, R. et Leborgne, M. (2000) Parcs et/ou Pays: sur les ressorts des choix communaux, actes du colloque « Territoires prescrits, territoires vécus: inter-territorialité au cœur des recompositions des espaces ruraux », Toulouse, 25-27 octobre 2000.

Lanzara, G. F. (1999) Between transient constructs and persistent structures: designing systems in action, Journal of Strategic Information Systems, Vol. 8, 331-349.

Larrère, C. (1993) Éthique et environnement. À propos du Contrat naturel, Écologie Politique, No. 5, pp.27-49.

Lascoumes, P. et Lebouris, J. P. (1997) *L'environnement ou l'administration des possibles: La création des Directions Régionales de l'Environnement*, L'Harmattan, Montréal / Paris, 253.

Lascoumes, P. (1994) *L'éco-pouvoir. Environnements et politiques*, La Découverte, Paris, 317.

Lash, S. (1991) Post-structuralist and post-modernist sociology, E. Elgar, Aldershot, 484.

Laurens, L. (Ed.) (1997) *Les Parcs naturels de France, un concept de développement territorialisé et environnemental à l'épreuve du temps,* Bulletin de la Société Languedocienne de Géographie, 3 / 4, #31, Montpellier, 217.

Laurens, L. (1997) Les Parcs naturels régionaux, une approche patrimoniale de la fragilité et de la gestion paysagère *in* Les Parcs naturels régionaux, un concept de développement territorialisé et environnemental à l'épreuve du temps, Vol. 3-4, Laurens, L. (éds.) Bulletin de la Société Languedocienne de Géographie, 9-28.

L.C. (1997) Dossier. Parcs naturels régionaux: Trente ans de protection du patrimoine naturel, Vie Publique, juillet.

Le Bars, Y. (s.d.) « Préface » *in Montagne. Le laboratoire de la diversité,* Vol. Barruet, J. (éds.) Cemagref, Antony et Grenoble, pp. 11-12.

Lefebvre, H. (1974) *La production de l'espace*, Paris, Anthropos, 485.

Leopold, A. S. (1974) *A sand county almanac and sketches here and there,* Oxford University Press, London, 225.

Leurquin, B. (1997) *La France et la politique de pays: les nouveaux outils pour le développement et l'aménagement des territoires*, Editions Syros et C.N.F.P.T., Paris, 289.

Löwy, M. (2003) Progrès destructif. Marx, Engels et l'écologie in *Capital contre nature*, Vol. Harribey, J.-M. et Löwy, M. (éds.) Presses universitaires de France, Paris, pp. 11-22.

Lévi-Strauss, C. (1958-1973) *Anthropologie Structurale*, Plon, Paris, 446.

Lévi-Strauss, C. (1962) *La pensée sauvage*, Plon, Paris, 347.

Lussier, R. (1997) Vers une nouvelle démarche d'aménagement du territoire: le cheminement du praticien, Cahier de Géographie du Québec, 41, 323-333.

Leung, H. (1989) *Land Use Planning Made Plain*, Ronald P. Frye, Kinston, 237.

Lévy-Bruhl, V. et Coquillard, H. (1998) *La gestion et la protection de l'espace en 36 fiches juridiques*, La documentation française, Paris, 84.

Lorrain, D. (1998) Administrer, gouverner, réguler, Les Annales de Recherches urbaines, n°80-81, 85-92.

Loinger, G. et Némery, J. C. (Ed.) (1997) *Construire la dynamique des territoires: Acteurs, institutions, citoyenneté active*, L'Harmattan, Montréal / Paris, 287.

Laupies, F. (2002) *Leçon sur le Projet de paix perpétuelle de Kant*, Presses universitaires de France, Paris, 110.

Madiot, Y. (1992) *L'aménagement du territoire*, Masson, Paris, 221.

Maffesoli, M. (2000) L'instant éternel. Le retour du tragique dans les sociétés postmodernes, Éd. Denoël, Paris, 249.

Mairie-conseils et FPNRF (1999) *Boîte à outils paysage*, Mairie Conseils diffusion, Paris, 64.

Mairies-Conseils et F.PNRF (1998) L'Accord local - Contrat moral. Aux fondements des territoires, Gouvernances des territoires de charte,

March, J. G. et Olsen, J. P. (1972) A Garbage Can Model of Organizational Choice, Administrative Science Quarterly, 17,

March, J. G. et Olsen, J. P. (1975) The uncertainty of the past, European Journal of Political Research, No.3,

Marsden, T., Murdoch, J. et Lowe, P. (1993) *Constructing the Countryside*, Westview Press, Boulder (Colorado), 220.

Marx, K. (1950) *Critique des Programmes de Gotha et d'Erfurt*, Ed. Sociales, Paris, 142.

Marx, K. (1967) *Fondements de la critique de l'économie politique*, Anthropos, Paris, 5 vol.

Marx, K. (1976) *Le Capital: Critique de l'économie politique*, Nouvelles frontières, Montréal, 3 vol.

Marx, K. et Engels, F. (1972) *L'Idéologie Allemande (première partie). Thèses sur Feurbach. Préface de la Contribution à la critique de l'économie politique (1859)*, Éditions Sociales, Paris, 266.

Massey, D. (1984) *Spatial Divisions of Labour: social structures and the geography of production*, Macmillan, Londres, 393.

Matthew, W. H. (1976) The concept of Outer Limits *in Outer Limits and Human Needs: resource and environmental issues of development strategies*, Vol. Matthews, W. H. (éds.) Almqvist & Wiksell International, Uppsala, pp. 102.

Mauss, M. (2001 (1950)) *Sociologie et anthropologie,* Presses universitaires de France, Paris, 482.

May, J. et Thrift, N. J. (Ed.) (2001) *Timespace: geographies of temporality*, Routledge, London, 323.

May, J. A. (1970) *Kant's Concept of Geography and its relation to recent geography thought*, University of Toronto Press, Toronto, 280.

Mead, G. H. (1938) *The Philosophy of the Act*, Chicago University Press, Chicago, 696.

Meadows, D. H., Meadows, D. I., Randers, J. et Behrens, W. W. (1972) *The Limits to Growths,* Universe Books, New York, 183.

Messer, E. et Lambek, M. (Ed.) (Eds.) (2001) *Ecology and the sacred: engaging the anthropology of Roy A.Rappaport,* Ann Arbor, University of Michigan Press, 364.

Meredith, J., Mantel, R. et Samuel, J. J. (1989) *Project Management, A Managerial Approach*, John Weiley & Sons.

Merleau-Ponty, M. (1964) *Le Visible et l'invisible*, Gallimard, Paris, 360.

Merlin, P. (2002) *L'aménagement du territoire*, Presses universitaires de France, Paris, 448.

Mermet, L. (1992) *Stratégies pour la gestion de l'environnement. La nature comme jeu de société?*, L'Harmattan, Montréal / Paris, 205.

MERU (1978) Communes des parcs naturels régionaux, Mission de l'environnement rural et urbain, Neuilly-sur-Seine, 22.

Mercier, P. (2001) Résidences secondaires. Concentration accrue dans les Alpes et le sud de la région, La lettre INSEE. Rhône Alpes, 73, 2.

M.É.T.L. (1997) *Construire un projet de territoire. Du diagnostic aux stratégies*, Éditions Villes et Territoires, Ministère de l'Équipement, des Transports et du Logement, la D.A.T.A.R. et le Ministère de l'Emploi et de la Solidarité, Paris, 74.

Micoud, A. (1996) Les Parcs naturels régionaux, ou comment réinventer du "commun" *in* Livre des Parcs naturels régionaux, Vol. FPNRF (éds.) FPNRF, Influx et Ministère de l'Aménagement du territoire et de l'Environnement, Paris, pp. 5 pages. Annexe.

Micoud, A., Laneyrie, P. et Banville (1977) Fonctions et enjeux des parcs naturels régionaux périurbains, C.R.E.S.A.L., Saint-Étienne, 159.

Micoud, A. (1999) *La problématique de la gestion partagée d'un espace commun: fonctions institutionnelles et régulation des conflits*, Les espaces naturels périurbains: une chance et un défi pour la ville, 12e Entretiens du Centre Jacques Cartier, 6-8 décembre, Lyon.

Milmer, J.-C. (2002) Le périple structural. Figure et paradigme, Paris, Seuil, 240p.

Ministère de l'Intérieur, (2001) *Deuxième bilan d'application de la loi du 12 juillet 1999 relative au renforcement et à la simplification de la coopération intercommunale*, Paris, 10.

Montagnes Méditerranéennes (1997) Dossier spécial: La gestion de l'espace en question, No. 7, 142.

Montaigne, M. (1588 (1979)) De l'inconstance de nos actions *in* Essais, Vol. Livre 2, (éds.) Flammarion, Paris, pp. 5-11.

Mongolfier, J. (1990) La gestion patrimoniale des ressources naturelles In Patrimoines en folie, JEUDY, J. P. (éds.) Ed. de la maison des sciences et de l'homme, Paris, pp. 23-24.

Mongolfier, J. et Natali, J.-M. (1984) Vers une gestion patrimoniale des espaces naturels, Aménagement et Nature, no 73, 9-12.

Mongolfier, J. t Natali, J.-M. (1987) *Le Patrimoine du futur. Approches pour une gestion patrimoniale des ressources naturelles*, Economica, Paris, 248.

More, T. (1987 (1516)) *L'Utopie ou le Traité de la meilleure forme de gouvernement,* Flammarion, Paris, 248.

Moreau, J. (1989) *Les contrats de plan État-Région, nouvelle technique d'aménagement du territoire?*, A.J.D.A., Paris, 737.

Morineaux, Y. (1977) Les Parcs naturels régionaux, La Documentation française, Paris, 56.

Mouillon, G. (2001) *Lettre manuscrite adressée au PNRC datée du 10 mai 2001 concernant les gorges du Guiers Mort,* 2.

Moquay, P., Gorgeu, Y. et Poulle, F. (2000) L'accord local - Contrat moral: Actes et commentaires du séminaire Gouvernances des territoires de charte tenu le 24 novembre 1998, Editions du Développement territorial, Paris, 141.

Naess, A. (1973) The Shallow and the Deep, long-range ecology movement: A summary, *Inquiry,* 16, 95-100.

Nizard, L. (1972) De la planification française. Production de normes et concertation, Revue française de Sciences Politiques, 22, 1111-1132.

Nizard, L. (1972) La planification, socialisation et simulation, *Sociologie du travail,* 4, 369-387.

Nizard, L. (1973) Administration et Société: Planification et Régulations Bureaucratiques, Revue française de Sciences Politiques, 23, 199-229.

Noblet, J. F. (1988) La commune de Villard-de-Lans sera-t-elle exclue du

Parc Naturel Régional du Vercors?, Courrier du Hérisson, Février, 18.

Ollagnon, H. (1984) Acteurs et patrimoine dans la gestion de la qualité des milieux naturels, Aménagement et Nature, 1-4.

Ost, F. (1995) *La nature hors la loi: l'écologie à l'épreuve du droit,* La Découverte, Paris, 346.Pagès, D. et Pélissier, N. (Ed.) (2000) *Territoires sous influence,* 2 Vol., L'Harmattan, coll. Communication et civilisation, Montréal / Paris, 352+187.

Panagiotis, L. (1999) Design as bricolage: anthropology meets design thinking, Design Studies, 517-535.

Panofsky, E. (1975) *La perspective comme forme symbolique et autres essais,* Éditions de Minuit, Paris, 273.

Parsons, T. (1968) *The Structure of Social Action: a study in social theory with special reference to a group of recent european writers,* Free Press, New York, 2 Vol.

Passet, R. et Theys, J. (1995) *Héritiers du futur: aménagement du territoire, environnement et développement durable,* Éditions de l'Aube, La Tour-d'Aigues, 270.

Paul-Lévy, F. et Segaud, M. (1983) *Anthropologie de l'espace,* Le Centre, Paris, 345.

Pillet, Y. et Clot, J. (2001-a) Objet: Protection des zones humides de la Bourne, Lettre datée du *18 avril 2001 adressée au maire de Villard-de-Lans.*

Pillet, Y. et Clot, J. (2001-b) Objet: Protection des zones humides de la Lyonne, Lettre datée du *9 mai 2001 adressée au maire de St-Jean-en-Royans.*PNR de Chartreuse, (1993) Avant-projet de développement, St-Pierre-de-Chartreuse, 100 fiches.

PNR de Chartreuse, (1994) Avant-projet de Charte, PNRC, St-Pierre-de-Chartreuse.

PNRC (1995) Charte constitutive. Plan du Parc, Syndicat mixte du Parc naturel régional de Chartreuse,Saint-Pierre-de-Chartreuse, 65.

PNRC (1995) Charte d'objectifs. Priorités à long terme, Syndicat mixte du Parc naturel régional de Chartreuse,Saint-Pierre-de-Chartreuse, 107.

PNRC (2001) Projet de microcentrale dans les gorges du Guiers Mort, *P't'hibou de chemin,* No.9.

PNRV (1969-a) Avant-projet de charte constitutive, Circonscription d'Action Régionale Rhône-Alpes, 37.

PNRV (1969-b) Réunion du Groupe de Travail «Parc Naturel du Vercors», 11.

PNRV (1971) *Charte Constitutive,* La-Chapelle-en-Vercors, 33.

PNRV (1974) Des aménagements pour accueillir les citadins et protéger les territoires agricoles et forestiers, Bulletin de Liaison, No. 3, Décembre, s.p.

PNRV (1977) Le tourisme. Seule bouée de sauvetage pour le Vercors?, Bulletin de Liaison, No.10, pp. 1.

PNRV (1978) *Construire dans le Vercors. Spécial Architecture,* No. 21, 37.

PNRV (1978) *Numéro spécial du Parc Naturel Régional,* 44.

PNRV (1979) Les Hauts Plateaux malades de leur célébrité, Bulletin de Liaison, No. 20, s.p.

PNRV (1993) Le dossier sur l'eau protégée, No 18, pp.4-5.

PNRV (1981) Subir ou maîtriser?, Bulletin de Liaison, No. 27, pp.1-3.

PNRV (1996) Charte 1996 Diagnostic territorial et Atlas, Syndicat mixte du Parc naturel régional du Vercors, Lans-en-Vercors, 67.

PNRV (1996) Charte 1996 Le Plan de Parc. Orientations et mesures, Syndicat mixte du Parc naturel régional du Vercors, Lans-en-Vercors, 134.

PNRV (1996) Charte 1996 Rapport d'orientations, Syndicat mixte du Parc naturel régional du Vercors, Lans-en-Vercors, 93.

PNRV (2001-a) Se vendre ou se protéger? Marketing touristique et logique culturelle, Actes du colloque, 16 septembre, La Chapelle-en-Vercors, 8.

PNRV (2001-b) Conserver ou créer? Actes du colloque, 7 octobre, Die, 17.

PNRV (2001-c) Standardiser ou innover? Actes du colloque, 28 octobre, Gresse-en-Vercors 8.

PNRV (2001-d) S'ouvrir ou se fermer? Actes du colloque, 25 Novembre, Pont-en-Royans, 9.

PNRV (2001-e) Quel devenir pour le Vercors?, Actes du colloque, 16 décembre, Autrans, 7.

PNRV (2001-f) Vercors en questions. Le devenir d'un territoire de moyenne montagne, Synthèse du colloque du 30ᵉ anniversaire du Parc, Lans-en-Vercors 5.

Pontavice, P. d. (1984) Parcs Naturels Régionaux et Gestion du Patrimoine, Aménagement et Nature, 74, 7-8.

Poulle, F., Moquay, P. et Gorgeu, Y. (1998) Chartes de territoires. Territoires de chartes: Actes de la journée d'étude du 19 janvier 1998, E.N.G.R.E.F. de Clermond-Ferrand, FPNRF et Mairie-Conseils (Caisse des Dépôts et Consignations), 85.

Poulle, F. (1992) *L'aménagement intercommunal de l'espace*, Syros/Alternatives, Paris, 157.

Pred, A. (1981) Social reproduction and the time geography of everyday life, *Geographika Annaler*, 63B, 522.

Pred, A. (1990) Context and Bodies in Flux: Some Comments on Space and Time in the Writings of Anthony Giddens in *Anthony Giddens: Consensus and Controversy*, Vol. Clark, J., Modgil, C. et S.Modgil (éds.) The Falmer Press, Londres.

Préfet de la Région Rhône-Alpes (1969) Parc naturel régional du Vercors. Procès-verbal de la réunion du 17 novembre 1969, Service de la mission pour les affaires régionales, Lyon, 12.

Proriol, J. (2002) Rapport No. 405 fait au nom de la Commission des affaires Économiques, de l'Environnement et du Territoire sur le projet de loi portant diverses dispositions relatives à l'urbanisme, à l'habitat et à la construction, Sénat, Paris, 3 décembre 2002, 116.

Proriol, J. (2003) Rapport fait au nom de la Commission des Affaires Économiques, de l'Environnement et du Territoire sur le Projet de loi, modifié par le Sénat, portant diverses dispositions relatives à l'urbanisme, à l'habitat et à la construction, Sénat, Paris, No 717 1ère partie, 61.

Ramade, F. (1993) *Dictionnaire Encyclopédique de l'écologie et des sciences de l'environnement*, Ediscience International, Paris, 822.

Reynard, R. (2000) Forte extension des navettes domicile-travail, La Lettre INSEE Rhône Alpes, No. 70, 4 pages.

Reynard, R. (2000) Recensement de la population 1999: extension des unités urbaines, Insee Rhône-Alpes, 54, 6 pages.

Revue Territoires (1999) Intercommunalité, chartes, pays... Qu'est-ce qu'un projet de territoire?, 397, 35.

R.G.A. (1997) Numéro Spécial: Gestion de l'espace. Vercors et mesures agri-environnementales, Revue de Géographie Alpine.

R.G.A. (1989) Quelle spécificité montagnarde?, Revue de Géographie Alpine, Grenoble, 307.

RGA (2001) La montagne: un objet de recherches?, Revue de Géographie Alpine, Grenoble, 131.

Rigaldiès, B. (1996) *Le projet de territoire*, éd. du Papyrus, Montreuil, 197.

Romanet, F. (2001) La dé-territorialisation du PNR de Chartreuse à travers les dysfonctionnements de son conseil de Massif, sous la dir. de Jean-Paul Guérin, Université Joseph Fourier, 107.

Romi, R. (1991) Le fondement juridique des parcs, L'Environnement, 1497, 1.

Roupnel, G. (1932) *L'intuition de l'instant, Étude sur la Siloë,* Stock, Paris.

Roux, É. (1999) *De la gestion de l'espace à la gestion des territoires en montagnes méditerranéennes. Des logiques d'acteurs différenciées*, Thèse de doctorat, Institut de Géographie Alpine, Université Joseph Fourier, 372.

Russell, B. (1949) *L'esprit scientifique et la science devant le monde moderne*, Éd. J.-B. Janin, Paris, 248.

S.A. (1996) Parcs naturels régionaux: Vercors sur la sellette, Aménagement et Montagne,

S.A. (1996) Pays: La Chartreuse et Bièvre-Valloire en expérimentation, Présences - Magazine de la Chambre de Commerce, février, s.p.

S.A. (1997) La charte mode d'emploi, Vie Publique, 1.

S.A. (1997) La jurisprudence conforte l'existence de la charte, Vie Publique, 1.

S.A. (1997) Les Parcs naturels régionaux créateurs d'emplois, Vie Publique, 1.

S.A. (1997) Pays et parcs: deux entités confuses, Vie Publique, 1.

Sachs, I. (1997) Les Parcs naturels régionaux, des laboratoires pour l'écodéveloppement, Parcs, 30, 42-44.

Sachs, I. (1993) L'écodéveloppement, Syros, Paris, 120.

Salvi, I. (1997) Les Parcs Naturels Régionaux et la gestion des espaces agricoles et forestiers: Une logique de projet et un état d'esprit, Bulletin de la Société Languedocienne de Géographie, Tome 31, 81-99.

Sansot, P., Strohl, H., Torgue, H. et Verdillon, C. (1978) L'espace et son double. De la résidence secondaire aux autres formes secondaires de la vie sociale, Editions Champ urbain, Paris, 202.

Sartre, J. P. (1960 (1985)) Critique de la raison dialectique, NRF - Gallimard, Paris, 915.

Sartre, J. P. (1986) Questions de méthode, Gallimard, Paris, 164.

Schelling, T. C. (1980) La Tyrannie des petites décisions, P.U.F., Paris, 247.

Schopenhauer, A. (1992 (1877)) Essai sur le libre arbitre, Ed. Rivages, Paris, 166.

Schutz, A. (1987) Le chercheur et le quotidien: phénoménologie des sciences sociales, Méridiens-Klincksieck, Paris, 286.

Serres, M. (1990) Le contrat naturel, éd. F. Bourin, Paris, 191.

Sgard, A. (1997) Paysage du Vercors: entre mémoire et identité, R.G.A., Grenoble, 166.

S.G.G. (2001) Vivre, habiter, rêver la montagne, Editeur : Société de Géographie de Genève, Genève, 176.

Simon, H. A. (1983) Reason in human affairs, Stanford University Press,

Stanford, 115.

Simonetti, J. O. (1977) L'administration de l'espace. L'exemple français, Annales de Géographie, 129-163.

Smith, L. M. (1994) B.F. Skinner (1904-1990), Perspectives: revue trimestrielle d'éducation comparée, vol. XXIV, 539-552.

Soja, E. W. (1996) *Thridspaces. Journeys to Los Angeles and other Real-and-Imaginated Places*, Blackwell Publishers, Oxford G.B. / Malden, É-U, 334.

Société d'écologie, (1975) Actes du Colloque national sur les parcs naturels régionaux et les parcs nationaux français, d'écologie, Marseille, 5-8 juin, Bulletin d'écologie, 6 / 3, pp. 127-499.

Société de Spéléologie de St-Marcellin les Coulmes., (2002) Apocalypse-snow-en-Vercors, *Le Lien,* No.4, 6-7.

Stanislav, A. (1983) Max Weber on capitalism, bureaucracy, and religion : a selction of texts, London, Boston : Allen & Unwin, 163 p.

Storr, A. (1974) *Les Ressorts de la création (L'Art est un jeu grâce auquel l'homme s'adapte au monde et assure sa survie)*, Laffont, Paris, 351.

Strauss, Claude (Lévy-), 1962, *La pensée sauvage*, Paris, Plon, 347.

Sue, R. (1994) *Temps et ordre social: sociologie des temps sociaux*, P.U.F, Coll. Le Sociologue, Paris, 313.

Sutter, J. (1991) *L'anticipation et ses applications cliniques*, PUF, Paris, 126.

Swidler, A. (1986) Culture in Action: Symbols ans Strategies, *American Sociological Review,* vol. 51.

Talbot, J. (2001) Les déplacements domicile-travail, Insee Première, 767,

Théry, J.-F. (1966) Une législation pour les Parcs, Les journées nationales d'études sur les Parcs naturels régionaux, Lurs-en-Provence, (auditeur au conseil d'État), 179-184.

Theys, J. (1993) *L'environnement: à la recherche d'une définition,* notes de méthode de l'I.F.E.N., Orléans, 50.

Thoenig, J.C. (1999), Le bricolage des engagements, Sociologie du travail,

#41, 307-316.

Thrift, N. (1996) *Spatial Formations*, Sage, New Delhi, 367.

Toulemon, R. (1990) Agriculture et gestion de l'espace, Revue Française d'Administration Publique, 53, 51-59.

Touraine, A. (1973) *Production de la société*, Editions du Seuil, Paris, 542.

Touraine, A. (1984) *Le retour de l'acteur*, Fayard, Paris, 349.

Touraine, A. (2000) *Sociologie de l'action: essai sur la société industrielle*, Editions du Seuil, Coll. Livre de poche, Paris, 475.

Vanier, M. (1995) La petite fabrique de territoires en Rhône-Alpes : acteurs, mythes et pratiques, Revue de géographie de Lyon, Vol. 70#70-2, pp.93-103.

Vanier, M. (1999) La recomposition territoriale. Un "grand débat" idéal, Espaces et Sociétés, # 96, pp.125-143.

Vanier, M. (2000) Les braves mots de l'aménagement, R.G.A., #1, pp. 125-130.

Véron, F. (1996) Les systèmes de gestion de l'espace en montagne, Aménagement et Nature, no. 120, 55-62.

Véron, F. et Roque, O. (1997) La gestion de l'espace: un lieu de dialogue entre Environnement et Société, Revue de Géographie Alpine, 3, 61-71.

Veyret, G. et Veyret, P. (1962-a) Grenoble et ses Alpes, Arthaud, Grenoble, 296.

Veyret, G. et Veyret, P. (1962-b) Essai de définition de la montagne, Revue de Géographie Alpine, 1, 5-35.

Viard, J. (1990) Le tiers espace, essai sur la nature, Méridiens Klincksieck, Paris, 152.

Vieron, J.-P. (2002) Projet d'extension du domaine skiable à font d'Urle, *Le Lien,* No. 4, 3.

Vinaches, P. (1998) L'habitus: concept médiateur, DEES, 113, 35-37.

Virno, P. (1999) Le souvenir du présent: essai sur le temps historique, Éditions de l'Éclat, Paris, 191.

V.J.L.S. (1991) Les parcs naturels régionaux en question, L'Environnement, 1497, 18-20.

Voynet, D. (1999) Aménagement du territoire: limites entre Pays et Parcs naturels régionaux, http://www.senat.fr/seances/s199911/s19991109_mono.html,Rapport de la séance du Sénat du 9 novembre 1999, pp.7.Wolpert, J. (1964) The Decision Process in a Spatial Context, Annals of the Association of American Geographers, vol. 54, 537-558.

Wacquant, L. J. D. (1995) Durkheim et Bourdieu: le socle communs et ses fissures, *Critique,* No 579-580, 646-660.

Weber, M. (1971) Économie et société, Paris, Plon, Publication originale posthume 1921.

Wegner (2002), *The Illusion of Conscious* Will, MIT Press, 405.

Articles de Journaux

Besset, J. P. (1997) L'émergence des 'pays' bouleverse l'organisation du territoire. Le deuxième âge de la décentralisation, Le Monde, 16 janvier, page 10 Section Analyse.

Baverel, P. (1995) Maintenir des territoires vivants. Les parcs naturels régionaux s'efforcent de concilier la préservation du patrimoine et le maintien des activités humaines, Le Monde, 29 novembre. Section Supplément.

Bellaton, M. (1995) Tous les habitants sont concernés, Le Dauphiné Libéré, 28 juillet.

B.W. (1997) Parcs régionaux: nature et développement. Ils fêtent leur trente ans aujourd'hui, Le Figaro, 12 juillet.

Cans, R. (1988) Vingt-cinq ans après la création du premier d'entre eux. Les parcs naturels régionaux font leur autocritique, Le Monde, 3 octobre 1988. page 12.

Cans, R. (1991) Pour une plus grande rigueur de gestion M.Lalonde annonce un projet de loi sur les parcs naturels régionaux, Le Monde, 28 juin 1991. 12.

Chardon, F. (1996) Les élus écologistes portent l'estocade, Le Dauphiné Libéré, 5 octobre.

Crié, H. (1997) Les parcs sortent de leur réserve. Les responsables des parcs régionaux réclament plus d'indépendance, Libération, 14 juillet.

Landrin, S. (2000) Les parcs naturels représentent 15% du territoire de Rhône-Alpes, Le Monde, 9 septembre 2000. page 13.

Le Hir, P. (1995) La Chartreuse dans sa nature, Le Monde Rhône-Alpes, Vues sur paysages, 15 juillet. 1.

Maillard, C. (1993) Les Parcs naturels régionaux. L'avenir de la Chartreuse, Le Monde, Supplément, 29 novembre.

Maire, M.-A. (1996) Le Vercors cherche sa voie, Lyon Figaro, 11 avril,

Menanteau, J. (1997) Dix nouveaux candidats au statut de parc naturel régional, Le Monde, 12 juillet 1997.

Menanteau, J. (1997) Les parcs naturels régionaux sont devenus des laboratoires du développement: Les PNR seraient dix fois plus efficaces que les politiques de traitement social du chômage, selon une étude, Le Monde, 6 juin. page 17 Section Régions.

Monde, L. (1994) LOI PAYSAGE: les parcs naturels régionaux acquièrent leur autonomie juridique, Le Monde, 3 septembre 1994. page 20 Section Dépêche.

Monde, L. (1999) Parcs naturels régionaux: inquiétudes face à l'émergence des "pays", Le Monde, 28 septembre. 14 Régions-Dépêche.

Palay, J. (1995) Vercors: le parc contesté, Grenoble 7, 30 juin. s.p.

S.A. (1990) Villard-de-Lans: Un canton tourné vers la protection des ressources naturelles que recherchent ses visiteurs, Dauphiné Libéré, 12 juin.

N., C. (1996) Gisèle Telmon, cartes sur table, Le Dauphiné-Libéré, 17 octobre.

N., C. (1996) Passe d'armes sur le Parc, Le Dauphiné Libéré, 7 janvier.

Noblet, J. F. (1978) Les pollueurs du Parc, Le Monde, Courrier, 16 janvier.

Menanteau, J. (1998) <u>La dynamique des "pays" monte en puissance. Malaise du côté des Parcs naturels régionaux</u>, Le Monde, 16 juin. Section Régions du Monde page 12.

Roudier, J.-P. (1997) <u>Les parcs naturels régionaux, une utopie devenue réalité</u>, Le Dauphiné Libéré, 12 juillet 1997.

S.A. (1994) <u>Loi Paysage: les parcs naturels régionaux acquièrent leur autonomie juridique</u>, Le Monde, 3 septembre. 20.

S.A. (1995) <u>Gisèle Telmon, présidente du Parc naturel et régional du Vercors</u>, Le Dauphiné Libéré, 15 octobre.

S.A. (1996) <u>La révision de la charte adoptée par les élus drômois</u>, Le Dauphiné-libéré, 19 décembre.

S.A. (1996) <u>Le comité syndical du parc du Vercors adopte la charte</u>, Le Dauphiné-Libéré, 8 novembre.

S.A. (1999) <u>Parcs naturels régionaux: inquiétudes face à l'émergence des «Pays»</u>, Le Monde, Régions - Dépêche, 28 septembre.

Simon, G. (2003) <u>Le golfe du Morbihan cherche à maîtriser l'urbanisation</u>, Le Monde, Section Région, 3 avril.

Wettstein, B. (1997) <u>Parcs régionaux: nature et développement</u>, Le Figaro, 12 juillet 1997.

Oui, je veux morebooks!

I want morebooks!

Buy your books fast and straightforward online - at one of the world's fastest growing online book stores! Environmentally sound due to Print-on-Demand technologies.

Buy your books online at
www.get-morebooks.com

Achetez vos livres en ligne, vite et bien, sur l'une des librairies en ligne les plus performantes au monde!
En protégeant nos ressources et notre environnement grâce à l'impression à la demande.

La librairie en ligne pour acheter plus vite
www.morebooks.fr

OmniScriptum Marketing DEU GmbH
Heinrich-Böcking-Str. 6-8
D - 66121 Saarbrücken
Telefax: +49 681 93 81 567-9

info@omniscriptum.com
www.omniscriptum.com

Printed by Books on Demand GmbH, Norderstedt / Germany